Kostenrechnung und Kalkulation

von

Dr. Dr. h. c. Dr. h. c. Erich Kosiol
o. Prof. an der Freien Universität Berlin

Mit 43 Abbildungen

Sammlung Göschen Band 1214/1214a

Walter de Gruyter & Co. · Berlin 1969
vormals G. J. Göschen'sche Verlagshandlung - J. Guttentag, Verlagsbuchhandlung
Georg Reimer - Karl J. Trübner - Veit & Comp.

Satz und Druck: Hildebrandt & Stephan, Berlin 61 — Printed in Germany.

Inhaltsverzeichnis

Vorwort

Die vorliegende Schrift ist in einem gewissen Sinne eine Fortsetzung des Göschenbandes „Buchhaltung und Bilanz". An die dort behandelte Finanzbuchhaltung mit ihrem Abschluß durch Bilanz und Erfolgsrechnung schließt sich hier die Betriebsbuchhaltung mit ihrer periodischen Kostenrechnung an, auf die dann die stückbezogene Kostenrechnung (Kalkulation) aufbaut. Dennoch stellt dieser Band eine in sich geschlossene, selbständige Schrift dar.

Die Ausführungen basieren auf einer Systematik der Kostenrechnung, die alle wesentlichen Gesichtspunkte (Merkmale) hervorhebt, die den konkreten Gehalt einer jeden Kostenrechnung bestimmen. Dabei treten zwei entscheidende Schwerpunkte in den Vordergrund: die direkte Zurechenbarkeit und die Produktmengenabhängigkeit der Kosten.

Die Frage der direkten Zurechenbarkeit führt zu einer nach Kostenträgern und Leistungsbereichen progressiv gestuften Aufgliederung der Kosten in differenzierte Einzelkosten. Hieraus ergibt sich eine entsprechend gestufte retrograde Deckungserfolgsrechnung. Auf diese Weise kann man sowohl auf jede indirekte Kostenumlage verzichten als auch nach Bedarf und Belieben schlüsselmäßige Kostenverteilungen vornehmen.

Die Abhängigkeit der Kosten von der Produktmenge wird durch Auflösung der Kosten in Grenz- und Residualkosten berücksichtigt. Sowohl die mehrstufig differenzierte Einzelkostenrechnung als auch die Deckungserfolgsrechnung lassen sich dadurch in einen marginalen und einen residualen Rechnungsbereich zerlegen. Die deutsche Proportionalkostenrechnung und das amerikanische Variable bzw. Direct Costing sind für die Praxis vereinfachte Spezialfälle der Grenzkostenrechnung; dabei werden die Residualkosten auf Fixkosten reduziert.

Sämtliche so gewonnenen Rechnungsmöglichkeiten werden zum Vergleich durch ein einheitliches Zahlenbeispiel illustriert.

Den Herren Dr. Dieter Hamann und Dr. Klaus Chmielewicz danke ich für ihre wertvolle Mithilfe bei der Vorbereitung und Diskussion des Manuskripts.

Ferner danke ich Herrn Dipl.-Kfm. Christoph Reichard für die sorgfältige Durchführung der Korrekturen und seine Anregungen während der Drucklegung.

Berlin, im Januar 1969

Erich Kosiol

A. Grundlagen

I. Kostenrechnung und Betriebsbuchhaltung als Teilgebiete des Rechnungswesens

Die Kostenrechnung ist – wie das Rechnungswesen der Unternehmung überhaupt – eine zahlenmäßige Abbildung des Wirtschaftsgeschehens, das sich innerhalb der Unternehmung vollzieht oder diese mit dem umgreifenden Markt verbindet. Aus der Mannigfaltigkeit der realen wirtschaftlichen Vorgänge werden hierbei die Tatbestände herausgehoben, die sich rechnerisch ausdrücken lassen und geeignet sind, die Wirklichkeit in ihren für den betrachteten Zusammenhang charakteristischen Zügen inhaltsgetreu wiederzugeben. Diese Sachverhalte werden numerisch in ein Denkschema eingeordnet, dessen Struktur von den Zwecken, denen die Rechnung dienen soll, sowie von technisch-wirtschaftlichen und vielfach auch rechtlichen Gegebenheiten bestimmt wird.

Die Problematik einer derartig abstrahierenden Modellbildung kann allgemein darin gesehen werden, ein möglichst adäquates Abbild der untersuchten Realität zu gewährleisten. Diese Anforderung an das rechnerische Modell ist nur dann erfüllt, wenn zwischen der Struktur des Modells und der Struktur des modellierten Phänomenzusammenhanges inbezug auf die betrachteten Elemente und ihre für den Erkenntniszweck wesentlichen Eigenschaften und Relationen Isomorphie, also partiale Strukturgleichheit der gedanklichen und der realen Sphäre besteht. Die geeigneten Modellkonstruktionen zu entwickeln und zu analysieren, die Erfordernisse der Gestaltung der Kostenrechnung und ihrer Verfahren in Abhängigkeit von den Zwecksetzungen und sonstigen Einflußgrößen herauszuarbeiten und damit den Inhalt dieser Rechnung im einzelnen zu bestimmen, ist Aufgabe der Theorie der Kostenrechnung.

Neben explanatorischen Theorien, die die Wirklichkeit als reales Sein mithilfe eines Ableitungszusammenhanges aus Prämissen erklären wollen, lassen sich komputorische Theorien oder Rechnungstheorien unterscheiden, die ein derartiges Ziel nicht verfolgen können oder wollen.

Was die explanatorischen Theorien anlangt, so lassen sich nach der Art des Realitätsbezugs und dem Geltungsmodus der Aussagenzusammenhänge Real- und Idealtheorien auseinanderhalten. Geht eine solche Theorie von universalen Aussagen inform wirklichkeitsbezogener gedanklicher Annahmen aus, so liegt eine Idealtheorie des explanatorischen Theoriebereichs vor. Demgegenüber beansprucht eine Realtheorie, da sie mit universalen empirisch begründeten Hypothesen über die Beschaffenheit eines mehr oder weniger begrenzten realen Gegenstandsbereichs ihre Deduktionen beginnt, daß sie mit ihren verbalen Formulierungen und/oder Zahlenausdrücken den ins Auge gefaßten Wirklichkeitsausschnitt isomorph abbildet und erklärt. Aus solchen Theorien lassen sich realtheoretisch fundierte Prognosen gewinnen.

Es läßt sich nun weder zwingend begründen, noch kann es definitorisch befriedigen, wenn der Terminus Theorie auf explanatorische Aussagensysteme beschränkt wird. Dies würde bedeuten, daß die methodologischen Ansätze der Wissenschaftslogik zu eng ausgelegt werden. Sieht man allgemein die Eigenschaften einer Theorie darin, daß Prämissen vorhanden sein müssen, die am Anfang eines geschlossenen Ableitungszusammenhanges stehen, so können bestimmte Rechnungssysteme und -modelle komputorische Theorien darstellen. Es muß hier auf eine detaillierte methodologische Erörterung ihrer Struktur und Eigenschaften verzichtet werden; einige Hinweise mögen daher genügen.

Die Prämissen komputorischer Theorien sind universale Aussagen (z. B. Axiome, Annahmen, universale Existenzsätze, Konstatierungen) über die komputorische Abbildung von Tatbeständen und Sachverhalten (Beispiel: Es gibt Unternehmungsprozesse, die anhand von Einnahmen und Ausgaben beurteilt werden können). Auf derartige Aussagen wird ein mathematischer Algorithmus als Ableitungszusammenhang bezogen. Im Rahmen komputorischer Theorien werden nicht die abzubildenden Sachverhalte problematisch, sondern die Abbildungsverfahren, Kalkülformen und Rechnungsziele.

Es liegt nahe, die Unterscheidung von Ideal- und Realtheorien sinngemäß auf komputorische Theorien zu übertragen, wobei allein die Art des Realitätsbezugs als Trennungskriterium gewählt werden kann.

Theorien der reinen Mathematik, wie z. B. die Determinantentheorie, die Funktionentheorie und die Zahlentheorie, basieren auf rein gedanklichen Annahmen, beziehen sich also nicht auf die Realität und sind daher ideale Rechnungstheorien. Sie sind deshalb ideal, weil die reine Mathematik als Zweig der Relationslogik syntaktische Theorien logischer Leerformeln (Kalkültheorien) entfaltet, die ohne jede reale Interpretation für sich bestehen. Theorien der Buchhaltung, der Erfolgsrechnung, der Kostenrechnung usw. sind dagegen als reale – weil semantisch interpretierte – Rechnungstheorien anzusehen. Reale Rechnungstheorien stellen somit auf die Erfahrungswelt anwendbare Kalkültheorien dar. Sie lassen sich, wie alle Theorien, axiomatisieren.

Wie innerhalb des gesamten Rechnungswesens, so sind auch im Rahmen der Kostenrechnung grundsätzlich zwei Problemkreise zu trennen. Die spezifisch rechnungstheoretischen Probleme sind von den Gestaltungsfragen der organisatorischen Durchführung der Kostenrechnung und des arbeitstechnischen Mitteleinsatzes zu trennen. Die Behandlung dieser organisations- und arbeitstechnischen Verfahrensprobleme ist nicht Bestandteil einer Theorie der Kostenrechnung. Diese erstreckt sich ausschließlich auf den rechnungstheoretischen Problemkreis, der sich wiederum in zwei Grundphänomene einteilen läßt. Von dem materialen Problem (Sachproblem) der Rechnung, das als Sachinhalt und Sachumfang gedanklich hinter den Zahlen steht und durch diese symbolisch zum Ausdruck gebracht wird, ist jeweils das damit verbundene formale Problem (Rechenproblem) zu unterscheiden.

Das letztere bezieht sich auf den kalkülmäßigen Aufbau und Ablauf der Kostenrechnung und mündet in rechnungsmethodische Verfahrensprobleme, beispielsweise in Fragen der Kalkulationsformen, ein. Die Kostenrechnung stellt sich somit in erster Linie als ein Formalproblem dar.

Eine Isolierung der rechnungstheoretischen Sach- und Formalprobleme von den organisatorischen und arbeitstechnischen Gestaltungsproblemen der realen Durchführung ist unbedingt notwendig, da in dieser bewußten und klaren Abgrenzung und Unterscheidung die Voraussetzung für eine gegenstandsgerechte Behandlung einer Theorie der Kostenrechnung liegt. Wie die syntaktischen Regeln des Rechnens im Gebäude der Mathematik den Durchführungsfragen der praktischen Rechentechnik (beim Kopfrechnen, beim Einsatz von Handrechenmaschinen und Rechenautomaten) gegenüber indifferent sind, so verhält es sich auch mit dem formalen Aufbau und Ablauf der Kostenrechnung. Die isolierende Betrachtung ist zudem erforderlich, um die rechnungstheoretischen Probleme in voller Klarheit, d. h. losgelöst von den praktischen Belangen der Durchführung, analysieren und darstellen zu können.

Auf diese Weise wird es auch möglich, den theoretischen Charakter der Kostenrechnung deutlich zu erkennen, ohne dem Fehler zu verfallen, einer Theorie der Kostenabhängigkeiten (zumeist ungenau und irreführend als Kostentheorie bezeichnet) die Kostenrechnung lediglich als Anwendung einer Theorie gegenüberzustellen. Der auf die ontischen Beziehungen ausgerichteten Theorie der Kostenabhängigkeiten steht die Theorie der Kostenrechnung gegenüber, deren Gegenstand die abstrakt-generelle rechnerische Ermittlung isomorpher Zahlenausdrücke ist. Theorie der Abhängigkeiten und Theorie der Rechnung bedingen sich gegenseitig. Verkennt man den theoretischen Charakter und die wissenschaftliche Eigenständigkeit der Kostenrechnung, so begibt man sich in die Gefahr, durch eine einseitige Überbetonung der sogenannten Kostentheorie in einem zu engen Sinne ein schiefes Bild der wirklichen Sachzusammenhänge in sich zu tragen. In gleicher Weise muß davor gewarnt werden, den wissenschaftlich-theoretischen Charakter der Kostenrechnung (insbesondere als Theorie der Kostenermittlung und -auswertung) im Hinblick auf die Anwendung der theoretischen Konzeption in praktischen Einzelfällen zu verkennen.

Die Kostenrechnung ist mit ihren sämtlichen Bereichen und Zweigen der sogenannten kalkulatorischen Rechnung zuzuordnen. Diese Grundkategorie des Rechnungswesens knüpft im wesentlichen an die Realgüterbewegungen des Produktions- und Umsatzprozesses der Unternehmung an und löst sich dabei grundsätzlich von den damit verbundenen Finanzbewegungen der Nominalgüter. Für sie sind daher nicht die Zahlungsvorgänge, sondern die tatsächlichen Gütervorgänge, insbesondere die Gütereinsatzakte, entscheidend, die sich im Zusammenhang mit der Leistungserstellung vollziehen. Die kalkulatorische Rechnung hebt sich damit in ihrem Wesenskern von der pagatorischen, d. h. auf Einnahmen und Ausgaben beruhenden Rechnung ab, wie sie zum Beispiel in der Finanzbuchhaltung vorliegt*. Aus dieser Abgrenzung wird deutlich, daß die kalkulatorische Rechnung keine Rechenaufgaben lösen kann, die ausschließlich Zahlungsbewegungen betreffen. Finanzplanung und Liquiditätsrechnung gehören demnach zum Bereich der pagatorischen Rechnung. Die Eigenart der kalkulatorischen Rechnung zeigt sich namentlich bei der Bestimmung des Kostenbegriffes, die im nächsten Abschnitt vorgenommen wird.

Betrachtet man das allgemeine Rechnungsziel, das jeder besonderen Aufgabe der Kostenrechnung zugrunde liegt, so läßt sich formal zwischen ermittelnder und auswertender Kostenrechnung unterscheiden.

Die Kostenermittlung richtet sich auf die Bestimmung eines aussagekräftigen Zahlenausdrucks für die Kosten, die

* Die Finanzbuchhaltung ist dargestellt in Kosiol, Erich: Buchhaltung und Bilanz. Sammlung Göschen Band 1213/1213a, 2. Aufl., Berlin 1967. Vgl. insbesondere den Unterschied zwischen pagatorischer und kalkulatorischer Rechnung, ebenda, S. 6-8.

jeweils den speziellen Gegenstand einer Kostenrechnung darstellen. Dabei handelt es sich beispielsweise nicht nur um die rechnerische Feststellung von Periodenkosten je Kostenart, Kostenstelle oder Kostenträger, sondern auch um jene Kosten, die für gewisse Fälle der Kostenauswertung benötigt werden, wie zum Beispiel ausbringungs-, programm- oder auflagenabhängige Kosten. Immer dann, wenn die auftretenden Zusammenhänge durch eine Kostenfunktion ausgedrückt werden können, steht die Ermittlung der Werte dieser Funktion im Vordergrund. Hierbei ist es unerheblich, ob Periodenkosten, Durchschnitts- oder Grenzkosten bestimmt werden sollen. Die rechnerischen Verfahren zur Berechnung der genannten Kosten bauen zwar aufeinander auf, bilden aber nur Stufen der Kostenermittlung.

Das Rechnungsziel der Kostenermittlung läßt sich nicht immer direkt erreichen und führt daher zu mannigfaltiger Aufgliederung des Ermittlungsprozesses nach Teilzielen. Zwei Hauptstufen sind von allgemeiner Bedeutung und werden daher besonders hervorgehoben: die Erfassung und die Verteilung der Kosten. Alle verfahrenstechnischen Fragen der Ermittlung lassen sich entweder als Erfassungs- oder als Verteilungsprobleme behandeln.

Die Analyse der Kostenrechnung nach dem formalen Merkmal des allgemeinen Rechnungszieles führt gleichzeitig zu einer Gliederung in Rechnungsphasen oder Phasenbereiche der Kostenrechnung. Erfassungs- und Verteilungsrechnung sind demnach Teilphasen der Ermittlungsrechnung.

Das Ziel der Kostenerfassung erstreckt sich auf die zahlenmäßige Bestimmung der Mengen und Preise der im Unternehmungsprozeß eingesetzten Kostengüter. Das Ziel der Kostenverteilung bezieht sich auf die Zuordnung der erfaßten Kosten auf bestimmte Bezugsgrößen der Kostenrechnung, zum Beispiel auf Leistungsperioden, Leistungsbezirke und Leistungsarten.

Die Kostenauswertung verwendet die bereits ermittelten (erfaßten und/oder verteilten) Kostengrößen für weitere Zwecke, setzt sie zu anderen Größen in Beziehung und unterwirft sie damit einer zusätzlichen rechnerischen Behandlung. Dadurch werden die ermittelten Kosten in anderen Rechnungsgängen ausgewertet. Der Bereich möglicher Kostenauswertung ist sehr weit und kann nicht vollständig aufgezählt werden.

Die Kostenauswertungsrechnung umfaßt alle denkbaren und anwendbaren Verfahren, die sich an die Kostenermittlungsrechnung anschließen können. Mit ihrer Hilfe sollen der Unternehmungsleitung aussagefähige Zahlenausdrücke zur Verfügung gestellt werden, die als Grundlage für ihre Maßnahmen und Entscheidungen zu dienen vermögen. Der dispositive Wert ermittelter Kostengrößen kann durch weitere rechnerische Umformung und Verwendung erhöht werden, indem auf diese Weise andere ökonomisch relevante Größen bestimmt werden. Ohne eine auswertende Analyse und Weiterverarbeitung der ermittelten Kosten wird die Kostenrechnung ihrer Aufgabe, kostenpolitisches Steuerungsmittel zu sein, nur unvollkommen gerecht.

Zum Bereich der auswertenden kalkulatorischen Rechnung gehört zum Beispiel die Bestimmung kostenabhängig betrachteter Preise. Wird der Verkaufspreis, den eine Unternehmung für ein Erzeugnis festlegt, an den Kosten der Leistungserstellung orientiert, so stellt die Ermittlung des Preises grundsätzlich eine rechnerische Auswertung aufgrund der Kostenermittlung dar, und zwar auch dann, wenn im Grenzfall beide Ermittlungen simultan erfolgen. Für diese preispolitische Kostenauswertung wird eine Abhängigkeit der Preise von den Kosten unterstellt, die wiederum als Funktion der Produktmenge aufgefaßt werden können. Die hierzu erforderliche stückbezogene Kostendifferenzierung, indem man zum Beispiel zur Grenzkostenrechnung übergeht oder eine Kostenstufung nach Bezugsbasen vornimmt, gehört noch in den Bereich der Ermittlungsrechnung. Erst mit der rechnerischen Preisfindung setzt eine Kostenauswertung ein, die zum Beispiel in der Anwendung von Gewinnzuschlägen bestehen kann.

Ebenfalls zur Kostenauswertung gehören die Kostenanalysen und -vergleiche, die meist auf statistischen Verfahren beruhen. Sie zielen darauf ab, die ermittelten Kosten im Hinblick auf eine gesteigerte Aussagefähigkeit aufzubereiten.

Eine besonders wichtige Auswertung der ermittelten Kosten ist die Bestimmung von Erfolgsgrößen, indem die Kostenrechnung zu einer kalkulatorischen Erfolgsrechnung ausgebaut wird, die als Komponenten die Kosten und die Leistungen enthält.

Insoweit es sich um die Beziehung zu Einflußgrößen handelt, dienen die Kosten in Entscheidungsrechnungen als Basis (Zielfunktion) der Beurteilungskriterien zur Ermittlung bestimmter Optimalmengen, die als Nicht-Kostengrößen unmittelbar Gegenstand der Rechnung sind (wie z. B. Beschaffungs-, Ausbringungs- und Losmengen). Entsprechend den funktional ausgedrückten Beziehungen lassen sich kostenoptimale (in der Regel kostenminimale) und, sofern die Kosten als negative Komponente auftreten, gewinnoptimale (insbesondere gewinnmaximale) Mengen errechnen.

Die Auswertung der rechnerischen Ergebnisse der Kostenermittlung kann somit entweder wiederum zu Kostengrößen führen, wie zum Beispiel bei kostenstatistischen und kostenvergleichenden Rechnungen (Mittelwerte oder Varianzen von Kostenfolgen), oder sie kann der numerischen Bestimmung von Nicht-Kostengrößen dienen, wie zum Beispiel bei Optimalmodellen, in denen Kosten als oder in Zielfunktionen auftreten.

Für die praktische Handhabung ist zu beachten, daß die Trennungslinie zwischen Ermittlung und Auswertung nicht scharf gezogen werden kann. Der Ausdruck Ermittlung kann zudem so allgemein benutzt werden, daß jede Art von Rechnung darauf hinausläuft, Zahlen zu ermitteln. Dann bedeutet auch die Auswertungsrechnung eine Ermittlung von Kostengrößen oder anderen Rechnungsgrößen, so daß es überhaupt nur Ermittlungsrechnungen gibt. Der Unterschied, der hier gemacht wird, will zwei Phasen (oder Stufen) von Kostenrechnungen auseinanderhalten. Die erste Stufe hebt die primäre Kostenrechnung, Ermittlungsrechnung genannt, ab, die Kosten unmittelbar aus Mengen und Preisen ableitet, d. h. erfaßt und verteilt. Alle höheren Stufen bilden eine sekundäre Kostenrechnung, als Auswertungsrechnung bezeichnet, weil sie die primäre Stufe, d. h. bereits ermittelte Kosten, voraussetzt. Aus einer Folge von Kostengrößen (z. B. einer statistischen Kostenverteilung) werden sekundär verschiedene Lokalisations- und Dispersionsparameter sowie Variationskoeffizienten gewonnen. Kosten werden zum Beispiel der Preiskalkulation zugrunde gelegt, in der Erfolgsrechnung als negative Komponente benutzt oder in Entscheidungsmodelle eingesetzt.

Für die modellanalytische Behandlung unternehmerischer Entscheidungsprobleme ist die Unterscheidung zwischen Ermittlungs- und Auswertungsrechnung von besonderer Bedeutung. Die Ermittlungsergebnisse bilden für die Entscheidungsrechnung (Unternehmensforschung im Sinne von Aktivitätsanalyse bzw. Operations Research), die als Auswertungsrechnung anzusehen ist, den Parameterkranz rechnerischer Unterlagen als vorgegebenen Entscheidungsrahmen. Die von manchen Autoren zunächst vertretene Auffassung, als ob durch die modernen Methoden der Kalkülmodelle die (mit einem leicht abwertenden Unterton als traditional bezeichnete) Kostenrechnung überflüssig werde oder gar überholt sei, mußte von ihnen später wieder aufgegeben werden. Im Gegenteil, die ermittelnde Kostenrechnung wird sogar noch wichtiger und vor spezielle Aufgaben ihres weiteren Ausbaus gestellt.

Die Verfeinerung der Kostenstellen- und Kostenplatzrechnung bis hin zu den einzelnen Aggregaten und Maschinen, aufgegliedert nach den verschiedenen Kostenarten, wird dringlicher als je zuvor. Die genauere technologische Durchleuchtung der Mengengrundlagen und ihrer funktionalen Zusammenhänge ist unerläßliche Voraussetzung für eine exakte Kostenerfassung. Im Vordergrunde steht dabei die Untersuchung der Abhängigkeiten des mengenmäßigen Güterverbrauchs (Produktorabhängigkeiten) im Hinblick auf die verschiedenen und vielfach kombinierten Variationsformen der Produktmengen, die weit über die vereinfachende Unterscheidung fixer und proportionaler Kosten hinausgeht. Hinzu kommt die differenzierte Behandlung beeinflußbarer, von Entscheidungen abhängiger und daher zu verantwortender Kosten und damit die Absonderung der nicht-beeinflußbaren Kosten, je nach dem Standpunkt der Betrachtung und den damit gegebenen dispositiven Möglichkeiten. Es ist kein Zweifel, daß der maßgebliche Datencharakter der Kostenermittlung und seine Bedeutung für die Kostenauswertung mehr und mehr erkannt werden und zum theoretischen Ausbau und zur praktischen Verwirklichung drängen.

Die Einbeziehung der Auswertungsrechnung verfolgt nicht den Zweck, durch Ausdehnung der Kostenrechnung heterogene Verfahrensprobleme zu subsumieren. Sie will vielmehr den theoretischen Anschluß an die vielfältigen Auswertungsmöglichkeiten herstellen, ohne die Kostenrechnung selbst zu verlassen. Die Kostenauswertung wird leider zumeist isoliert gesehen, so daß der Blick für den Gesamtzusammenhang und damit das Bewußtsein für die Notwendigkeit der ermittelnden Vorstufe einerseits und für die Zweckabhängigkeit der Ermittlungsrechnung anderseits verlorengehen.

Eine umfassende Darstellung der Ziele und Verfahren der Kostenauswertungsrechnung überschreitet bei weitem den der vorliegenden Schrift gesteckten Umfang. Die Ausführungen beschränken sich daher durchweg auf die Kostenermittlungsrechnung, in der sich in der Literatur der übliche Bereich der Kostenrechnung erschöpft. Dagegen wird die kalkulatorische Erfolgsrechnung weitgehend einbezogen.

Faßt man den Bezugsinhalt der Kostenrechnung ins Auge, d. h. den Leistungsumfang, auf den die Rechnung bezogen wird, so ist zwischen kalkulatorischer Perioden- und Stückrechnung zu unterscheiden.

Gegenstand der Kostenrechnung können zunächst die Kosten einer Periode sein. Bezugsinhalt ist in diesem Falle die Periodenleistung, die im Rahmen der Zeitraumbetrachtung das zweite Merkmal des Kostenbegriffes, die Leistungsbezogenheit, inhaltlich erfüllt (vgl. hierzu Abschnitt II,2).

Kosten sind unter diesem Gesichtspunkt nur derjenige Güterverbrauch, der mit den Produkten der betrachteten Periode in kausalem Zusammenhang steht, so daß auch nur dieser Güterverbrauch Gegenstand der Rechnung ist.

Die kalkulatorische Periodenrechnung hat mit der pagatorischen Buchhaltung die Zeitraumbezogenheit gemeinsam. Sie unterscheidet sich von dieser – außer durch ihre Loslösung von den Zahlungsvorgängen – durch ihre Ausrichtung auf die Leistungen der Unternehmung und auf den ausschließlich aus dem Leistungsprozeß erwachsenden Erfolg. Diese Rechnung durchleuchtet eingehend und schrittweise den Fluß der Werteerzeugung, spaltet den Produktionsprozeß der Periode in seine Teilprozesse auf und analysiert so den Erfolg nach seinen Quellen und Elementen. Sie führt von der Kostenartenrechnung über die Kostenstellenrechnung zur Kostenträger(zeit)rechnung, stellt dieser dreigliedrigen Kostenrechnung die Leistungsrechnung gegenüber und ermittelt auf diese Weise in der kalkulatorischen Erfolgsrechnung aus den Kosten und Leistungen der Periode den leistungsbedingten Periodenerfolg.

Die Periodenkostenrechnung steht als Nachrechnung verbindend zwischen der pagatorischen Buchhaltung und der Kalkulation als Leistungseinheits- (genauer: Produkteinheits-) oder Stückrechnung. Sie knüpft weitgehend an das Zahlenmaterial der pagatorischen Buchhaltung an, neutralisiert den nicht-leistungsbezogenen Güterverbrauch und ergänzt die so gewonnenen Grundkosten um die aufwandslosen Kosten oder Zusatzkosten der Periode. An das letzte Glied der Periodenkostenrechnung, die Kostenträgerzeitrechnung, schließt sich die Kalkulation an, die auch als Kostenträgerstückrechnung bezeichnet wird.

Die Ausrichtung der Periodenkostenrechnung einerseits auf einen Zeitraum und anderseits auf die Kalkulation hat zu der Bezeichnung kalkulatorische Periodenrechnung geführt. Soweit die Funktion der Nachrechnung betont werden soll, spricht man auch von der kalkulatorischen Buchhaltung, der die pagatorische Buchhaltung gegenübersteht. Die Bezeichnungen Geschäftsbuchhaltung oder Finanzbuchhaltung und Betriebsbuchhaltung sind geschichtlich zu erklären und vorwiegend praxisbezogen. Mit der zunehmenden Bedeutung und Komplizierung des technisch-industriellen Produktionsprozesses wurde die Überwachung dieses Leistungsbereiches immer notwendiger, für den im Gegensatz zum kaufmännischen Bereich, dem Geschäft, die Bezeichnung Betrieb gebräuchlich wurde. Hieraus wurden dann die Bezeichnungen der beiden Rechnungsbereiche abgeleitet, deren Wesen aber gerade nicht in der Begrenzung einerseits auf einen sogenannten kaufmännischen und anderseits auf einen sogenannten technischen Bereich beruht. Beide Rechnungsbereiche umfassen vielmehr den gesamten Umsatz- und Produktionsprozeß, knüpfen nur einerseits an die Zahlungsvorgänge und damit an den Nominalgüterstrom an und gehen anderseits betont vom Realgüterstrom und seiner Leistungsbezogenheit aus.

Die Betriebsbuchhaltung kann heute nicht mehr als Sonderfall des industriellen Rechnungswesens angesehen werden. In allen Wirtschaftszweigen, in denen das Bedürfnis nach einer entwickelten Kostenrechnung, Leistungseinheitsrechnung oder Abteilungsrechnung auftritt, nimmt dieser Bereich die Gestalt der Betriebsbuchhaltung im allgemeinen Sinne einer kalkulatorischen Buchhaltung an.

Gegenstand der Kostenrechnung können ferner die Kosten eines einzelnen Produktes, zum Beispiel eines bestimmten Sachgutes oder einer Dienstleistung, einer Gruppe oder Serie von Produkten oder eines geschlossenen Auftrages sein. Bezugsinhalt ist in diesen Fällen eine mengenmäßige Leistungseinheit (Produkteinheit), für die die Kosten ermittelt werden sollen. Kosten sind unter diesem Gesichtspunkt nur derjenige Güterverbrauch, der mit der betrachteten Produkteinheit in kausalem Zusammenhang steht. Im Gegensatz zur Periodenkostenrechnung entfällt hierbei die Begrenzung der Rechnung auf die Kosten einer bestimmten Periode. Wenn sich die Produktion der Produkteinheit über mehrere Perioden erstreckt hat oder erstrecken wird, dann werden Kosten verschiedener Perioden Gegenstand dieser Rechnung.

Die kalkulatorische Produkteinheitsrechnung, Stückrechnung oder auch schlechthin Kalkulation genannt, hat mit der kalkulatorischen Periodenrechnung die Ausrichtung der Kosten auf die Leistung gemeinsam. Sie baut auf den Zahlen der kalkulatorischen Periodenrechnung, insbesondere der Betriebsbuchhaltung, auf, die wiederum die Verbindung zu den Uraufschreibungen der Finanzbuchhaltung herstellt. Aufbau und Inhalt der Kalkulation bestimmen sich nach der gewählten Zwecksetzung. In erster Linie dient die Stückrechnung als Grundlage für die Preisbildung oder als Mittel zur Kontrolle der Betriebsgebarung. Nach diesen beiden Hauptaufgaben kann man zwischen Preiskalkulation und Betriebskalkulation unterscheiden (vgl. hierzu Abschnitt IV, 2).

Die Unterscheidung zwischen periodischer und stückbezogener Kostenrechnung liegt den beiden Hauptteilen B und C zugrunde.

II. Begriff der Kosten und der Leistung

Der Kostenbegriff der Betriebswirtschaftslehre stellt einen der Zentralbegriffe der Kostenrechnung dar. Inhalt und Umfang des Kostenbegriffes müssen deshalb auf die allgemeine Zwecksetzung dieser Rechnung ausgerichtet werden. Kosten bilden den Sachinhalt der Kostenrechnung und sind zugleich als negative Komponente des kalkulatorischen Erfolgs zu betrachten.

Die Kostenrechnung ist ein dispositives Hilfsmittel der Unternehmungsleitung, das rationale Entscheidungen durch zahlenmäßige Unterlagen als Informationen erleichtern und vorbereiten soll. Die ökonomische Wahl unter verschiedenen technisch gegebenen Möglichkeiten erfolgt in weitgehendem Ausmaß aufgrund von Kostenüberlegungen. Die Höhe des in den Kosten erfaßten Verbrauchs an Gütern dient unter anderem dazu, den Einsatz der Produktoren (Produktionsmittel) nach ökonomischen Prinzipien zu steuern. Bei der Bildung des Kostenbegriffs ist jedoch zu beachten, daß die Kosten nicht nur als Ergiebigkeitsmaßstab für die Unternehmung benutzt werden können, sondern auch geeignet sind, durch eine an ihnen orientierte Preispolitik und Unternehmungsplanung das volkswirtschaftliche Ziel der rational-ökonomischen Güterlenkung und optimalen Bedarfsdeckung zu erreichen.

Der Umfang des generellen Kostenbegriffs ist so weit zu fassen, daß er alle Sonderfälle der Kosten umschließt, die sich aus einer Modifikation der allgemeinen Zwecksetzung der Kostenrechnung ergeben können. Es ist dabei an spezielle Kostentatbestände wie zum Beispiel Istkosten, Sollkosten, Plankosten, Standardkosten, Prognosekosten, Grenzkosten, Vollkosten und Teilkosten gedacht. Sie sind als Unterbegriffe des allgemeinen Kostenbegriffs aufzufassen, der den Oberbegriff darstellt. Dementsprechend sind sie nicht nur durch die für diesen geltenden Grundmerkmale gekennzeichnet, sondern auch durch zusätzliche (spezifische) Merkmale, die auf die speziellen Zielsetzungen der jeweiligen Rechnung bezogen sind.

Dem Kostenbegriff steht als positive Komponente des kalkulatorischen Erfolgs der Leistungsbegriff gegenüber. Leistung in diesem Sinne ist das bewertete Ergebnis (Produkt) der kombinierenden Transformationstätigkeit (Produktorkombination) in den Unternehmungen. Der Bereich der Produkte umfaßt sämtliche Sachgüter, Dienste und sonstigen Güter, die überhaupt Ziel produktiver Betätigung sein können. Für den Kostenbegriff hat der Leistungsbegriff die Bedeutung der Bezugsgrundlage. Kosten sind stets Güterverbrauch, der bestimmte Leistungen (Produkte) hervorgerufen hat, und umgekehrt sind Leistungen (Produkte) Ergebnisse eines Produktionsprozesses, für die bestimmte Kosten entstanden sind.

Der allgemeine Kostenbegriff läßt sich durch drei Merkmale kennzeichnen:

1. Es muß ein mengenmäßiger Verbrauch an Gütern (Produktoren) vorliegen,
2. dieser Güterverbrauch muß leistungsbezogen (produktbezogen) und
3. er muß bewertet sein.

1. Mengenmäßiger Güterverbrauch

Der Kostenbegriff muß grundsätzlich alle Möglichkeiten von Güterverbrauch umfassen, der mit der Güterentstehung verbunden sein kann. Der Güterverbrauch ist deshalb im weitesten Sinne des Wortes aufzufassen. Es dürfen weder bestimmte Verbrauchsarten noch Güterarten, die dem Verbrauch unterliegen, ausgeschlossen werden.

Für die Abgrenzung des Kostentatbestandes ist von sämtlichen Real- und Nominalgütern auszugehen. Zu den Realgütern gehören Sachgüter, Arbeitstätigkeiten und Dienste, Informationen, sogenannte adjunktive Güter (zum Beispiel Goodwill), Kapital als abstrakte Vorrätigkeit von Gütern sowie Rechtsansprüche auf diese Güterarten. Unter die Nominalgüter fallen Geld, Darlehns- und Beteiligungswerte.

Güterverbrauch ist Abbau von Wert und umfaßt nicht allein den substanziellen Verschleiß, der nur bei Sachgütern vorkommt. Für die Unternehmung liegt ein Güterverbrauch dann vor, wenn ein Wirtschaftsgut im Rahmen des Produktionsprozesses seine wertbegründende spezifische Eignung für die Unternehmung verliert. Der durch Gütereinsatz erfolgte Verbrauch bewirkt jedoch keine Minderung des Gesamtvermögens der Unternehmung, sondern lediglich eine interne Umschichtung, die zum Beispiel in Industrieunternehmungen vom Rohstoff über die Halbfabrikate zu den Fertigfabrikaten führt. Ob dieser Umschichtung nach Abschluß des Produktionsprozesses ein vom Markt vergüteter externer Gegenwert entspricht und welchen Umfang dieser annimmt, bleibt offen. Auf diese Weise hebt sich der erfolgswirksame Güterverbrauch vom erfolgsunwirksamen Güterabfluß ab, mit dem sich beim Gütertausch ein Güterzufluß von gleich großem externen Gegenwert unmittelbar verbindet.

Drei charakteristische Gruppen des Güterverbrauchs lassen sich unterscheiden:

I. Willentlicher (beabsichtigter) Güterverbrauch
   1. Kurzfristiger oder unmittelbarer Verbrauch (Sofortverbrauch),
   2. Langfristiger oder mittelbarer Verbrauch (Dauerverbrauch oder Gebrauch);

II. Erzwungener (ungewollter) Güterverbrauch
   1. Technisch-ökonomischer Zwangsverbrauch (Vernichtung),
   2. Staatlich-politischer Zwangsverbrauch (Abgabe);

III. Zeitlicher Vorrätigkeitsverbrauch (reine Kapitalnutzung).

Ein wichtiger Gesichtspunkt für den willentlichen Güterverbrauch, der durch bewußt-aktiven Einsatz der Güter herbeigeführt wird, ist die Art des Verbrauchsvorganges. Der Sofortverbrauch ist durch die einmalige Hingabe einer bestimmten Gütermenge (zum Beispiel beim Material) gekennzeichnet. Der Dauerverbrauch besteht dagegen in einer Folge von Wertabgaben, die rechnerisch in der Regel durch Abschreibungen erfaßt werden, wie sie für die mengenmäßig unteilbaren Güter des Anlagevermögens typisch sind.

Der erzwungene Güterverbrauch ist auf externe, unabwendbare Einflüsse zurückzuführen. Für seine nähere Kennzeichnung kann man die inhaltliche Bestimmung des Zwangseinflusses, die Verbrauchsursache, heranziehen. Zum technisch-ökonomischen Zwangsverbrauch gehört der natürliche Verschleiß von Sachgütern, der zum Beispiel durch Witterungseinflüsse eintreten kann. Ferner ist hier die Gütervernichtung durch Unglücksfälle und Katastrophen zu nennen. Weiterhin umfaßt diese Gruppe den Wertverlust infolge technischen Fortschritts sowie durch Bedarfs- und Absatzverschiebungen. Staatlich-politischen Zwangsverbrauch stellen – im modernen Staat – vor allem Steuern, Gebühren und Beiträge in Geldform dar.

Der zeitliche Vorrätigkeitsverbrauch stellt einen Verbrauchsvorgang besonderer Art dar. Er bezieht sich auf das Schwinden der reinen Nutzungsmöglichkeit der dauerhaften Real- und Nominalgüter im Zeitablauf. Die abstrakte Eigenschaft der meisten Güter (abgesehen zum Beispiel von Arbeitstätigkeiten und Diensten), auf Zeitdauer vorrätig und damit nutzbar zu sein, wird als Gut sui generis verselbständigt und nach Schmalenbach als Kapital (Vorrätigkeit) bezeichnet. Kapital ist demnach ein besonderes Gut, das nur zeitlich verfügbar ist; es verzehrt sich kontinuierlich, unaufhaltsam und unwiederbringlich im Zeitablauf.

Dabei ist die Nutzung durch Gebrauch von der reinen Kapitalnutzung zu unterscheiden. Mit dem langfristigen Verbrauch eines Sachgutes, zum Beispiel einer Maschine, der durch kalkulatorische Abschreibungen rechnerisch erfaßt wird, schwindet gleichzeitig auch der in der Zeitdauer vorhandene Vorrätigkeitswert. Ihm entspricht jeweils der Restwert nach erfolgter Abschreibung, der die Kapitalbasis für die Bemessung des zeitlichen Vorrätigkeitsverbrauchs durch kalkulatorische Zinsen darstellt.

Zur Bestimmung der Güterverbrauchsmengen sind Meßvorgänge unterschiedlicher Art, insbesondere inbezug auf ihre Schwierigkeit, erforderlich.

Die Erfassung der Mengeneinheiten umschließt die beiden Möglichkeiten der direkten und der indirekten Messung. Im einfachsten Falle, zum Beispiel bei den Materialkosten, kann der Güterverbrauch durch direkte Messung der physischen Substanz erfaßt werden, etwa in kg oder hl. Fehlt dem Gut der immanente Mengenmaßstab, so muß durch Ersatzmaßstäbe indirekt gemessen werden. Dabei können auch physische Ersatzmaßstäbe Verwendung finden, wie beispielsweise die Anzahl der bearbeiteten Stücke bei der Erfassung menschlicher Arbeit (Stückakkord) oder bei der Bemessung von Maschinenarbeit (Mengenabschreibungen). In anderen Fällen indirekter Messung muß dagegen auf fiktive Bezugsmengen zurückgegriffen werden. So wird bei der Ermittlung der Abschreibungen meist nicht von der

Menge abgebbarer Nutzungen, sondern von einem Geldbetrage, der sogenannten Abschreibungssumme, ausgegangen, die dann durch bestimmte Unterstellungen über die Verbrauchsentwicklung auf Zeiträume verteilt wird. Ebenfalls nur indirekt meßbar ist der zeitliche Vorrätigkeitsverbrauch. Hierbei wird die Quantität durch die Menge des genutzten Wertvorrates je Zeiteinheit und durch die Zeitdauer der Beanspruchung ausgedrückt, so daß das Produkt beider Größen die verbrauchte Gütermenge ergibt. Beim Verbrauch von Nominalgütern wird die Geldmenge (Menge an Währungseinheiten) zugrunde gelegt, so daß hier eine direkte Messung am Gute selbst vorgenommen wird.

2. Leistungsbezogenheit des Güterverbrauchs

Von der Gesamtheit des mengenmäßigen Güterverbrauchs in der Unternehmung hat derjenige Güterverbrauch Kostencharakter, der leistungsbezogen (produktbezogen) ist. Damit ergibt sich eine wechselseitige Abhängigkeit zwischen den Kosten und der Leistung hinsichtlich ihrer sachlichen Abgrenzung.

a) Begriff der Leistung

Wie der Kostenbegriff, so hat auch der Leistungsbegriff eine Mengen- und eine Preiskomponente. Bei der Mengenkomponente des Leistungsbegriffs handelt es sich um Produkte als Ergebnisse von Gütertransformationen im weitesten Sinne. Der Begriff der Leistung umschließt sowohl Absatzprodukte als auch sämtliche vorgelagerten sogenannten Einsatzprodukte, die weiterhin dem Produktionsprozeß unterworfen werden. Zu diesen Einsatzprodukten gehören nicht nur die sogenannten innerbetrieblichen Leistungen, also z. B. Modelle, Werkzeuge, Normteile und Instandsetzungen. Es sind dazu auch alle Transformationsergebnisse der einzelnen Kostenstellen und Arbeitsplätze zu rechnen, d. h. sämtliche Vor-, Teil- und Zwischenprodukte im weitesten Sinne. Bereits der gekaufte Werkstoff stellt durch die produktive Verbindung des Materials mit dem Einsatz von Arbeit und anteiligen Gemeinkosten der Beschaffung eine Gütertransformation dar. Von diesen ersten Güterkombinationen ausgehend, umfaßt die Skala der Produkte einer Industrieunternehmung die Ergebnisse aller einzelnen Stufen der Beschaffung, Lagerung, Herstellung und des Absatzes bis hin zu den hergestellten, gelagerten und verkauften Endprodukten. Auch die sogenannte Leistungsverwertung (im Sinne Gutenbergs) bedeutet Leistungserstellung, nämlich die Erstellung der Marktleistung als Endprodukt einer jeden Unternehmung. Allgemein ist also unter einem Produkt (Erzeugnis) jedes Ergebnis zu verstehen, das durch Transformation der eingesetzten, in bestimmter Weise kombinierten Produktoren (Erzeugungsmittel) aus einem Produktionsprozeß im weitesten Sinne (Produktion als Gegensatz zur Konsumtion) hervorgeht.

Grundsätzlich ist der Begriff Leistung als korrespondierender Begriff zu den Kosten wertmäßig definiert, d. h. Leistungen sind bewertete, im Produktionsprozeß entstandene Produktmengen. Auf diese Weise ist der kalkulatorische Erfolg durch die Gegenüberstellung von Kosten und Leistungen wertmäßig bestimmt. Darüber hinaus ist es jedoch auch weithin üblich, von Leistungen als Produkten in rein mengenmäßiger Betrachtung zu sprechen. Aus dem jeweiligen Zusammenhang wird diese Unterscheidung deutlich. Präziser kann man von Leistungsmenge (Produktmenge) und Leistungspreis (Produktpreis) sprechen. Entsprechend sind häufig unter der Bezeichnung Kosten die darin enthaltenen Kostengütermengen (Güterverbrauch) zu verstehen. Genauer kann man auch hier Kostenmengen und Kostenpreise unterscheiden.

Die Preiskomponente des Leistungsbegriffs ist (wie die des Kostenbegriffs) nicht durch eine bestimmte Bewertung determiniert, sondern offen für jeden dem jeweiligen Rechnungszweck entsprechenden Preisansatz. Neben den tatsächlich gezahlten und stichtagsbezogenen Einkaufs- und Verkaufspreisen kommen für die Bewertung insbesondere

Festpreise infrage, die zum Beispiel der Ermittlung des technizitätsorientierten Arbeitserfolges dienen.

Für die Kostenrechnung ist nicht das Ergebnis des Tauschprozesses im Markt, sondern das mit planmäßiger Arbeitstätigkeit verknüpfte Ergebnis des Produktionsprozesses die Bezugsbasis. Dadurch wird der Umfang der Leistung zunächst enger gezogen als der des an die pagatorische Rechnung gebundenen Ertrages, der an den erfolgswirksamen Einnahmen aus dem Markt gemessen wird, gleichviel, aus welchen Ursachen diese entstanden sind. Anderseits reicht der Umfang der Leistung aber weiter, da auch solche Gütertransformationen (Ausbringungen) betrachtet werden, die keine inhaltliche Bindung an Zahlungsvorgänge aufzuweisen haben. Vgl. hierzu S. 97 ff.

b) Problematik der Leistungsbezogenheit

Zum mengenmäßigen Güterverbrauch tritt als weiteres Kostenmerkmal die Leistungsbezogenheit (Produkt- oder auch Produktionsbezogenheit) hinzu. Dies bedeutet, daß nur derjenige Güterverbrauch Kostencharakter trägt, der mit den Ergebnissen der planmäßigen Erzeugungstätigkeit der Unternehmung in einem kausalen Zusammenhang steht.

Bei einer engeren, vielfach verwendeten Fassung des Kostenbegriffs wird der Leistungsbezogenheit das Kostenverursachungsprinzip in der Weise zugrunde gelegt, daß in einem engeren teleologischen (finalen) Sinne Kosten nur dann vorliegen, wenn der Güterverbrauch durch die Leistungen (Produkte) gedanklich-ursächlich (als causa finalis oder Zweckursache) hervorgerufen wird. Diese Kennzeichnung der Leistungsbezogenheit hat sich jedoch als zu eng erwiesen. Nach ihr können weder der natürliche Verschleiß von Sachgütern, ihre technisch-wirtschaftliche Überholung und die Vernichtung von Gütern noch die Abgaben an den Staat als von den Leistungen teleologisch verursachter, absichtlich herbeigeführter Güterverbrauch angesehen werden.

Für die Interpretation der Leistungsbezogenheit ist deshalb von einem weitergehenden Kosteneinwirkungsprinzip auszugehen. Es ist umfassender als das finale Kostenverursachungsprinzip und schließt dieses ein. Die der Leistungsbezogenheit zugrunde liegende Frage lautet: Welcher Güterverbrauch wirkt im Produktionsprozeß auf die Leistung (als causa efficiens oder Wirkursache) ein? Dabei können zwar verschiedene Stufen (Grade) der Intensität dieser Leistungsbezogenheit unterschieden werden; sie sind aber für den Kostencharakter des Güterverbrauchs irrelevant. Kosten liegen stets dann und nur dann vor, wenn der betrachtete Güterverbrauch auf die Ergebnisse eines Produktionsprozesses (Transformation von Produktoren in Produkte) real einwirkt, so daß diese Ergebnisse ohne ihn nicht zustande kommen. Erst aufgrund dieser Deutung des Kostenbegriffs ist es möglich, auch den Zwangsverbrauch (Vernichtung und Abgabe von Gütern) und den Vorrätigkeitsverbrauch (Kapitalnutzung) als leistungsbezogen anzusehen und als Kosten zu betrachten.

Die gegenseitige real-kausale Prozeßbezogenheit zwischen Kosten (Produktoren) und Leistungen (Produkten) (vgl. Abbildung 1) gilt nicht nur für die sachliche Zuordnung der umfassenden Begriffe Kosten und Leistung, sondern auch für Teilbetrachtungen, insbesondere bei konkreten Kostenrechnungsverfahren, und für den Zusammenhang und die Abgrenzung bestimmter Kosten und Leistungen als Unterbegriffe.

Abb. 1 Wechselbeziehung zwischen Kosten und Leistung

Eine Einengung bei den Produkten führt nach Maßgabe der Leistungsbezogenheit zu einer entsprechenden Einengung des zugehörigen Kostenumfanges. Kosten sind für die jeweilige Betrachtung nur derjenige Güterverbrauch, der mit der Art der Leistung kausal verbunden ist, die Gegenstand der Rechnung ist. So können zum Beispiel die Kosten auf den Güterverbrauch eines einzelnen Erzeugnisses oder einer Gruppe von Erzeugnissen begrenzt werden; auch kann eine zeitliche Beschränkung auf die Produkte einer bestimmten Periode vorgenommen werden. Entsprechende Unterbegriffe der Kosten sind dann die Stückkosten und die Periodenkosten. In engem Zusammenhang mit der Periodenrechnung steht die Abgrenzung der Leistung auf bestimmte Leistungsbezirke, und es werden dementsprechend Periodenleistungen und Periodenkosten von Kostenstellen, Betrieben (Gliedbetrieben) und Werken gegenübergestellt.

Bei Unterbegriffen der Kosten handelt es sich grundsätzlich darum, daß zu den allgemeinen Merkmalen des Kostenbegriffs zusätzliche spezielle Merkmale hinzutreten, die die Besonderheit bestimmter Kosten zum Ausdruck bringen. Soweit diese Besonderheit in der Mengenkomponente der Kosten begründet ist, bezeichnen diese Merkmale einen Unterfall des leistungsbezogenen Güterverbrauchs. Neben den bereits erwähnten Unterbegriffen können aus der Fülle spezieller Kostentatbestände nur beispielhaft einige Fälle herausgegriffen werden.

Einzelkosten sind durch das Zusatzmerkmal der direkten Zurechenbarkeit im Hinblick auf eine festgelegte Bezugsbasis gekennzeichnet. Im Rahmen eines bestimmten Produktionszusammenhangs und/oder Produktionsbereichs werden zum Beispiel solche Kosten betrachtet, die sich den Produkten direkt zurechnen lassen. Alle übrigen, nur indirekt zurechenbaren Kosten werden Gemeinkosten genannt. Vgl. hierzu S. 74.

Bei variablen Kosten ist das maßgebende Kriterium das veränderliche Verhalten der Kosten inbezug auf eine Vergleichsgröße. Für den Zusammenhang zwischen Kosten und Ausbringung bei fest gegebener Kapazität werden zum Beispiel diejenigen Kosten als variable Kosten herausgehoben, die für alternative Ausbringungsmengen verschieden hoch sind. Die für verschiedene Produktmengen konstanten Kosten werden als fixe Kosten der gegebenen Kapazität bezeichnet.

Von Istkosten, tatsächlichen oder effektiven Kosten spricht man, wenn der mengenmäßig tatsächlich anfallende Verbrauch an Einsatzgütern im Zusammenhang mit einer bestimmten Leistung ermittelt wird. Dabei ist es gleichgültig, welcher Preisansatz je Mengeneinheit nach dem Rechnungszweck gewählt wird. Der Istcharakter der Kosten wird durch den Mengenverbrauch bestimmt. In kontradiktorischem Gegensatz zu den Istkosten stehen die Sollkosten. Sie liegen stets dann vor, wenn die Kostenermittlung nicht von dem realisierten Güterverbrauch ausgeht und/oder die erfaßten Verbrauchsmengen einer anderen als der Leistung zugeordnet werden, zu der die Leistungsbezogenheit nach dem Kosteneinwirkungsprinzip besteht.

Bei den Optimalkosten handelt es sich um die günstigsten Kosten in einem gegebenen Kosten-Leistungs-Zusammenhang. Absolute Optimalkosten beruhen auf der kostenminimalen Kombination aller Kosteneinflußgrößen (Programm, Verfahren, Auflage, Beschäftigung usw.). Relativen Optimalkosten liegt die kostenoptimale Ausprägung einer einzigen Kosteneinflußgröße oder einer Gruppe von Kosteneinflußgrößen zugrunde, während die übrigen Einflußgrößen in nicht-optimaler Ausprägung als gegeben angesehen werden. So werden relative Optimalkosten zum Beispiel auf den jeweils gegebenen Beschäftigungsgrad einer Kapazität bezogen. Die Optimalkosten bei Optimalbeschäftigung (günstigste Kapazitätsnutzung) sind unter diesen am niedrigsten.

Normalkosten spiegeln einen mittleren Wirtschaftlichkeitsgrad wider. Man knüpft zum Beispiel an Istmengen der Vergangenheit an und stellt die Kostenbetrachtung insofern auf normale Ausprägungen der Kosteneinflußgrößen ab, als man geeignete Mittelwerte aus den Istmengen ausgewählter Perioden ableitet und dadurch die unterschiedlichen Technizitätsgrade nivelliert oder normalisiert.

Unter dem Aspekt kostenorientierter Entscheidungsrechnungen wird in der amerikanischen Literatur von relevant costs, differential costs und sunk costs gesprochen. Unter relevant costs werden Kosten verstanden, die bei den verfügbaren Alternativen eines Entscheidungsproblems eine unterschiedliche Höhe aufweisen. Bei einer Kosten-Zielfunktion sind sie maßgebend (relevant) für die Mittel-Ziel-Relation inbezug auf die Alternativen im Entscheidungsproblem. Differential costs sind Ausdruck der Kostendifferenz zwischen den relevanten Kosten der betrachteten Alternativen. Sunk costs stehen im Gegensatz zu den relevant costs. Ihre Entstehung ist in der Vergangenheit begründet; daher bleiben sie auf die Alternativen des Entscheidungsproblems ohne Einfluß. Bei diesen Unterschieden wird deutlich, daß variable und fixe Kosten sich mit den relevant und sunk costs begrifflich überschneiden.

Manche Autoren vertreten die Ansicht, daß der leistungsbezogene Güterverbrauch der Kosten auf den normalen oder auch notwendigen Güterverbrauch einzuengen sei. Man geht zum Beispiel von einem durchschnittlichen, rationellen, als Norm anzusehenden oder aus gesamtwirtschaftlicher Sicht notwendigen, im Markt preiswirksamen Verbrauch aus. Auf diese Weise würde der tatsächliche Verbrauch an Gütern, der in den Istkosten erscheint, nicht mehr zu den Kosten gerechnet werden dürfen. Bei der betrachteten Einengung handelt es sich um Unterbegriffe, wie zum Beispiel Normalkosten, Optimalkosten oder notwendige Kosten.

3. Bewertung des Güterverbrauchs

Zu der Mengengrundlage der Kosten tritt durch einen Bewertungsvorgang die Preiskomponente. Dann gilt grundsätzlich die Beziehung:

$$\text{Kosten} = \text{Gütermenge} \times \text{Güterpreis}.$$

Wenn bei indirekter Messung der verbrauchten Gütermengen eine quantitative Bezugsbasis als Ersatzmaßstab herangezogen werden muß, tritt an die Stelle des Kostengutes die gewählte Basis, und es gilt die allgemeine Beziehung:

Kosten = Basismenge × Basispreis.

Der Begriff Preis ist im weitesten Sinne formal zu definieren: als ein spezifischer, auf die Mengeneinheit bezogener Geldbetrag. Bewertung bedeutet die multiplikative Verschmelzung von Menge und Preis. Für die Kosten als bewerteten Güterverbrauch müssen sich daher in jedem Falle die beiden Komponenten Menge und Preis aufzeigen lassen. Die inhaltliche Bestimmung der Preise ihrer Art und Höhe nach hängt vom Sachproblem und dem dafür gewählten Rechnungsziel ab.

Der allgemeine Kostenbegriff ist (wie der Leistungsbegriff) durch die völlige Offenheit des Preisansatzes gekennzeichnet. Definitorisch liegt lediglich die Tatsache der Bewertung fest. Dadurch hebt sich der Kostenbegriff unter anderem vom Aufwandsbegriff ab. Dieser ist nicht nur inbezug auf den einzubeziehenden mengenmäßigen Güterverbrauch, sondern auch inbezug auf die Preishöhe pagatorisch, d. h. hier durch die Ausgaben (Anschaffungspreise) determiniert. Diese Eindeutigkeit der Bewertung fehlt den Kosten ihrem Wesen nach. Sie sind an keine bestimmte Wertkategorie gebunden, so daß grundsätzlich alle Bewertungsmöglichkeiten je nach dem Rechnungszweck zur Verfügung stehen.

Zwei Funktionen der Bewertung können unterschieden werden: die grundlegende Verrechnungsfunktion, durch die die Gütermengen gleichnamig (additions- und subtraktionsfähig) gemacht werden, und die zusätzliche Funktion der ökonomischen Gewichtung. In Rechnungen, die auf die (mengenmäßige) Technizität gerichtet sind, sollte die Auswirkung der Bewertung möglichst auf die Verrechnungsfunktion beschränkt bleiben. Durch den Ansatz konstanter Preise (Festpreise) werden dann Preisschwankungen eliminiert.

Die Gesamtheit sämtlicher Arten von Preisen läßt sich in zwei Hauptgruppen einteilen: pagatorische und nichtpagatorische Preise. Die pagatorischen Preise lassen sich auf zwischenbetriebliche Zahlungsvorgänge zurückführen; sie sind damit extern orientiert und werden als Marktpreise (zwischenbetriebliche Verrechnungspreise) bezeichnet. Sie können unterschiedlich (vertraglich oder einseitig festgesetzt) zustande kommen.

Pagatorische Preise sind vor allem die Anschaffungspreise, die für die betrachtete Wirtschaftseinheit im Markt realisierte Ausgaben darstellen. Sie können daher als realisierte (echte) pagatorische Preise bezeichnet werden. Die Tagesbeschaffungspreise sind demgegenüber als unrealisierte (unechte) pagatorische Preise anzusehen, da sie für die betreffende Unternehmung nur mögliche, von anderen Wirtschaftseinheiten realisierte Zahlungsvorgänge darstellen. Sie beziehen sich auf einen bestimmten Stichtag, der nicht der Anschaffungstag ist. Als Stichtage kommen, abgesehen von der speziellen Zwecksetzung, zum Beispiel der Tag des Preisangebots, des Güterverbrauchs, des Absatzes hergestellter Güter, der voraussichtlichen Beschaffung von Einsatzgütern oder auch der Tag einer Bestandsaufnahme infrage.

Sowohl Anschaffungs- als auch Tagesbeschaffungspreise müssen als fiktive Größen angesetzt werden, wenn in Sonderfällen der Zahlungsvorgang fehlt. Auch Festpreise und Grenzpreise (Grenzbeschaffungspreise) können als pagatorische Preise auftreten, sofern ihnen Zahlungsvorgänge entsprechen. Veräußerungspreise spielen in der Kostenrechnung nur gelegentlich als Hilfspreise eine Rolle.

Die nicht-pagatorischen Preise sind nicht auf Zahlungsvorgänge im Markt zurückführbar und tragen daher internen Charakter. Dem entspricht ihre Bezeichnung als Betriebspreise (innerbetriebliche Verrechnungspreise). Sie werden zum Beispiel gebildet, wenn geeignete Marktpreise fehlen, wie das bei Halbfabrikaten der verarbeitenden Industrie oft der Fall ist, wenn bei schwankenden oder schwierig zu ermittelnden Marktpreisen die Rechnung vereinfacht werden soll oder wenn der Rechnungszweck eine spezifische Preisfestsetzung erfordert.

Häufige Verwendung finden Durchschnittspreise und Schätzpreise zur Vereinfachung der Rechnung und in der Planung. Die Durchschnittspreise werden vielfach für bestimmte Zeiträume als Festpreise angesetzt und dienen dann der Überwachung der Technizität. Eine weitere Gruppe nicht-pagatorischer Preise bilden die verschiedenen Arten von Lenkungspreisen. Hierzu gehören die Grenzertragspreise (Grenznutzenpreise), die Grenzerfolgspreise und die Grenzkostenpreise. Der Grenzertragspreis wird dazu benutzt, die Einsatzgüter in ihre günstigste Verwendung zu steuern. Er ist derjenige Preis, der bei Güterbewegungen innerhalb der Unternehmung das interne Angebot und die interne Nachfrage gerade ausgleicht. Er bringt den höchsten Ertrag für den Gütereinsatz.

Grenzerfolgspreise können im Rahmen linearer Verteilungsmodelle als Nebenergebnisse der Rechnung (sogenannte Dualwerte) gewonnen werden. Sie dienen der Bewertung von Kapazitätseinheiten (zum Beispiel Maschinenstunden), deren Erfolgsanteil sie unter Berücksichtigung ihrer relativen Knappheit zum Ausdruck bringen.

Der Grenzkostenpreis hat ähnliche Aufgaben wie der Grenzertragspreis. Es handelt sich um die interne Bewertung von Einsatzprodukten zu einem Preis, der durch die Mehrkosten der zusätzlich benötigten Menge an Einsatzprodukten bestimmt ist.

Bei den sogenannten opportunity costs (Opportunitätskosten) handelt es sich um Unterschiede in der Bewertung von Kostengütern. Statt der direkten Bewertung des tatsächlichen Gütereinsatzes erfolgt eine indirekte Bewertung nach dem entgangenen Ertrag der nächst-günstigen Verwendung des gleichen Gutes. Direkt bewertet man zum Beispiel den Unternehmerlohn, indem man vergleichsweise das Gehalt bestimmt, das ein angestellter Unternehmer (Geschäftsführer) für die gleiche Tätigkeit erhalten würde. Indirekt ermittelt man den Ertrag, den der Unternehmer bei einem anderen Einsatz seiner Arbeitskraft, und zwar im realiter günstigsten Falle, erzielen würde. Beim Eigenkapitalzins sucht man den Zins direkt zu ermitteln, den man für entsprechendes Fremdkapital aufbringen müßte. Indirekt wird man den Ertrag der günstigsten anderweitigen Kapitalanlage heranziehen. Es liegt also kein abweichender Kostenbegriff, sondern eine besondere Wertkategorie aufgrund der entgangenen Gelegenheit (opportunity) vor. Die erwähnten Grenzerfolgspreise im Sinne von Knappheitspreisen sind als Opportunitätskosten(preise) zu betrachten, die den Bruttoerfolg angeben, auf den verzichtet werden müßte, wenn eine Einheit der knappen Kapazität weniger vorhanden wäre.

Manche Autoren bezeichnen die realisierten pagatorischen Preise (Anschaffungspreise) als Istpreise und stellen ihnen alle übrigen Preise als Sollpreise gegenüber. Tagesbeschaffungspreise wären dann keine Istpreise, sondern bereits Sollpreise. Gegen diese Terminologie lassen sich aus mancherlei Gründen Bedenken erheben.

Bei der hier vorgenommenen Festlegung der Begriffe gibt es keine besondere Kategorie der sogenannten pagatorischen Kosten; dagegen ist es möglich, die als Verbrauch festgelegte Gütermenge zu pagatorischen Preisen zu bewerten. Dann handelt es sich um pagatorisch bewertete Kosten. Innerhalb des allgemeinen Kostenbegriffs liegt darüber hinaus nur ein Unterbegriff vor, wenn man Teilkosten derart bildet, daß man die sogenannten Zusatzkosten unberücksichtigt läßt. In der Literatur werden diese Teilkosten schon immer als Grundkosten bezeichnet. Ohne weiteres kann man auch die dadurch erfaßte Verbrauchsmenge pagatorisch bewerten. Den gleichen Betrag erhält man, wenn man aus den Aufwendungen die sogenannten neutralen Aufwendungen aussondert und sich dadurch auf die leistungsbezogenen Aufwendungen (Zweckaufwand) beschränkt. Die hier entwickelten Grundbegriffe sind so breit angelegt, daß darin die sogenannten pagatorischen Kosten als längst bekannter Spezialfall enthalten sind, und zwar entweder als pagatorisch bewertete Grundkosten oder als Zweckaufwand. Vgl. hierzu die Ausführungen im Hauptteil B, Abschnitt I, 2.

Der in diesem Abschnitt durch drei Grundmerkmale definierte generelle Kostenbegriff trägt den Charakter eines formalen Gattungsbegriffes. Er dient dazu, die unerläßlichen Kennzeichen hervorzuheben, die allen untergeordneten speziellen Kostenbegriffen gemeinsam sind. Einwendungen gegen die Unbestimmtheit, d. h. Offenheit für weitere determinierende Merkmale, gehen an der vorliegenden Problematik vorbei. Die in der Sache begründete begriffliche Unbestimmtheit bleibt so lange bestehen, bis man durch weitere fortschreitende Klassifikation zu den konkreten bzw. individualen Kostenbegriffen vorgedrungen ist. Erst diese verlieren ihre Unbestimmtheit und werden zu eindeutigen und operationalen Begriffen. Auch Begriffe wie Grenzkosten, Teilkosten, Einzelkosten, fixe Kosten, Anschaffungskosten usw. sind immer noch vieldeutig und inoperational. Insbesondere ist inbezug auf die Grundmerkmale genau zu determinieren, (1) welche Güterarten und mit welchen Verbrauchsmengen diese einzubeziehen sind, (2) welche Art und welcher Grad der Produktbezogenheit zu berücksichtigen sind und (3) welche Preiskategorie für die Bewertung gewählt werden soll. Allein die spezielle, genau zu fixierende Zielsetzung des Kalküls vermag den ausgesprochen rechnungsteleologischen Kostenbegriff eindeutig und operabel zu determinieren. Die Kostenrechnung liefert daher zunächst nur Rechnungsmöglichkeiten. Auswahl und Festlegung eines bestimmten Rechnungsverfahrens erfolgen ausschließlich vom Rechnungszweck her und hängen von der konkreten Anwendung im Einzelfall ab.

III. Abhängigkeitsbeziehungen und Auflösung der Kosten

Zur Ermittlung der Kosten bedarf es einer eingehenden Kenntnis ihrer Abhängigkeitsbeziehungen. Die dazu erforderliche Kostenanalyse befaßt sich vorwiegend mit den Einflußfaktoren, die über die verbrauchten Gütermengen auf die Kostenhöhe einwirken. Aus der Fülle der Einflußgrößen seien hier nur die technischen Bedingungen des

Produktionsprozesses, die Art und Zusammensetzung des Produktprogramms, die verschiedenen Verfahren in Beschaffung, Herstellung und Absatz, der Stand der Organisation, die Größenverhältnisse der Anlagen sowie die Auftrags- und Losgrößen genannt.

Unter sämtlichen Einflußfaktoren hebt sich ein Tatbestand hervor, der eine besondere Bedeutung bei Kostenanalysen hat. Indem man alle sonstigen Variablen, die die Kostenhöhe beeinflussen, als konstant unterstellt, betrachtet man lediglich den Einfluß der Ausbringungsmenge an Produkten (der Herstellungs- oder Absatzmenge). Man spricht dann auch von der Abhängigkeit der Kosten vom Beschäftigungsgrad (der gegebenen Kapazitäten).

1. Allgemeine Analyse des Kostenverhaltens

Um die Abhängigkeits- und Funktionalbeziehungen darzustellen, braucht man eine geeignete Terminologie und einen entsprechenden analytischen Formelapparat für die möglichen Fälle des Kostenverhaltens. Die relativen Änderungstendenzen werden dadurch festgestellt, daß man die Kostenbewegungen mit den Bewegungen einer Bezugsgröße vergleicht und Aussagen über Steigen, Fallen oder Gleichbleiben der Kosten macht. Dabei kann es sich sowohl um formale Größenbeziehungen (Entsprechungen) als auch um ursächliche Zusammenhänge handeln. Während z. B. beim Verhältnis von Lohn- zu Materialkosten oder von Kosten zu beschäftigten Personen rein rechnerische Relationen vorliegen, faßt man bei der Abhängigkeit der Kosten von der Produktmenge meist eine kausale Verknüpfung ins Auge.

Nehmen wir allgemein an, der zu beschreibende Beziehungszusammenhang zwischen den Kosten K in einer bestimmten Periode (Periodenkosten, auch Gesamtkosten genannt) und der gewählten Bezugsgröße x in dieser Periode werde mathematisch durch die Funktion

$$K = f(x)$$

ausgedrückt. Der Kosteninhalt, die Bezugsgröße und die Art der Funktion seien dabei völlig beliebig, jedoch auf die gleiche Betrachtungsperiode bezogen. Wir nehmen nun zunächst eine sogenannte Schichtenbetrachtung vor, die sich auf diskrete (finitesimale) Werte der Kostenfunktion bezieht und in der praktischen Kostenrechnung immer anwendbar ist. Man untersucht dann das Kostenverhalten in einem Veränderungsbereich (Schicht genannt), indem man vom Anfangszustand 1 mit K_1 und zugehörigem x_1 zu einem Endzustand 2 mit K_2 und entsprechendem x_2 fortschreitet. Um zu eindeutigen Aussagen zu gelangen, werden die vereinfachenden Annahmen gemacht:

$$K_2 > K_1 \text{ und } x_2 > x_1,$$

d. h. es liegt eine mit x steigende Funktion f(x) vor. Die umgekehrte Richtung der mit x zugleich fallenden Kosten ist darin eingeschlossen.

Die Änderungstendenz beider Größen K und x läßt sich durch die Verhältnisse

$$K_2 : K_1 > 1 \text{ und } x_2 : x_1 > 1$$

ausdrücken. Sie geben das absolute Ausmaß des Steigens (mit 100 multipliziert, in Prozenten) wieder. Vergleicht man beide Brüche miteinander, so gewinnt man zur Beschreibung der relativen Kostenänderungstendenz drei Möglichkeiten:

(1) $$\frac{K_2}{K_1} \lesseqgtr \frac{x_2}{x_1}$$

oder als Doppelverhältnis

(2) $$\delta = \frac{K_2}{K_1} : \frac{x_2}{x_1} \lesseqgtr 1.$$

Die Periodenkosten steigen schwächer, im gleichen Ausmaß oder stärker als die Bezugsgröße steigt. Dementsprechend ist das Doppelverhältnis δ kleiner, gleich oder größer als 1.

Ohne den Aussageinhalt zu ändern, lassen sich die Relationen (1) leicht umwandeln in

$$(3) \qquad \frac{K_2}{x_2} \lesseqgtr \frac{K_1}{x_1} \quad \text{bzw.} \quad D_2 \lesseqgtr D_1.$$

D_1 und D_2 bedeuten die Kosten je Bezugsgrößeneinheit (Durchschnittskosten). Bedeuten x_1 und x_2 Produktmengen, so stellen D_1 und D_2 die Kosten je Produktmengeneinheit (Stück), d. h. durchschnittliche Stückkosten oder kurz: Stückkosten dar. Die Relationen (3) besagen, daß die Durchschnittskosten (Stückkosten) fallen, gleichbleiben oder steigen.

Eine weitere Umformung von (3) ergibt

$$(4) \qquad \frac{K_2 - K_1}{x_2 - x_1} = \frac{\Delta K}{\Delta x} \lesseqgtr \frac{K_2}{x_2} \lesseqgtr \frac{K_1}{x_1}$$

$$\text{bzw.} \quad G_{1,2} \lesseqgtr D_2 \lesseqgtr D_1.$$

$G_{1,2}$ wird als Grenzkosten, bezogen auf die Kostenschicht zwischen den Zuständen 1 und 2, bezeichnet. Grenzkosten sind Durchschnittskosten innerhalb der betrachteten Kostenschicht. Sie lassen sich als Differenzenquotient aus den Veränderungen ΔK und Δx in der Kostenschicht ausdrücken. Handelt es sich um Produktmengen x, so liegt eine Produktionsschicht vor; man spricht dann auch von marginalen Stückkosten. Diese sind gleich den Mehrkosten der Schicht je Einheit der Mehrproduktion. Die Relationen (4) unterscheiden, ob die Grenzkosten kleiner, gleich oder größer als die Durchschnittskosten (Stückkosten) im Anfangs- und Endzustand der Schicht sind.

Bildet man aus (4) ein Doppelverhältnis von $G_{1,2}$ und D_1, so erhält man

$$(5) \quad \varepsilon = \frac{\Delta K}{\Delta x} : \frac{K_1}{x_1} = \frac{\Delta K}{K_1} : \frac{\Delta x}{x_1} = \frac{x_1 \Delta K}{K_1 \Delta x} = \frac{G_{1,2}}{D_1} \lesseqgtr 1.$$

Das Doppelverhältnis ε wird als Kostenelastizität inbezug auf die Bezugsgröße (insbesondere Produktmenge) innerhalb der Schicht bezeichnet und ist kleiner, gleich oder größer als 1. Man beachte, bei gleicher Aussagerelation, den zahlenmäßigen Unterschied der Doppelverhältnisse δ und ε.

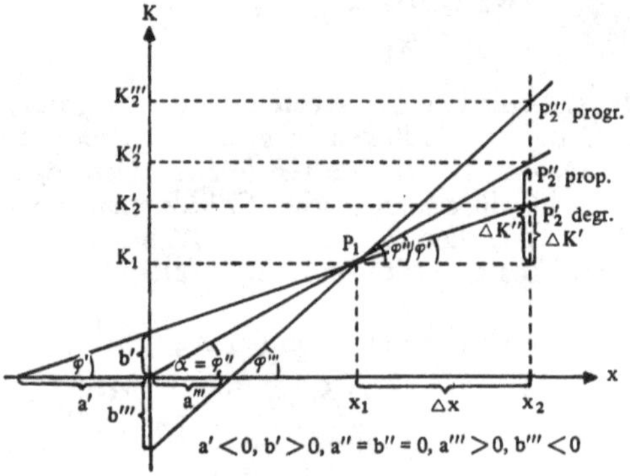

Abb. 2 Diskrete (finitesimale) Betrachtung (Schichtenbetrachtung) der Kostenfunktion

Stellt man die aufgezeigten Beziehungen grafisch dar, so gelangt man zu Abbildung 2. Darin ist

$$\text{(6)} \qquad \frac{\Delta K}{\Delta x} = \operatorname{tg} \varphi \quad \text{und} \quad \frac{K_1}{x_1} = \operatorname{tg} \alpha$$

sowie

$$\text{(7a, b)} \qquad \operatorname{tg} \varphi \lesseqgtr \operatorname{tg} \alpha \text{ und } \varphi \lesseqgtr \alpha .$$

Der Winkel φ wird als Sekantenwinkel und der Winkel α als Vektorwinkel bezeichnet. Die Elastizität läßt sich durch den Bruch $\operatorname{tg}\varphi : \operatorname{tg}\alpha$ ausdrücken.

Die Verbindungsgerade von K_1 und K_2 (Sekante) sei durch die Gleichung

$$\frac{x}{a} + \frac{y}{b} = 1$$

dargestellt. Dann gelten für die beiden Achsenabschnitte

die Relationen

(8) $$a \lesseqgtr 0$$

und

(9) $$0 \lesseqgtr b,$$

oder zusammengefaßt:

(8/9) $$a \lesseqgtr 0 \lesseqgtr b.$$

In den verschiedenen angeführten Relationen werden die steigenden Periodenkosten K im Hinblick auf ihre relative Änderungstendenz der Reihe nach als unterproportional (degressiv), proportional oder überproportional (progressiv) inbezug auf die gewählte Bezugsgröße (z. B. Produktmenge) bezeichnet. Die Aussagen lassen bei gleichem Tatbestand mehrere (neun) äquivalente Formulierungen zu. Für unterproportionale Kosten (Kleinerzeichen $<$ in den Relationen) ergibt sich zum Beispiel jeweils:

1. Die Periodenkosten K steigen schwächer als die Bezugsgröße x steigt (1).
2. Das Doppelverhältnis δ ist kleiner als eins (2).
3. Die Durchschnittskosten D fallen vom Anfangs- zum Endzustand (3).
4. Die Grenzkosten G der betrachteten Schicht sind kleiner als die Durchschnittskosten im Anfangs- und im Endzustand (4).
5. Die Kostenelastizität ε ist kleiner als eins (5).
6. Das Steigungsmaß $\mathrm{tg}\varphi$ der Verbindungsgeraden (Sekante) der beiden Kostenpunkte ist kleiner als das Steigungsmaß $\mathrm{tg}\alpha$ der Geraden (Vektor) durch den Nullpunkt und den Kostenpunkt des Anfangszustandes (7a).
7. Der Sekantenwinkel φ ist kleiner als der Vektorwinkel α (7b).
8. Der Abszissenabschnitt a der Verbindungsgeraden der beiden Kostenpunkte ist negativ (8).
9. Der zugehörige Ordinatenabschnitt b ist positiv (9).

Entsprechende gleichwertige Aussagen ergeben sich für proportionale Kosten (Gleichheitszeichen = in den Relationen) und für überproportionale Kosten (Größerzeichen >).

Der Zusammenhang sei auch an einem Zahlenbeispiel gezeigt: $K_1 = 20\,600$, $x_1 = 1\,200$ und $K_2 = 21\,300$, $x_2 = 1\,300$. Die Relation $x_2 : x_1 = 1{,}083$ bedeutet eine Steigerung um 8,3 % und $K_2 : K_1 = 1{,}034$ eine geringere Steigerung um 3,4 % (1). Das Doppelverhältnis $\delta = 0{,}95 < 1$ (2). $D_1 = K_1 : x_1 = 17{,}17$; $D_2 = K_2 : x_2 = 16{,}38$; also $D_2 < D_1$ (3). $G_{1,2} = 700 : 100 = 7$; $G_{1,2} < D_2 < D_1$ (4). Die Kostenelastizität $\varepsilon = 7 : 17{,}17 = 0{,}41$; $\varepsilon < 1$ (5). Nach (4) ist zugleich $\operatorname{tg}\varphi < \operatorname{tg}\alpha$ (7a). Die zugehörigen Winkel sind $\varphi = 38°50$ und $\alpha = 51°$; $\varphi < \alpha$ (7b). Die Gleichung der Sekante lautet $y = 7x + 12\,200$ oder $\frac{y}{1} - \frac{x}{1943} = 1$, folglich $a = -1943 < 0$ (8) und $b = 1 > 0$ (9).

Zwei wichtige Grenzfälle sind noch zu erörtern. Es sei zunächst

$$(10) \qquad K_2 = K_1 \text{ für } x_2 > x_1.$$

Die Periodenkosten werden als fix bezeichnet. Für sie gelten grundsätzlich die bisherigen Relationen mit dem Kleinerzeichen, so daß sie sich von den unterproportionalen Kosten nur durch (10) abheben. Sie stellen den äußersten Grenzfall höchster Degression dieser Kosten dar (vgl. Abbildung 3). Daher verschwinden die Grenzkosten ($G = 0$), die Kostenelastizität ($\varepsilon = 0$) und der Steigungswinkel ($\varphi = 0$), während $b = K_1 = K_2$ ist und der negative Abszissenabschnitt a ins Unendliche strebt. Man beachte vor allem, daß auch bei fixen Periodenkosten die Durchschnittskosten fallen, und zwar am stärksten.

Der andere Grenzfall ist durch

$$(11) \qquad K_2 > K_1 \text{ für } x_2 = x_1$$

gegeben. Hiermit ist nicht die mathematische Doppeldeutigkeit der Kostenfunktion gemeint, sondern der Tatbestand,

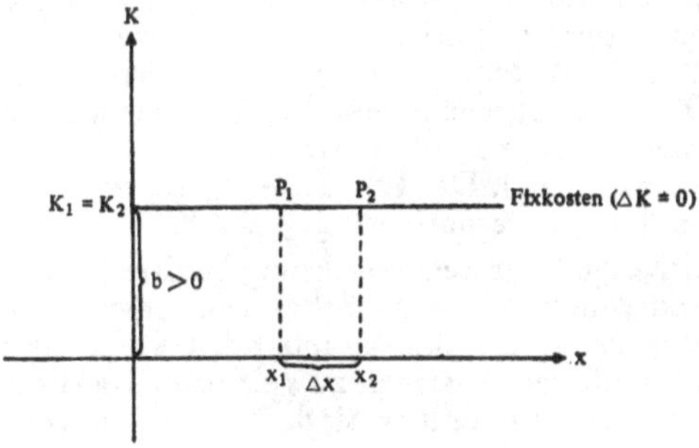

Abb. 3 Fixkosten

daß an dieser Stelle eine Unstetigkeit vorliegt, indem sich die Kosten ruckartig von K_1 auf K_2 erhöhen (vgl. Abbildung 4). Man spricht daher von Sprungkosten. In diesem

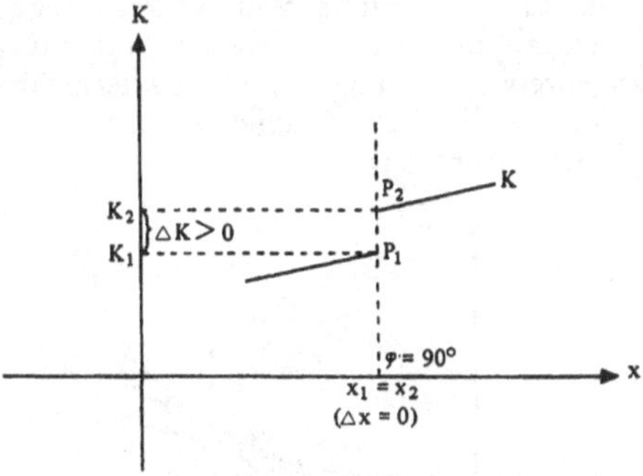

Abb. 4 Sprungkosten (Unstetigkeit)

Falle gelten grundsätzlich die Relationen mit dem Größerzeichen, so daß der äußerste Grenzfall höchster Progression der überproportionalen Kosten vorliegt. Daher wachsen die Grenzkosten, die Kostenelastizität und der negative Ordinatenabschnitt ins Unendliche, während $a = x_1 = x_2$ ist und der Steigungswinkel φ den Wert 90° annimmt.

Die drei Fälle unterproportionaler, proportionaler und überproportionaler Kosten werden als variable Kosten ($G > 0$, $\varepsilon > 0$) zusammengefaßt und den fixen Kosten ($G = 0$, $\varepsilon = 0$) gegenübergestellt. Alle vier Möglichkeiten entsprechen einer monoton wachsenden Kostenfunktion ($x_2 > x_1$, $K_2 \geqq K_1$). Der Fall $x_2 = x_1$, $K_2 = K_1$ ist banal. Damit sind alle Alternativen $x_2 \geqq x_1$, $K_2 \geqq K_1$ erschöpft.

Die bisherige Schichtenbetrachtung beschreibt die relative Kostenänderungstendenz an Sekanteneigenschaften. Dabei ist es notwendig, die Schicht möglichst klein zu wählen, um zu brauchbaren Aussagen zu gelangen. Da die Einsatzgüter nicht beliebig teilbar sind, sondern in bestimmten Mindestmengen verbraucht werden, ist der reale Kurvenverlauf stets gebrochen-unstetig. Setzt man jedoch für die Kostenfunktion, indem man ihre tatsächlich gegebenen diskreten Werte entsprechend approximiert, Stetigkeit oder mindestens Differenzierbarkeit voraus, dann kann man für $\Delta x \rightarrow 0$ den Grenzübergang vom Differenzenquotienten zum Differentialquotienten vollziehen und zur infinitesimalen Tangentenbetrachtung für die Bezugsgröße x übergehen, in der die diskreten Größen x_1 und x_2 zusammenfallen (vgl. Abbildung 5).

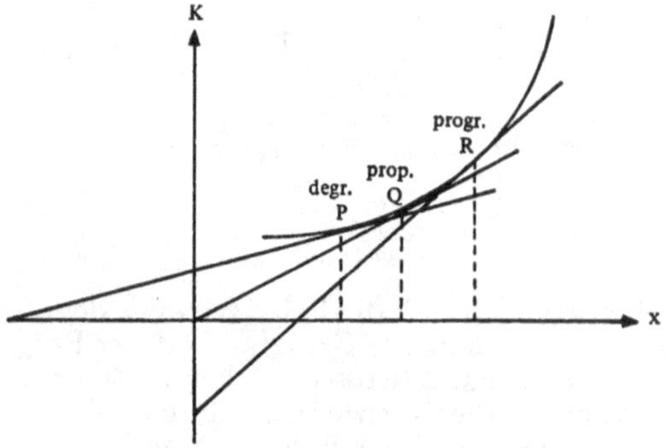

Abb. 5 Stetige (infinitesimale) Betrachtung der Kostenfunktion

Dann ergibt sich aus (4) bis (6)

$$\frac{dK}{dx} \lesseqgtr \frac{K}{x} \quad \text{bzw.} \quad G \lesseqgtr D \tag{12}$$

$$\varepsilon = \frac{dK}{dx} : \frac{K}{x} = \frac{G}{D} \lesseqgtr 1 \tag{13}$$

$$\frac{dK}{dx} = \operatorname{tg} \varphi \quad \text{und} \quad \frac{K}{x} = \operatorname{tg} \alpha \tag{14}$$

und alle bisherigen Aussagen für die Sekante gelten nunmehr für die Tangente. Die Grenzkosten lassen sich durch marginale Ableitung aus der Kostenfunktion berechnen:

$$K = f(x), D = \frac{K}{x} = \frac{f(x)}{x},$$

(15)

$$G = \frac{dK}{dx} = \frac{df(x)}{dx} = f'(x) = K'.$$

Ferner ist

$$\varepsilon = \frac{x}{K} \cdot \frac{dK}{dx} = x \frac{K'}{K} = \frac{Gx}{K} \quad \text{und} \quad Gx = \varepsilon K. \tag{16}$$

Die Grenzkosten stellen bei unstetiger Variation der Produktmenge x die durchschnittlichen Stückkosten der Produktmenge Δx in der betrachteten Schicht (Grenzschicht) dar und bleiben auch beim Grenzübergang marginale Stückkosten der Produktmenge x. Die Gleichung der Tangente lautet

$$y = Gx + b = K'(x)\, x + b. \tag{17}$$

Die bisherigen Überlegungen gelten für zwei sehr unterschiedliche Fälle, da die Formeln keine Aussage über die Krümmung der Periodenkostenkurve enthalten (vgl. Abbildung 6). Diese wird durch das Vorzeichen der 2. Ab-

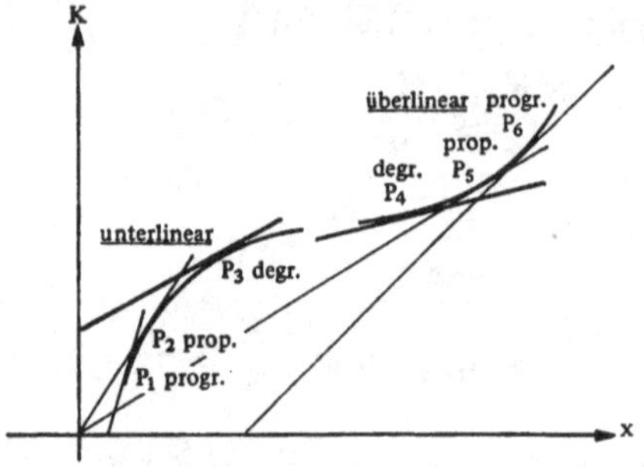

Abb. 6 Krümmungsunterschiede bei Kostenfunktionen

leitung der Kostenfunktion

$$\frac{d^2K}{dx^2} = K''(x) = \frac{dG}{dx} = G'(x) \tag{18}$$

bestimmt. Für K″ (x) > 0 bezeichne ich die (positive) Krümmung als überlinear (konvex zur Abszissenachse); die Kurve verläuft oberhalb ihrer Tangenten. Für K″(x) < 0 folgt daraus der entsprechende Ausdruck unterlinear (konkav zur Abszissenachse); die Kurve bleibt jeweils unterhalb ihrer Tangenten.

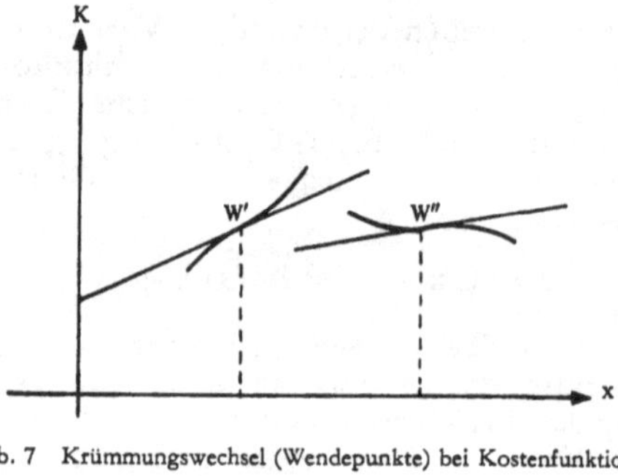

Abb. 7 Krümmungswechsel (Wendepunkte) bei Kostenfunktionen

Im Grenzfall $K''(x) = 0$ liegt ein Krümmungswechsel vor, d. h. die Kurve wechselt von der unterlinearen zur überlinearen Krümmung über, oder umgekehrt (Wendepunkt). Die Tangente berührt und schneidet zugleich die Kurve (vgl. Abbildung 7). Häufig wird überlinear mit progressiv (überproportional) und unterlinear mit degressiv (unterproportional) verwechselt.

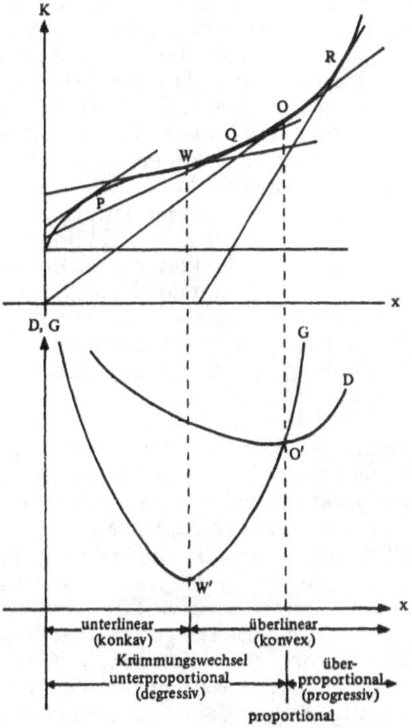

Abb. 8 Periodenkosten als Parabel 3. Ordnung

Die oft verwendete, allerdings empirisch nicht begründete Darstellung der Periodenkostenkurve mithilfe einer Parabel dritter Ordnung, deren Wendepunkt im ersten Quadranten liegt und deren Ordinatenabschnitt positiv ist, zeigt Abbildung 8. Die Periodenkosten K(x) steigen monoton an, verlaufen unterproportional bis O, im Punkte O selbst proportional (Tangente durch den Nullpunkt) und von da ab überproportional. Die zugehörigen Durchschnittskosten D(x) fallen zunächst bis O′, verhalten sich dort gleichbleibend und steigen dann ständig an. Die Grenzkosten G(x) besitzen ein Minimum in W′. Bis zum Punkte W steigen die Periodenkosten unterlinear, von da ab überlinear. Man erkennt, daß die Fälle unterlinearer Proportionalität und Progression fehlen. Sämtliche Möglichkeiten erhält man nur, wenn der Ordinatenabschnitt negativ gewählt wird. Die sich dann ergebenden negativen Periodenkosten sind jedoch völlig irreal.

Benutzt man eine quadratische Parabel, so fällt der Wendepunkt fort, und es gelten in Abbildung 8 nur der überlineare Teil der Periodenkosten und der ansteigende Teil der Grenzkosten. Die optimale Situation im Punkte O bzw. O′ bleibt bestehen. Die stärkste Vereinfachung stellt ein linearer Verlauf der ausschließlich degressiven Periodenkosten dar (Abbildung 9). Die Grenzkosten sind konstant (Parallele zur Abszissenachse). Die Durchschnittskosten (Stückkosten) fallen hyperbolisch gegen die Grenzkostengerade als Asymptote. Die Optimalsituation im Punkte O besteht nicht mehr (liegt im Unendlichen). Die günstigsten Kosten liegen praktisch bei der maximalen Bezugsgröße bzw. Produktmenge (Kapazitätsgrenze).

In den USA legt man der Betrachtung nur lineare Kostenverläufe zugrunde. In der Kostenfunktion $K = Gx + b$ sind G und b stets positive Größen. Daher unterscheidet man nur drei Kostenkategorien. Fixe Kosten $K = b$ liegen für $G = 0$ vor. Für proportionale Kosten, die unscharf als variable Kosten bezeichnet werden, gilt $K = Gx$ für $b = 0$. Im allgemeinen Falle liegen unterproportionale Kosten vor, die sich aus fixen und proportionalen

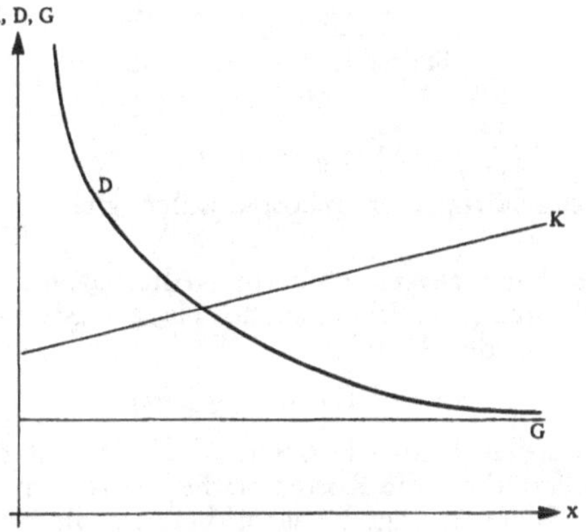

Abb. 9 Lineare Periodenkosten

(variablen) Kosten additiv zusammensetzen und daher semivariable Kosten genannt werden.

Bei diskreter (unstetiger) oder finitesimaler Betrachtungsweise ist es zur Bestimmung der Krümmung notwendig, zwei aufeinanderfolgende Kostenschichten heranzuziehen (Abbildung 10). Die Periodenkosten verlaufen unterlinear,

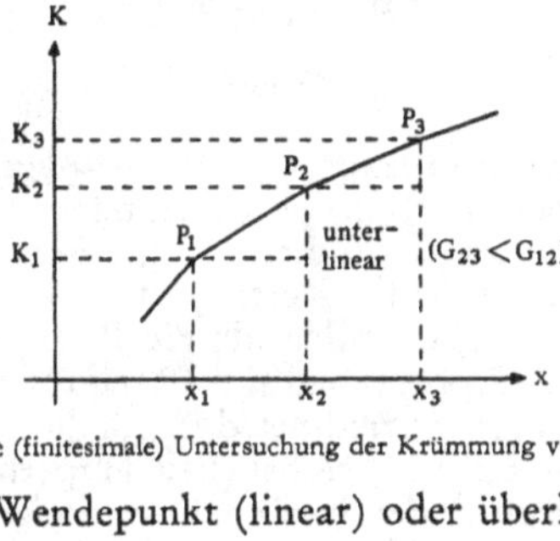

Abb. 10 Diskrete (finitesimale) Untersuchung der Krümmung von Kostenfunktionen

durch einen Wendepunkt (linear) oder überlinear, je nachdem

$$(19)\qquad \frac{K_3 - K_2}{x_3 - x_2} \lesseqgtr \frac{K_2 - K_1}{x_2 - x_1}$$

bzw.

$$(20)\qquad G_{2,3} = G_{1,2}$$

d. h. die zugehörigen Grenzkosten fallen, gleichbleiben oder steigen.

Die bisher ausgeklammerte Alternative fallender Periodenkosten (von Schmalenbach als regressiv bezeichnet) soll nun unter der Annahme

$$(21)\qquad K_2 < K_1 \text{ und } x_2 > x_1$$

erörtert werden. In den Formeln (1) bis (3) gilt dann stets das Kleinerzeichen, die Kosten erscheinen formal als quasidegressiv. Diese Aussage besagt nichts über die unterschiedlichen Änderungstendenzen, da der Gegensatz in der Ungleichheit in (21) unberücksichtigt bleibt. Beachtet man, daß $K_2 - K_1 < 0$ ist, dann ergeben sich durch Abwandlung von (4) die analogen Unterscheidungen

$$(22)\qquad -\frac{K_2 - K_1}{x_2 - x_1} = -\frac{\Delta K}{\Delta x} \lesseqgtr \frac{K_1}{x_2} \lesseqgtr \frac{K_2}{x_1} \text{ und } \frac{K_1}{K_2} \lesseqgtr \frac{x_2}{x_1}$$

$$(23)\qquad -\frac{\Delta K}{\Delta x} = \operatorname{tg} |\varphi| \text{ und } \frac{K_1}{x_2} = \operatorname{tg} |\alpha|$$

$$(24)\qquad |\varphi| \lesseqgtr |\alpha|.$$

Ich bezeichne daher fallende Kosten als *umgekehrt* unterproportional (degressiv), proportional oder überproportional (progressiv) inbezug auf die gewählte Bezugsgröße (z. B. Produktmenge), wenn die Kosten schwächer, im gleichen Verhältnis oder stärker fallen als die Bezugsgröße steigt. Die umgekehrte Proportionalität (Reziprozität) ist geometrisch dadurch gekennzeichnet, daß sich die Kostenpunkte auf einer gleichseitigen Hyperbel (Leit-Hyperbel) bewegen, die der Geraden durch den Nullpunkt bei steigenden Kosten entspricht. Analog zu Abbildung 2 gibt Abbildung 11 die

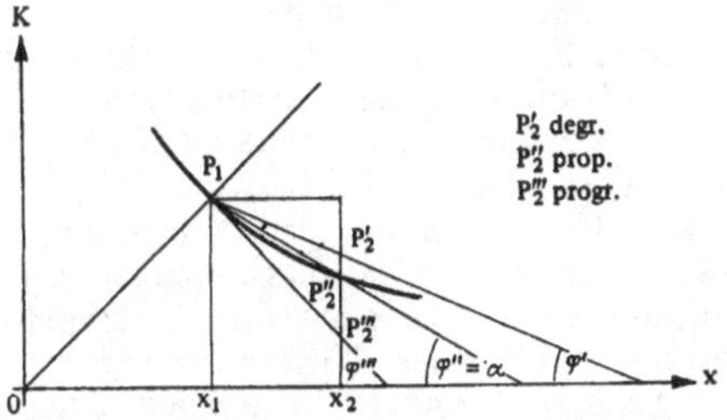

Abb. 11 Umgekehrte Kostenänderungstendenz bei diskreter (finitesimaler) Betrachtung

Beziehungen bei umgekehrter Kostenänderungstendenz grafisch wieder.

Bei differenzierbaren Kostenfunktionen erhält man entsprechend

$$(25) \qquad 0 < -\frac{dK}{dx} \lesseqgtr \frac{K}{x} \quad \text{bzw.} \quad -G \lesseqgtr D, \; G < 0$$

$$(26) \qquad \varepsilon < 0, \; -\varepsilon = -\frac{dK}{dx} : \frac{K}{x} = -\frac{G}{D} \lesseqgtr 1$$

$$(27) \qquad -\frac{dK}{dx} = \operatorname{tg} |\varphi| \quad \text{und} \quad \frac{K}{x} = \operatorname{tg} |\alpha| \, .$$

Die Formeln (15) bis (18) gelten weiter. Damit ergibt sich ein analytisches Instrumentarium, das alle Möglichkeiten umschließt. Insbesondere läßt es sich auch auf steigende und fallende Durchschnitts- und Grenzkosten anwenden.

2. Abhängigkeit der Kosten von der Ausbringungsmenge

Die entscheidenden Ansätze der betriebswirtschaftlichen Lehre von der Kostenabhängigkeit sind von Schmalenbach ausgegangen, der bereits um die Jahrhundertwende eine Klassifikation der Kosten in die vier Kategorien fix, degressiv, proportional und progressiv durchgeführt hat. Schmalenbach legt dieser Einteilung Periodenkosten zugrunde. Bezugsgröße ist die Ausbringungsmenge (Produktmenge) eines bestimmten Leistungsbereichs mit konstanter

Kapazität, die Schmalenbach als Beschäftigung dieser Kapazität bezeichnet. Er will vor allem Aufschluß darüber gewinnen, wie sich die einzelnen Kostenarten verhalten und in welcher Kostenzone sich die verschiedenen Teilbereiche, zum Beispiel Kostenstellen und Kostenplätze, befinden.

Die verschiedenen Bemühungen, ausgehend von einer globalen Produktfunktion (Produktmengen als Funktion der Produktormengen), zu generellen Aussagen über den Gesamtkostenverlauf einer Unternehmung zu gelangen, müssen als gescheitert angesehen werden. Die empirische Begründung einer bestimmten Gestalt von aggregierten Kostenfunktionen ist bisher nicht erreicht worden, da die Kompensationswirkungen der Kosteneinflüsse unübersehbar sind und die Isolierung von Einflußfaktoren vor unüberwindbaren Schwierigkeiten steht. Dies gilt insbesondere für die aus dem sogenannten Ertragsgesetz abgeleiteten Kostenkurven.

Die neueren Untersuchungen der Kostenabhängigkeiten knüpfen wieder an die Schmalenbachschen Gedankengänge an und konzentrieren sich daher auf das Verhalten einzelner Kostenarten an geschlossenen Kostenplätzen, um, hierauf aufbauend, dann auch zu Aussagen über den Kostenverlauf von größeren Abrechnungsbereichen mit einheitlicher Leistung (zum Beispiel Kostenstellen) vordringen zu können. Grundlage dieser Bemühungen ist das Auffinden von Produktorfunktionen einzelner Leistungsprozesse (Produktormengen als Funktion der Produktmengen), die auf den technologischen Einzelgesetzmäßigkeiten zwischen Gütereinsatz (Produktormenge) und Güterausbringung (Produktmenge) beruhen. Selbst auf dieser Ebene sind nicht ohne weiteres eindeutige Beziehungen feststellbar, da der Güterverbrauch, je nach der Form und den Einflußfaktoren der Veränderung der Ausbringungsmenge, von dieser unterschiedlich abhängt und daher zu verschiedenartigen Verlaufsformen führt.

Für die Veränderung der Ausbringungsmenge eines einzelnen Produkts innerhalb des gegebenen Leistungsprogramms einer Unternehmung oder irgendeines Unternehmungsteils bis hinab zu einem einzelnen Transformationsprozeß (zum Beispiel an einem Aggregat) sind folgende reine (idealtypische) Variationsformen zu unterscheiden:

1. Unmittelbare Variation der Ausbringungsmenge
   a) Temporale Variation
      (Veränderung der Einsatzzeit)
   b) Intensitive Variation
      (Veränderung der Einsatzgeschwindigkeit)
   c) Dimensionale Variation
      (Veränderung der Einsatzdimension)
2. Mittelbare Variation der Ausbringungsmenge
   a) Kombinative Variation
      (Veränderung der Einsatzverfahren)
   b) Qualitative Variation
      (Veränderung der Einsatzqualität)

Um analytisch zu diesen reinen Variationsformen zu gelangen, ist eine isolierte Betrachtung der einzelnen Einflußfaktoren erforderlich. Die anderen Faktoren werden dabei als unverändert angesehen und damit der Einfluß der entsprechenden Variationsmöglichkeiten auf die Ausbringungsmenge eliminiert. In allen Fällen wird die Ausbringungsmenge als Funktion einer einzigen Variablen oder eines Systems von Variablen betrachtet, so daß die Produktorfunktionen und zugehörigen Kostenfunktionen zu Funktionen von Funktionen werden.

Die temporale Variation stellt die Veränderung der Einsatzzeit (Nutzungsdauer) eines bestimmten Einsatzpotentials (Einsatzkapazität) dar, das je nach dem Betrachtungsumfang in einem einzelnen Leistungsträger (Mensch oder Einsatzgut, insbesondere Maschine) oder in einem umfassenderen Leistungsbereich bestehen kann.

Eine intensitive Variation ist dagegen die Veränderung der Einsatzgeschwindigkeit (Nutzungsintensität) eines bestimmten Einsatzpotentials, das heißt, das Tempo der Verrichtungsabgabe des oder der kapazitiven Leistungsträger variiert. Die Fähigkeit der Verrichtungsabgabe haben vor allem Menschen und Maschinen.

Ist die Einsatzzeit (Nutzungsdauer) $t > 0$, so ist das betrachtete Einsatzpotential eingesetzt, der Betrieb ist geöffnet, es findet ein Leistungsprozeß statt. Ist in diesem Fall die Einsatzgeschwindigkeit $v = 0$, so handelt es sich um Leistungsträger, die grundsätzlich leistungsnotwendig sind, sich aber vorübergehend in Ruhe befinden. Es entstehen dann meist nur zeitabhängige Kosten, die sogenannten Stillstandskosten. Ist die Einsatzgeschwindigkeit $v > 0$, so werden Verrichtungen abgegeben, und es entstehen stets auch mengenabhängige Kosten.

Die temporale und die intensitive Variation stellen Veränderungen der Nutzung eines bestimmten unveränderten Einsatzpotentials oder kapazitiven Leistungsbereichs nach Dauer und Intensität dar. Wenn man, wie es zweckmäßig sein dürfte, den Begriff der Beschäftigung nur auf die Ausbringungsmengen fest gegebener Kapazitäten bestimmter Leistungsträger bezieht, stellen die temporale und die intensitive Variation die beiden einzigen Formen der Beschäftigungsvariation dar. Die Ausbringungsmenge (x) eines gegebenen Leistungsbereichs in einer Periode ist das Produkt aus der Ausbringungsmenge je Zeiteinheit, das heißt der Einsatzgeschwindigkeit (v), und der Einsatzzeit (t), so daß $x = vt$ ist. Hieraus folgt, daß es sich bei der Abhängigkeit der Kosten von der Beschäftigung um eine Funktion zweier Veränderlicher $f(v,t)$ handelt. Wird die Ausbringungsmenge ausschließlich durch eine Variation der Einsatzzeit verändert, so kann die Kostenfunktion im allgemeinen als linear betrachtet werden, während bei Variation der Einsatzgeschwindigkeit eine nicht-lineare, zumindest eine quadratische Kostenfunktion angenommen werden muß. Die Ingenieure arbeiten in der Praxis bei Produktorfunktionen (Verbrauchsfunktionen) meist mit Parabeln höherer Ordnung oder sogar mit nicht-rationalen Funktionen.

Zu einer unmittelbaren Veränderung der Ausbringungsmenge führt weiterhin die dimensionale Variation, d. h. eine Veränderung der Anzahl der Leistungsträger. Diese Veränderung kann in einer Erhöhung bestehen, zum Beispiel durch Einsatz zusätzlicher Arbeitskräfte oder neuer

Maschinen im Produktionsprozeß. Eine dimensionale Variation erfolgt zum anderen durch endgültiges Ausscheiden nicht benötigter Leistungsträger aus dem betrachteten Leistungsprozeß oder -bereich. Hier kommen zum Beispiel die Entlassung von Arbeitskräften, der Verkauf oder das endgültige Ausrangieren (Stillegung) von Maschinen infrage.

Ein Sonderfall der dimensionalen Variation liegt dann vor, wenn die Anzahl aller einzelnen Leistungsträger des betrachteten Bereichs in gleichem Umfange verändert wird. Man spricht dann von multipler Größenveränderung. Für den seltenen Fall der reinen dimensionalen Variation kann eine proportionale Beziehung zwischen Kosten und Ausbringungsmenge angenommen werden.

Zu diesen Variationsformen treten die kombinative und die qualitative Variationsform hinzu, die durch eine Veränderung der Produktfunktionen auf die Ausbringungsmenge nur mittelbar einwirken. Bei der temporalen, intensitiven und dimensionalen Variation bleiben dagegen die Produktfunktionen in ihrer Gestalt unverändert, so daß die Ausbringungsmenge unmittelbar beeinflußt wird.

Wie bereits angedeutet, ist die Abhängigkeit der Kosten von der Ausbringungsmenge nur beispielhaft für die Fülle der die Kosten beeinflussenden Bestimmungsfaktoren. In der Realität beruhen die Kosten in einer konkreten Situation auf einer Kombination der verschiedensten Einflußgrößen. Das Fernziel der Kostenforschung muß im Hinblick auf die Kostenrechnung daher darin gesehen werden, auf der Grundlage empirisch fundierter Untersuchung der Einflußgrößen, zumindest soweit sie eine gewisse Relevanz haben und gestaltungsfähig sind, zu allgemeingültigen konkreten Abhängigkeitsaussagen (Gesetzmäßigkeiten) für die Explanation und Prognose der Kosten vorzudringen. Durch Verwendung dieser Erkenntnisse bei der Kostenplanung und Kostenkontrolle läßt sich schließlich in einem Gesamtmodell die kostenoptimale Kombination aller Einflußgrößen als Gestaltungsziel bestimmen. Bisher existieren zuverlässige empirische Aussagen nur für sehr eng begrenzte

Beziehungen zwischen Einsatz- und Ausbringungsmengen für wechselnde Auslastungen eines bestimmten Aggregates, zum Beispiel für den Kraftstoffverbrauch eines Motors für unterschiedliche Geschwindigkeiten.

Ein anderes Problem, das bei dem gegenwärtigen Stand der Kostenforschung vernachlässigt wurde, ist die dynamische Kostenabhängigkeit. Während bisher in komparativ-statischer Analyse die Abhängigkeit der Periodenkosten von alternativen (virtuellen) Veränderungen der Einflußgrößen (zum Beispiel Beschäftigungsgraden) in einer bestimmten Periode betrachtet wurde, wäre es wichtig, auch die Entwicklung der Kosten während des zeitlichen Voranschreitens des Produktionsprozesses und die Abhängigkeit der Kosten von den Einflußgrößen in vergangenen und zukünftigen Perioden zu kennen.

Die Fragen der Kostenabhängigkeit sind für die Kostenrechnung von erheblicher Bedeutung. Namentlich die Abhängigkeit der Kosten von einer Variation der Produktmenge hat sowohl in der periodischen Erfolgsrechnung als auch in der Kalkulation Berücksichtigung gefunden und zu einer differenzierten Behandlung der Kosten geführt. Notwendige Voraussetzung dafür ist eine Zerlegung der Kosten in die unterschiedlich zu behandelnden Kategorien. Diesem Zweck dienen die Methoden der Kostenauflösung.

3. Kostenauflösung

Die kostenrechnerische Berücksichtigung der Abhängigkeitsbeziehungen zwischen Kosten und Produktmenge geht im wesentlichen auf Schmalenbach zurück. Er untersucht namentlich die Verteilungsproblematik der Fixkosten und wendet sich gegen ihre Verteilung auf Produkteinheiten, denen nur proportionale Kosten zugerechnet werden sollen. Diese unterschiedliche rechnungstechnische Behandlung der Kosten setzt voraus, daß sich alle Kosten auf diese beiden Kategorien zurückführen lassen. Daher sind die degressiven und die progressiven Kosten nach Schmalenbach in fixe und proportionale Bestandteile zu zerlegen.

Zwei Verfahren der Kostenauflösung stehen sich gegenüber: die mathematische und die buchtechnische Methode.

Bei der mathematischen Kostenauflösung werden für eine diskrete Betrachtung die Periodenkosten zweier benachbarter Produktmengen, das heißt einer Ausbringungsschicht, herangezogen, um auf der Grundlage der Grenzkosten eine Zerlegung vorzunehmen. Mit den Grenzkosten G der betrachteten Ausbringungsschicht werden dann sämtliche Produktmengen der Schicht bewertet. Subtrahiert man die so ermittelten Kosten Gx von den Periodenkosten K der entsprechenden Produktmengen, so ergeben sich sogenannte Restkosten oder Residualkosten R. Die Kostenzerlegung läßt sich somit durch den Ausdruck

$$K = Gx + (K - Gx) = Gx + R \tag{28}$$

wiedergeben. Ferner ist

$$R = K - Gx = K(1 - \varepsilon) = (D - G)\,x \tag{29}$$

Schmalenbach bezeichnete die bei diesem Rechenschritt gewonnenen Restkosten als fixe Kosten und die Grenzkosten als proportionale Kosten. Diese Ausdrucksweise erklärt sich aus der unstetigen Schichtenbetrachtung. Innerhalb der Kostenschicht wird längs der Sekante ein linearer Verlauf der Periodenkosten näherungsweise unterstellt, so daß vom Beginn bis zum Ende der Schicht die Grenzkosten (je Stück) konstant bleiben, somit die Grenzkosten Gx der Produktmenge zur Produktmenge x proportional und die Residualkosten für die gesamte Schicht fix verlaufen.

Die analogen Überlegungen gelten für eine stetige Betrachtung inbezug auf eine bestimmte Produktmenge. Die Gleichung (28) entspricht dann (17).

Es handelt sich also bei der mathematischen Kostenauflösung nicht um eine Zerlegung der Periodenkosten in tatsächlich fixe und proportionale Kosten, sondern um eine formale Aufteilung in konstante Residualkosten je Schichtmenge und konstante Grenzkosten je Stück bzw. proportionale Grenzkosten je Schichtmenge. Nur für den Fall, daß die Periodenkosten tatsächlich aus fixen und proportionalen Kosten additiv zusammengesetzt sind, so daß sie reduzibel sind und sich in diese effektiven Bestandteile ohne weiteres wieder trennen lassen, führt auch die mathematische Auflösung zu den tatsächlichen Fix- und Proportionalkosten rechnerisch wieder zurück. Dies gilt dagegen nicht, wenn die unter- oder überproportionalen Periodenkosten nicht derart zusammengesetzt, sondern irreduzibel sind, auch wenn sie linear verlaufen. Der mathematische Zusammenhang soll an nachstehendem Beispiel gezeigt werden (S. 59).

Die diskrete Kostenauflösung bedeutet die Lösung zweier inhomogener linearer Gleichungen. Bezeichnet man die Kosten am Anfang und Ende einer Produktionsschicht (n, n + 1) mit K_n bzw. K_{n+1}, die zugehörigen Produktmengen mit x_n bzw. x_{n+1}, den fixen (residualen) Kostenbestandteil mit R_n und den proportionalen (marginalen) Kostenbestandteil je Mengeneinheit mit $G_{n,\,n+1}$, so lautet die einfache Rechenaufgabe allgemein:

$$(30)\qquad \begin{aligned} K_n &= G_{n,\,n+1}\, x_n + R_n \\ K_{n+1} &= G_{n,\,n+1}\, x_{n+1} + R_n \end{aligned}$$

Die Lösungen sind

$$(31)\; G_{n,\,n+1} = \frac{K_{n+1} - K_n}{x_{n+1} - x_n} \quad \text{und} \quad R_n = \frac{K_n\, x_{n+1} - K_{n+1}\, x_n}{x_{n+1} - x_n}$$

Für die speziellen Fälle $G_{n,\,n+1} = 0$ (fixe Periodenkosten) und $R_n = 0$ (proportionale Periodenkosten) erübrigt sich eine Zerlegung.

Man erkennt, daß die Zuordnung der Grenzkosten und damit der Kostenbestandteile zu den Produktmengen nicht völlig eindeutig ist. Für die Schicht (3,4) ergibt sich zum Beispiel

$$(32)\quad G_{3,4} = 8 \quad \begin{aligned} K_3 &= 8 \cdot 1\,300 + 10\,900 = 21\,300 \\ K_4 &= 8 \cdot 1\,400 + 10\,900 = 22\,100 \end{aligned}$$

Index n	K	x	$D_n = K_n : x_n$	$G_{n,n+1} = \Delta K : \Delta x$	$\varepsilon = G_{n,n+1} : D_n$	$G_{n,n+1}\, x_n$	$D_n - G_{n,n+1}$	$R_n = K_n - G_{n,n+1}\, x_n = (D_n - G_{n,n+1})\, x_n$
1	20 600	1 100	18,73			0	18,73	20 600
				0	0			
2	20 600	1 200	17,17			8 400	10,17	12 200
				7	0,41			
3	21 300	1 300	16,38			10 400	8,38	10 900
				8	0,49			
4	22 100	1 400	15,79			12 600	6,79	9 500
				9	0,57			
5	23 000	1 500	15,33			15 000	5,33	8 000
				10	0,65			
6	24 000	1 600	15			24 000	0	0
				15	1			
7	25 500	1 700	15			42 500	—10	—17 000
				25	1,67			
8	28 000	1 800	15,56			54 000	—14,44	—26 000
				30	1,93			
9	31 000	1 900	16,32			95 000	—33,68	—64 000
				50	3,06			
10	36 000	2 000	18			—	—	—

Wählt man dagegen die Schicht (4,5), so erhält man

$$(33)\quad G_{4,5} = 9 \quad \begin{aligned} K_4 &= 9 \cdot 1\,400 + 9\,500 = 22\,100 \\ K_5 &= 9 \cdot 1\,500 + 9\,500 = 23\,000 \end{aligned}$$

Um Eindeutigkeit zu erreichen, muß man zum Beispiel vereinbaren, daß $G_{n,\,n+1}$ stets dem Anfang x_n der Produktionsschicht zugeordnet wird. Dann gelten, wie im obigen Zahlenbeispiel, für $x_3 = 1\,300$ die Schicht (3,4) in (32) und für $x_4 = 1\,400$ die Schicht (4,5) in (33). Dementsprechend wird $(D_n - G_{n,\,n+1})$ der Produktmenge x_n zugewiesen, so daß zum Beispiel $8{,}38 \cdot 1\,300 = 10\,894$ (10 900) und $6{,}79 \cdot 1\,400 = 9\,506$ (9 500) ist.

Geht man zur stetigen Betrachtung über, indem man zum Beispiel eine Näherungsparabel 4. Ordnung durch die fünf Punkte $K_2 = 20\,600$, $K_4 = 22\,100$, $K_6 = 24\,000$, $K_8 = 28\,000$ und $K_{10} = 36\,000$ legt, so lautet die Gleichung der Periodenkosten

$$(34)\quad \begin{aligned} K_{(x)} = {} & -50\,000 + \frac{1\,591}{12}\,x - \frac{71}{960}\,x^2 + \\ & + \frac{1}{240\,000}\,x^3 + \frac{1}{192\,000\,000}\,x^4 \end{aligned}$$

Die zugehörigen Durchschnitts- und Grenzkosten sind gegeben durch die Gleichungen

$$(35)\quad \begin{aligned} D_{(x)} = {} & -\frac{50\,000}{x} + \frac{1\,591}{12} - \frac{71}{960}\,x + \\ & + \frac{1}{240\,000}\,x^2 + \frac{1}{192\,000\,000}\,x^3 \end{aligned}$$

$$(36)\quad \begin{aligned} G_{(x)} = {} & \frac{1\,591}{12} - \frac{71}{480}\,x + \frac{1}{80\,000}\,x^2 + \\ & + \frac{1}{48\,000\,000}\,x^3 \end{aligned}$$

Man erhält dann folgende Aufstellung:

n	$K_{(x)}$	x	$D_{(x)}$	$G_{(x)}$	$\varepsilon = G : D$	$D - G$	Gx	$R = K - Gx = (D - G)\,x$
1	20 600	1 100	18,73	12,74	0,68	6,99	14 014	6 586
2	20 600	1 200	17,17	9,08	0,53	8,09	10 896	9 704
3	21 398	1 300	16,46	7,19	0,44	9,27	9 347	12 051
3a	21 756	1 351	16,10	6,94	0,43	9,16	9 376	12 380
4	22 100	1 400	15,79	7,17	0,45	8,62	10 038	12 062
5	22 899	1 500	15,27	9,15	0,60	6,12	13 725	9 174
6	24 000	1 600	15	13,25	0,88	1,75	21 200	2 800
6a	24 435	1 631	14,98	14,98	1,00	0	24 435	0
7	25 624	1 700	15,07	19,60	1,30	— 4,53	33 320	— 7 696
8	28 000	1 800	15,56	28,33	1,82	—12,77	50 994	—22 994
9	31 373	1 900	16,51	39,56	2,40	—23,05	75 164	—43 791
10	36 000	2 000	18	53,42	2,97	—35,42	106 840	—70 840

Für $K' = 0$ ist $x = 1\,631$. Für diese kostenoptimale Produktmenge ist $D = G$ bzw. $D-G = 0$ und nehmen die Durchschnittskosten D ihr Minimum an. Die Kostenelastizität ist $\varepsilon = 1$. Ferner ist $Gx = K$, so daß $R = 0$ wird. Wie auch aus (29) ersichtlich, sind die Residualkosten für $\varepsilon < 1$ und $D > G$ positiv, während sie für $\varepsilon > 1$ und $D < G$ negativ sind. Sie stellen als unter- bzw. überdeckte Kosten einen Maßstab für unausgenutzte (unterbeschäftigte) bzw. überbeanspruchte (überbeschäftigte) Kapazitäten dar. Für $K'' = G' = 0$ wird $x = 1\,351$. Hier liegt der Wendepunkt der Periodenkostenkurve. An dieser Stelle nehmen G und ε ihr Minimum an, während R zum Maximum wird. Dagegen hat Gx hier kein Minimum. Wie man sieht, besteht bei stetiger Betrachtung keine Mehrdeutigkeit für die Zuordnung.

Bei der buchtechnischen Methode handelt es sich um ein faktisches Zuordnungsverfahren. Für die in einer Periode angefallenen Kostenarten wird, statt durch Rechnung, aufgrund realer Beurteilung anhand aufgeschriebener Zahlenbewegungen (buchtechnisch) festgelegt, ob sie als proportional (mengenabhängig) oder als fix (kalenderzeitabhängig) anzusehen sind.

Man erfaßt zunächst getrennt die eindeutig fixen Kostenarten (z. B. Gehälter und Zeitabschreibungen) und die eindeutig proportionalen Kostenarten (z. B. Fertigungslöhne und -material). Degressive und progressive Kosten lassen sich dann ohne Schwierigkeiten aufteilen, wenn sie aus fixen und proportionalen Kostenarten additiv zusammengesetzt sind. Bei ursprünglich degressiven und progressiven Kostenarten ist dagegen eine schematische Zuordnung auf die Kategorien fix und proportional notwendig.

Die Degressionen einzelner Kostenarten, wie zum Beispiel der Energie- und Transportkosten, weisen unterschiedliche Steigerungsgrade auf. Stark degressive Kosten nähern sich den Fixkosten und werden ihnen deshalb zugeteilt. Im Gegensatz dazu werden die schwach degressiven den proportionalen Kosten zugeordnet, ebenso meistens die selten auftretenden progressiven Kosten. In dieser Weise kann man die degressiven und progressiven Kosten ganz oder in Teilen und mehr oder weniger grob vereinfachend entweder den fixen oder den proportionalen Kosten zuweisen. Dem Ziel der Zerlegung nach geht es also bei der buchtechnischen Kostenauflösung im Gegensatz zur mathematischen um die (angenäherte) Bestimmung der tatsächlichen Fix- und Proportionalkosten.

Beide Verfahren werden miteinander kombiniert, wenn man Periodenkosten in konstante Grenz- und Residualkosten zerlegen will. Dann erfolgt zunächst nach der buchtechnischen Methode eine Aussonderung der tatsächlich fixen und proportionalen Kosten. Effektiv aus fixen und proportionalen Kosten zusammengesetzte Kosten werden in ihre Bestandteile aufgeteilt. Für die praktische Handhabung genügt es, annähernd fixe und annähernd proportionale Kosten einzubeziehen. Auf die dann noch verbleibenden ursprünglich-degressiven und gegebenenfalls progressiven Kosten wird dann die mathematische Methode angewandt. Aufgrund realer Kostenverläufe wird entweder eine diskrete Schichtenbetrachtung oder eine Analyse approximierter Parabeln durchgeführt. Die so ermittelten Residualkosten werden den tatsächlichen Fixkosten zugerechnet, so daß sich sämtliche Residualkosten der Produktmenge ergeben. Ebenso werden die berechneten Grenzkosten der Produktmenge mit den tatsächlichen Proportionalkosten dieser Menge vereinigt.

Außer den dargelegten Auflösungsmethoden gibt es noch andere ähnliche oder daraus abgeleitete Verfahren der Kostenzerlegung, die in der Kostenrechnung Anwendung finden. Die Bedeutung der Kostenauflösung wird aus der späteren Darstellung der einzelnen Kostenrechnungsverfahren ersichtlich.

IV. Zwecke der Kostenrechnung und der Betriebsbuchhaltung

Wie das gesamte Rechnungswesen überhaupt, liefert auch die Kostenrechnung numerische Unterlagen als Informationen für die Unternehmungsführung. Man spricht daher in der amerikanischen Literatur von managerial accounting. Das Zahlenwerk dient einmal dazu, über das abgelaufene Wirtschaftsgeschehen Rechenschaft abzulegen und die verantwortlichen Instanzen zu überwachen (responsability accounting). Vor allem aber wird die Kostenrechnung der zukünftigen Wirtschaftsgestaltung, den unternehmerischen Entscheidungs- und Steuerungsaufgaben nutzbar gemacht (decisional accounting). Sachgrundlage der Rechnung ist der umfassende Produktionsprozeß der Unternehmung im ganzen Zusammenhang und in seinen Bestandteilen von der Beschaffung über die Herstellung und Lagerung bis zum Absatz.

1. Zwecke der Betriebsbuchhaltung

Die Betriebsbuchhaltung baut als Periodenrechnung auf den Zahlen der pagatorischen Finanzbuchhaltung auf; als kalkulatorische Rechnung stellt sie ihre Zahlen der stückbezogenen Kalkulation zur Verfügung.

Betrachtet man den Ablauf und die Stufen der periodischen Kostenrechnung, so lassen sich zwei Hauptaufgaben unterscheiden. Ihren Abschluß findet die Betriebsbuchhaltung zunächst in der (1) Ausgestaltung zur kalkulatorischen Erfolgsrechnung. Neben der Ermittlung des Erfolges haben aber auch die vorausgehenden Stufen der Ermittlung periodischer Kostengrößen eigenständige Bedeutung insbesondere für die (2) Kontrolle der Wirtschaftlichkeit.

Die zweite Aufgabe, die Wirtschaftlichkeit der einzelnen Phasen und Bereiche des Produktionsprozesses anhand der Kostenentwicklung zu überwachen, tritt mit zunehmender Größe und Aufgliederung der Unternehmungen immer mehr in den Vordergrund. Die Betriebsgebarung als Ausdruck von Tüchtigkeit und Geschicklichkeit, von Fleiß und Sparsamkeit soll dadurch beobachtet werden. Während die Finanzbuchhaltung auf die Rentabilität ausgerichtet ist, liegt ein Hauptanliegen der Kostenrechnung als Kontrollinstrument in der Überwachung der mengenwirtschaftlichen (technischen) Komponente des Unternehmungserfolges. Die vielfältigen Einflüsse auf den Verbrauch müssen festgestellt werden, um aussichtsreich auf die Gestaltung der Kosten einwirken zu können.

Hieraus ergibt sich die Notwendigkeit einer weitgehenden Zergliederung, Aufspaltung und Verarbeitung der Konten und Zahlen. Die Zerlegung des Kostengefüges in einzelne Kostenelemente, ihre Zurechnung zu Abteilungen und Arbeitsplätzen, ihre Verrechnung auf Produktarten, die systematische Beobachtung und Analyse der Kostenarten und Kostenstellen, der Einbau von Plankosten in die Kostenrechnung, die getrennte und reich gegliederte Abrechnung der absatzbestimmten und der innerbetrieblichen Produkte – alle diese Verfahren der Betriebsbuchhaltung dienen hauptsächlich der Kontrolle der technischen Wirtschaftlichkeit (Technizität).

Neben der reinen Kostenüberwachung ist auch eine Kontrolle des kalkulatorischen Erfolges notwendig. Aus dieser Aufgabe ergibt sich die Forderung nach kurzfristigen Abschlüssen. Als Abrechnungszeitraum wird im allgemeinen der Monat gewählt; die Periode sollte keinesfalls länger als ein Vierteljahr sein. Der dauernde Wechsel der wirtschaftlichen Verhältnisse und der dadurch bedingte ununterbrochene Wandel im Kosten- und Leistungsgefüge verlangen eine wirklichkeitsnahe Ermittlung der Wertbewegungen, um rechtzeitig ungünstige Entwicklungen der Wirtschaftlichkeit aufzudecken und so früh wie möglich in das Geschehen eingreifen zu können.

2. Zwecke der Kalkulation

Die stückbezogene Kostenrechnung (Kalkulation) dient ebenfalls in erster Linie der Überwachung der technischen Wirtschaftlichkeit, um Unterlagen für dispositive Maßnahmen zu erhalten (Betriebskalkulation). Da gerade für Kontrollzwecke die Genauigkeit der Zuordnung von Kosten auf die betrachtete Produkteinheit und die Frage der Verantwortlichkeit für die Kostengestaltung eine große Rolle spielen, sind oft nur Verfahren sinnvoll, die die Ermittlung direkt zurechenbarer und beeinflußbarer Kosten herausheben. Da Vergleichsrechnungen (Ist/Ist-, Soll/Ist- und Soll/Soll-Vergleiche) und statistische Methoden (z. B. zur Bildung von Mittelwerten,Streuungsparametern und Verhältniszahlen) in starkem Maße benutzt werden, handelt es sich nach dem Rechnungsziel weitgehend um Kostenauswertung.

Ein besonderer Zweck der Kalkulation besteht darin, daß die Stückkosten zu den wesentlichen Größen gehören, an denen sich preisorientierte Entscheidungen ausrichten (Preiskalkulation).

Man spricht von preisbestimmendem Charakter der Kostenrechnung, wenn die Unternehmung in der Lage ist, die Absatzpreise in funktionaler Abhängigkeit von den Kosten festzusetzen. Diese Möglichkeit setzt voraus, daß der kostendeterminierte Preis dem Abnehmer auferlegt werden kann.

Zunächst tritt diese Art der Preisbestimmung dann auf, wenn es sich um Erzeugnisse handelt, für die kein Marktpreis besteht und eine Ausschreibung nicht vorgenommen werden kann. Die Vertragspartner vereinbaren dann Deckung der entstandenen Kosten und Vergütung eines bestimmten Gewinnzuschlages. Dieses Verfahren findet dann unter anderem bei öffentlichen Aufträgen Anwendung. Allgemein wird die kostenbeeinflußte Preisbestimmung namentlich dort vorkommen, wo ein Auspendeln der Preisbildung zwischen Angebots- und Nachfragepreis fehlt und der Abnehmer den Preis der ausgezeichneten Waren als unabänderliche Basis des Vertragsabschlusses hinnimmt. Dies gilt zum Beispiel für weite Bereiche der Konsumentenmärkte. Wird eine Absatzsteuerung durch Preispolitik angestrebt, so ist eine gewisse Preiselastizität der Nachfrage notwendige Voraussetzung.

Der preisbegrenzende Charakter der ermittelten Kosten tritt hervor, wenn der Abnehmer weder zu einem blinden Akzeptieren des angebotenen Preises noch zu einem bedingungslosen Umsatzakt gezwungen ist. Er entscheidet dann unter gewissen Einschränkungen eigenständig über sein Marktverhalten und hat innerhalb fließender Grenzen die Möglichkeit, auf die Preisgestaltung Einfluß zu nehmen.

Dieses Problem spielt zunächst im Absatzbereich eine wichtige Rolle, wo es sich um die Ermittlung von Preisuntergrenzen handelt. Für den Verkäufer sind die Kostenwerte begrenzende Richtpunkte, die er nur begründet unterschreiten kann. In Zeiten stark fallender Preise gewinnt diejenige Preisuntergrenze große Bedeutung, bis zu der es wirtschaftlicher ist, statt einer Stillegung der Produktion kurzfristig Verluste hinzunehmen. Werden die Produktkosten in ihrem Aufbau nach den Gesichtspunkten des Absatzes gestuft, was insbesondere für den Block der Fixkosten gilt, so ist damit die Möglichkeit geschaffen, die Ergebnisse der Kostenrechnung als Mittel einer flexiblen Absatzsteuerung einzusetzen.

Analoge Überlegungen gelten auch im Beschaffungssektor. Hier handelt es sich um Begrenzungen der Preisstellung nach oben. Eine retrograde Kalkulation hat den Preis zu ermitteln, den die Unternehmung beim Einkauf der Produktionsmittel anlegen kann, ohne auf Teile des erwarteten Gewinns verzichten zu müssen. Die Warngrenzen, die hier ebenfalls durch Stufung gewonnen werden, dienen als Anhaltspunkte für die Gestaltung der Mittelbeschaffung und des Mitteleinsatzes.

Neben der bisher behandelten externen Preiskalkulation ermittelt die interne kalkulatorische Preisbildung innerbetriebliche Verrechnungspreise, die auf Stückkosten beruhen. Ihr Zweck ist außer der Abrechnung zwischen Unternehmungsteilen auch die pretiale Lenkung der Güterströme zwischen Abteilungen in Verbindung mit dezentralen Entscheidungen. Steuerungsziel ist unter anderem eine kostenoptimale Auslastung der Abteilungskapazitäten, der jedoch bei Auftreten von Engpässen enge Grenzen gesetzt sind.

V. Verfahrensgrundlagen der Kostenrechnung

Unabhängig von den speziellen Fragen, die sich auf die Gestaltung der einzelnen Kostenrechnungsverfahren beziehen, gibt es eine Reihe von Gesichtspunkten, die genereller Natur sind und mehrere oder alle Verfahren betreffen.

Einige dieser Aspekte sollen nachstehend erörtert werden, um einen Überblick über die Verfahrensgrundlagen zu geben. In den späteren Einzeldarstellungen treten die unterschiedlichen Ausprägungen und Kombinationen der generellen Verfahrensmerkmale in konkreten Formen der Kostenrechnung auf.

1. Wiederholungscharakter und Zeitpunkt der Rechnung

Die Wiederholung von Rechnungsabläufen ist eine Vorbedingung für ihre Organisation, da nur wiederkehrende Vorgänge dauerhaft strukturiert und institutionalisiert werden können. Sie kann sich auf eine Gesamtrechnung oder eine Teilrechnung erstrecken. Wiederholung muß nicht in völliger Übereinstimmung der Rechenoperationen bestehen, sondern kann auch Abweichungen einschließen, sofern genügend relevante Gemeinsamkeiten vorliegen.

Nach dem Merkmal der Wiederholung sind zunächst die selteneren einmaligen Rechnungen auszugliedern, die als Sonderrechnungen für bestimmte außergewöhnliche Zwecke erforderlich werden. Es kann sich dabei um Rechnungen im Zusammenhang mit einmaligen Ereignissen oder Wertbewegungen in einer Unternehmung handeln, wie zum Beispiel bei Kostenberechnungen für eine Umorganisation oder eine Verlagerung. Abgesehen von derartigen Ausnahmefällen wiederholen sich irgendwie alle Rechenoperationen.

Mehrmalige Rechnungsprozesse lassen sich nach drei spezifischen Merkmalen näher kennzeichnen, die ihren Wiederholungscharakter determinieren.

Nach der Ständigkeit der Wiederholungen lassen sich dauernd wiederkehrende und gelegentlich auftretende Kostenrechnungen unterscheiden. Zur ersten Gruppe gehören Buchhaltung, Kalkulation, vielfach auch Statistik und Plankostenrechnung. Fallweise durchgeführte Rechnungen bilden zum Beispiel den Bereich des Wirtschaftsrechnens und der Finanzmathematik.

Nach der Häufigkeitsbegrenzung heben sich die begrenzte und die unbegrenzte Wiederholung voneinander ab. Unbegrenzten Wiederholungen unterliegen zum Beispiel die laufenden Rechnungsvorgänge der Buchhaltung und Kostenrechnung. Dagegen sind Entscheidungsrechnungen durch die Veränderung ihrer Bedingungen und Modellansätze durchweg begrenzt.

Der Rhythmus der Wiederholung kann ebenfalls verschieden sein. Zu den periodischen Wiederholungen gehören die regelmäßigen jährlichen, vierteljährlichen oder monatlichen Buchungen, Abschlüsse und Aufstellungen. Eine typisch aperiodische Rechnung ist die stückbezogene Kostenrechnung.

Durch Verbindung aller drei Merkmale läßt sich zum Beispiel der Wiederholungscharakter der ständig auftretenden, in ihrer Häufigkeit unbegrenzten und periodisch wiederkehrenden Kostenrechnungen präzise formulieren.

Nach dem Merkmal des Zeitpunktes der Kostenrechnung sind die kalkulatorischen Nach- und Vorrechnungen zu unterscheiden, je nachdem, ob sich der Rechnungsvorgang auf einen bereits vergangenen oder zukünftigen Sachverhalt bezieht, er also nach oder vor dem zugrunde liegenden Wirtschaftsgeschehen stattfindet.

Das Ziel der kalkulatorischen Nachrechnung ist das rechnerische Nachvollziehen von Produktionsprozessen. Sachinhalt der Kostenrechnung sind unter diesem Gesichtspunkt die tatsächlich verbrauchten Gütermengen, auch wenn aus Gründen der Vereinfachung rechnungstechnische Sollgrößen verwendet werden. Somit ist die Nachrechnung ihrem Charakter nach prinzipiell immer eine Istrechnung.

Die periodische kalkulatorische Nachrechnung wird (ungenau) auch als Betriebsbuchhaltung bezeichnet. Sie hat die Zahlen der abgelaufenen Kurzperiode (Monat, Quartal) zusammenzustellen und, soweit es sich um Kosten handelt, eine Verteilung der Kostenarten auf die Kostenstellen und Kostenträger als rechnungstechnische Einheiten vorzunehmen. Arbeitet die Betriebsbuchhaltung mit Sollzuschlägen, dann kann sie die Periodenkosten der vor Ende der Periode fertiggestellten Kostenträger schon während der Periode ermitteln. Es bleibt dann nach Abschluß der Periode vielfach nur die Feststellung der Abweichungen zwischen dem Ist und dem rechnungstechnischen Soll.

Es wäre verfehlt, hier im Hinblick auf die Periodenleistung, die in ihrer Gesamtheit erst am Ende der Periode abrechenbar wird, von einer Zwischenrechnung als dritter Form neben der Nach- und Vorrechnung zu sprechen. Sie bleibt eindeutig eine Nachrechnung; denn sie schließt sich mit ihren Teilrechnungen jeweils abgeschlossenen Produktionsprozessen an, wartet nur nicht bis zum Ablauf der Periode. Arbeitet die Periodenrechnung nur mit reinen Istkosten, dann kann zumindest die Gemeinkostenverteilung erst nach Abschluß der Periode durchgeführt werden.

Die stückbezogene Nachrechnung heißt auch Nachkalkulation. Sie kann entweder nach Abschluß des vollständigen Produktionsprozesses durchgeführt werden oder auf die zwischenzeitliche Abrechnung von Teilstadien gerichtet sein. Im letzteren Falle wird wiederum versucht, den Rechnungsvorgang dem Produktionsablauf möglichst schnell folgen zu lassen, und zwar hier, um bereits vor Fertigstellung der Produkte Aufschluß über die inzwischen für diese Produkte angefallenen Kosten zu erhalten. Wenn man diese Rechnung, die bei langfristigen Fertigungsprozessen eine große Rolle spielt, als Zwischenkalkulation bezeichnet, so gilt dies nur im dargelegten Sinne einer sukzessiven Nachrechnung.

Sachinhalt der kalkulatorischen Vorrechnung sind die für eine zukünftige Leistung geplanten Sollmengen (Plansoll), die entweder als erwartete oder als präskriptive Verbrauchsgrößen in die Rechnung eingehen. Dabei kann es sich wiederum um Periodengrößen oder um stückbezogene Größen handeln; dementsprechend gliedert sich die Vorrechnung in die periodische Kostenplanung und die Vorkalkulation.

Als Periodenrechnung wird die Kostenplanung meist im Zusammenhang mit einem wirtschaftlichen Gesamtplan entwickelt. Sie hat die Aufgabe, für die ganze Unternehmung oder bestimmte Leistungsbereiche die gesamten Kosten oder gewisse Kostenbestandteile vorher zu ermitteln. Wird damit zugleich ein Steuerungsziel verfolgt, dann verbindet sich mit der Planung die Vorgabe der Plankosten an die Leiter der Leistungsbereiche. Abschließend wird ein Soll/Ist-Vergleich mit einer Analyse der Abweichungen durchgeführt. Der in dieser Weise aufgebauten Plankostenrechnung ist ein besonderer Göschenband gewidmet. Der vorliegende Band beschränkt sich daher auf die Istkostenrechnung.

Die Vorkalkulation dient der Preisstellung und Angebotsrechnung. Sie ermittelt die voraussichtlichen Stückkosten, ausgehend von den Ergebnissen der Nachkalkulation und unter Berücksichtigung der zu erwartenden Kostenentwicklung.

Zu beachten ist der wichtige Unterschied zwischen den geplanten Sollgrößen (Plansoll) und den bereits erwähnten rechnungstechnischen Sollgrößen (Verrechnungssoll). Während das Plansoll eine Zukunftsrechnung darstellt, die auf einer anderen Betrachtungsebene ergänzend neben die Istrechnung tritt, dient das rechnungstechnische Soll dazu, aus Gründen der Vereinfachung und Beschleunigung der ermittelnden Istrechnung diese durch andere Verfahren zu ersetzen. Es gehört damit in den Bereich der Vergangenheitsrechnung. Dabei sind zwei Fälle zu betrachten. Im Rahmen der Kostenerfassung werden Einzelkosten retrograd geschätzt (Erfassungssoll) und dadurch auf die Istkosten geschlossen (vgl. S. 104). Bei der Kostenverteilung benutzt man zum Beispiel statt der Istzuschläge sogenannte Sollzuschläge (Verteilungssoll). Entsprechend wird zwischen entstandenen und verrechneten Kosten unterschieden (vgl. S. 80).

2. Bezugsgrößen, Art und Umfang der Zurechnung von Kosten

Die allen unterschiedlichen Verfahren der Kostenverteilung gemeinsam zugrunde liegende Aufgabe besteht darin, bestimmten Bezugsgrößen Kosten zuzuordnen. Die Gesichtspunkte dieser Kostenzuordnung umfassen unter anderem die Verteilungskriterien (d. h. die Frage, nach welchen Maßstäben die Kosten zugeordnet werden), die Art der Zurechnung (d. h. die Frage, nach welchen Methoden die Kosten zugeordnet werden) und den Umfang der Zurechnung

(d. h. die Frage, ob alle oder nur ein Teil der Kosten zugeordnet werden).

Die Verteilungskriterien lassen sich in grundsätzliche und in (simultan zu berücksichtigende) zusätzliche Verteilungskriterien unterscheiden. Die Berücksichtigung eines zusätzlichen Kriteriums ist nur dann möglich, wenn es dem primären Verteilungsgesichtspunkt nicht entgegensteht.

Überragende Bedeutung für die grundsätzliche Zurechnung hat die bereits (S. 27 ff) behandelte Leistungsbezogenheit (Produktbezogenheit) der Kosten. Dadurch werden die Kosten derjenigen Leistung zugeordnet, mit der sie durch das Kosteneinwirkungsprinzip, als Präzisierung der Leistungsbezogenheit, im Wege kausaler Verknüpfung von Einsatz- und Ausbringungsmengen verbunden sind. Weil dieses Merkmal auch den Kostencharakter des Güterverbrauchs bestimmt, bietet es sich zwangsläufig für die Verteilung an. Als Bezugsbasen treten namentlich Leistungsart, Leistungsbezirk und Leistungsperiode (Produktart, Produktionsbezirk und Produktionsperiode) auf.

Ein weiteres selbständiges Zurechnungsmerkmal, bei dem es sich nicht um einen zusätzlichen Gesichtspunkt handelt, ist die Kostentragfähigkeit oder Kostenbelastbarkeit. Es findet häufig dann Anwendung, wenn eine leistungsbezogene Verteilung nach dem Kausalprinzip versagt. Dies gilt hauptsächlich für Fixkosten und Verwaltungs- und Vertriebskosten sowie für die Kalkulation von Kuppelprodukten.

Darüber hinaus hat das Prinzip der Kostentragfähigkeit kalkulatorisch-preispolitische Bedeutung. Es kann dazu dienen, sich an den im Markt erzielbaren Preis heranzutasten. Vor allem aber spielt es bei der Differenzierung von Absatzpreisen eine Rolle. Wenn zum Beispiel eine Unternehmung beim Export einen Zollnachteil gegenüber der Auslandskonkurrenz aufweist, kann bei entsprechender Kostentragfähigkeit der Inlandsabsatz mit mehr Kosten belastet werden als der Export, um auf diese Weise im Ausland mehr preispolitischen Spielraum zu gewinnen.

Ein weiterer Anwendungsfall liegt vor, wenn zur Vervollständigung des Sortiments aus absatzpolitischen Gründen auch kostenungünstige Produkte hergestellt werden müssen, deren Kosten dann (vom Lenkungsziel aus nicht begründbar) zu einem Teil denjenigen Produkten mit größerer Kostentragfähigkeit angelastet werden, die absatzmäßig von der Vervollständigung des Sortiments profitieren.

Ein zusätzliches Verteilungskriterium ist das Kostenverhalten bei einer Variation der Produktmenge. Die Kosten lassen sich unter diesem Aspekt in fixe und variable Kosten einteilen. Wenn eine beschäftigungsreagible Kostenrechnung angestrebt wird, muß innerhalb der Kalkulation, in der eine Kostenverteilung nach dem Kriterium der Leistungsbezogenheit vorgenommen wird, zusätzlich das Kostenverhalten bei Mengenvariation der Produkte berücksichtigt werden. Die Bestimmung der Grenzkosten (marginalen Stückkosten) steht dabei im Vordergrund. Die Verteilung der Fixkosten bzw. Residualkosten tritt dagegen zurück, indem diese oft nur global ermittelt werden. Die von der Ausbringungsmenge abhängigen variablen bzw. marginalen Kosten lassen sich wegen dieser Mengenbeziehung meist den Ausbringungseinheiten zurechnen. Bei den fixen bzw. residualen Kosten dagegen ist die Zurechnung auf die Mengeneinheiten sehr schwierig, wenn überhaupt möglich. Diese besondere Problematik hat dazu geführt, auf die Verteilung von Fixkosten bzw. Residualkosten ganz zu verzichten. In diesem Falle wird die Differenz zwischen dem Verkaufspreis und den variablen Kosten bzw. Grenzkosten eines Produkts als Fixkosten- bzw. Residualkostendeckung des Produkts (Deckungsbeitrag) bezeichnet, da sie, abgesehen vom Gewinn oder Verlust, als anteilige Deckung der fixen bzw. residualen Kosten angesehen werden kann. Die Betrachtungsweise läßt sich auch auf eine Periode anwenden.

Ein weiterer zusätzlicher Verteilungsgesichtspunkt ist die Liquiditätswirksamkeit der Kosten. Für diejenigen Kosten, die mit Ausgaben verbunden sind, ist festzustellen, wann diese Ausgaben entstehen. Hieraus ergibt sich der Dringlichkeitsgrad für die liquiditätsmäßige Deckung der Kosten, der um so höher ist, je kürzer der Zeitraum ist, nach dessen Ablauf die zu verteilenden Kosten zu Ausgaben führen. Entsprechend diesem ausgabenwirksamen Dringlichkeitsgrad sind die Kosten stufenweise in der Kalkulation zu verteilen. Erst zuletzt erfolgt die Zurechnung der Kosten, die überhaupt nicht mit Ausgaben verbunden sind.

Dieser Liquiditätsgesichtspunkt kann auch auf die Verteilung der Fixkosten angewendet werden. Bei der Bestimmung von Preisuntergrenzen bleiben die Fixkosten meist unberücksichtigt, da ihre Deckung für eine kurzfristige Betrachtung als zweitrangig angesehen wird. Die Ausnutzung dieses Preisspielraumes kann aber die Liquidität der Unternehmung ernstlich gefährden, wenn Fixkosten im Erlös nicht abgedeckt werden, die mit kurzfristig anfallenden Ausgaben verbunden sind. Es ist daher zweckmäßig, auch die Fixkosten nach ihrer Deckungsdringlichkeit zu stufen und zu verteilen. Man kann dann verschiedene liquiditätsorientierte Preisgrenzen errechnen.

Im Hinblick auf die Art der Zurechnung der Kosten auf eine Bezugsgröße sind die beiden grundlegenden Möglichkeiten der direkten und der indirekten Verteilung zu unterscheiden. Nach diesem Gesichtspunkt erfolgt die Gliederung der Kosten in Einzel- und Gemeinkosten, die Ausdruck der Schwierigkeiten der Zurechnung ist. Man spricht von Einzelkosten, wenn die unmittelbare Zugehörigkeit bestimmter Kosten zu einer konkreten Bezugsgröße im Sinne der Leistungsbezogenheit eindeutig erkennbar ist und dementsprechend eine direkte Zuordnung vorgenommen werden kann. Wenn sich diese Zugehörigkeit aber nur in einem größeren Rahmen für eine umfassendere Gruppe von Kosten und Leistungen oder überhaupt nicht aufzeigen läßt, kann für die spezifische engere Bezugsgröße höchstens eine indirekte Kostenverteilung durchgeführt werden. Man spricht dann von Gemeinkosten und von einer Zurechnung durch Schlüsselung, mit deren Hilfe die einzelnen Anteile über Ersatzkriterien berechnet werden (vgl. S. 29).

Es ist in diesem Zusammenhang wichtig, daß die Begriffe Einzelkosten und Gemeinkosten stets die Bezugnahme auf eine bestimmte Verteilungsbasis enthalten. So wird zum Beispiel hinsichtlich der Kostenträger eine Unterscheidung zwischen Kostenträger-Einzelkosten und Kostenträger-Gemeinkosten gemacht, je nachdem, ob die Verteilung der Kosten auf einen einzigen oder mehrere bzw. alle Kostenträger vorgenommen wird. Im ersteren Falle erfolgt eine direkte Zurechnung auf einen bestimmten Kostenträger, im zweiten Falle kann nur eine Schlüsselung, d. h. eine indirekte Zurechnung, vorgenommen werden. Auf eine Kostenträgergruppe lassen sich wegen der breiteren Bezugsbasis mehr Kosten direkt zurechnen als auf den einzelnen Kostenträger. Je umfassender die Bezugsbasis ist, desto mehr Kosten lassen sich als Einzelkosten direkt zurechnen und desto kleiner wird der Bereich der verbleibenden Gemeinkosten. In diesem Sinne ist die Relativität des Begriffspaares Einzelkosten/Gemeinkosten zu beachten, für das, um Eindeutigkeit zu erreichen, stets die Bezugsbasis angegeben werden muß.

Die besondere Problematik der Gemeinkosten hat zum Verzicht auf die schlüsselmäßige Verteilung von Gemeinkosten geführt. Die Differenz zwischen Verkaufspreis und Einzelkosten eines Produkts wird als Gemeinkostendeckung (Deckungsbeitrag) des Produkts bezeichnet, da sie, abgesehen vom Gewinn oder Verlust, mit dazu beiträgt, die gesamten Gemeinkosten zu decken. Diese Überlegung läßt sich auch auf eine Periode und auf jede andere Bezugsgröße übertragen.

Nach dem Umfang der Zurechnung von Kosten auf eine Bezugsgröße ist zwischen Teil- und Vollkosten zu unterscheiden. Dabei ist zu beachten, daß die Bewertung bzw. die Kostenpreise ausgeklammert werden und lediglich der Sachumfang der eingesetzten Güter (Produktoren) als solche inbetracht gezogen wird. Teilkosten sind dann gegeben, wenn von den Kostengütern einer bestimmten Bezugsgröße, Periodenleistung oder Produkteinheit, nur ein Teil in den Kosten berücksichtigt wird. Die Teilkostenrechnung verzichtet bewußt auf die Zurechnung eines Teils der verbrauchten Güterarten. Dieser Fall kann grundsätzlich in allen Stufen der Kostenrechnung und für alle Bezugsgrößen auftreten. Bestimmte Güter- oder Verbrauchsarten werden entweder bereits als Kostenarten überhaupt nicht erfaßt oder (wenn doch) in einer der weiteren Stufen rechnerischer Behandlung von der Verteilung auf Kostenstellen oder Kostenträger ausgeschlossen. Während die Kostenartenrechnung fast immer auf die vollständige Erfassung des leistungsbezogenen Güterverbrauchs gerichtet ist, kommt der Teilkostenrechnung in den anderen Bereichen große Bedeutung zu.

Im wesentlichen sind zwei Gründe für den Verzicht auf die Zurechnung eines Teils der Kosten maßgebend. Der erste Gesichtspunkt bezieht sich auf die Art der Zurechnung und die entsprechende Gliederung der Kosten in Einzel- und Gemeinkosten. Im Hinblick auf die großen Schwierigkeiten der Gemeinkosten-Verteilung wird auf eine Schlüsselung der nicht direkt zurechenbaren Kostenarten verzichtet, so daß nur die Einzelkosten der Bezugsgröße zugeordnet werden. Dem zweiten Anwendungsbereich der Teilkostenrechnung liegt das Kostenverhalten bei einer Variation der Produktmenge und die entsprechende Aufteilung der Kosten in fixe und variable Kostenarten zugrunde. Die problematische Verteilung der von der Produktmenge nicht unmittelbar abhängigen Kostenarten wird umgangen, nur die mit der Produktmenge veränderlichen Kostenarten werden der Periodenleistung oder der Produkteinheit zugerechnet.

Es ist zu beachten, daß die dreifachen Unterschiede von Ist- bzw. Sollkosten, Voll- bzw. Teilkosten und Grenz- bzw. Durchschnittskosten auf andersartigen Betrachtungsebenen liegen, unabhängig nebeneinanderstehen und daher nicht verwechselt werden dürfen. Infolgedessen lassen sich ihre Merkmale beliebig miteinander kombinieren. Benutzt man z. B. vom tatsächlichen Verbrauch abweichende Sollmengen, etwa sogenannte Materialstandards, berechnet man auf dieser Grundlage nach einem geeigneten Verfahren für eine bestimmte Produktmenge die zugehörigen Grenzkosten und verzichtet man dabei auf die Berücksichtigung einiger Kostengüter, indem man etwa die Kostenarten Abschreibungen und Zinsen nicht einbezieht, so handelt es sich, genau formuliert, um Grenz-Soll-Teilkosten. In dieser Weise läßt sich jede Kostengröße inbezug auf ihre Gütermenge präzise kennzeichnen.

Häufig werden Grenz- und Teilkosten irrtümlich gleichgesetzt, indem der Unterschied von Grenzmenge und Teilmenge des Güterverbrauchs übersehen wird. Grenzkosten können sowohl unter als auch über den entsprechenden Durchschnittskosten je Produkteinheit (Stückkosten) liegen. Dagegen sind Teilkosten stets niedriger als die zugehörigen Vollkosten. Unter sehr vereinfachten Voraussetzungen können allerdings im Sonderfall Grenz- und Teilkosten der Höhe nach übereinstimmen. Es sei angenommen, die Periodenkosten bestehen nur aus proportionalen Kosten (DM 5,– je Produkteinheit) und aus fixen Kosten (DM 600,–), so daß die Gleichung der Kostenkurve $K(x) = 5x + 600$ lautet. Dann decken sich die Grenzkosten $G(x) = 5$ mit den proportionalen Stückkosten. Verzichtet man auf die Einbeziehung der Kostengüter, deren Verbrauchsmengen fix verlaufen, so betragen die Teilkosten je Stück ebenfalls DM 5,–. Dieser besondere Tatbestand darf aber nicht zu einer Verwischung der allgemeinen Begriffsunterschiede führen.

3. Bestimmungen und Richtlinien zur Kostenrechnung

Von bahnbrechender Bedeutung für die Vereinheitlichung und Verbesserung des innerbetrieblichen Rechnungswesens waren die Veröffentlichungen Schmalenbachs. Auf der Basis des von ihm entwickelten Kontenrahmens, der Betriebsbuchhaltung und Kostenrechnung in besonderem Maße berücksichtigt, arbeitete der Fachausschuß für Rechnungswesen beim Reichskuratorium für Wirtschaftlichkeit (RKW) in den Jahren 1927/30 mehrere Einheitsbuchführungen für bestimmte Wirtschaftszweige aus. 1937 wurde beim RKW ein ‚Reichsausschuß für Betriebswirtschaft geschaffen, der zum Träger und Vorbereiter aller weiteren Maßnahmen wurde. Die Grundlage bildete der Regierungserlaß über Grundsätze für Buchhaltungsrichtlinien vom 11. 11. 1937, dem die damaligen Wirtschafts- und Fachverbände verbindliche Einzelrichtlinien mit Branchenkontenplänen folgen ließen.

Speziell auf dem Gebiete der Kostenrechnung erschien später der Regierungserlaß über Allgemeine Grundsätze der Kostenrechnung vom 16. 1. 1939, der einen einheitlichen Aufbau, die zweckmäßige Ausgestaltung und Auswertung der Kostenrechnung verbürgen sollte. Als Zwischenstufe der Weiterentwicklung brachte 1942 die damalige Reichsgruppe Industrie die von Adolf Müller bearbeiteten Allgemeinen Regeln zur industriellen Kostenrechnung heraus. Auf ihnen bauten dann die Kostenrechnungsrichtlinien für den Metallblock (eisen- und metallverarbeitende Industrie) auf. In den Kostenrechnungsgrundsätzen werden unter anderem die Erfassung und Verteilung der Kosten sowie die Grundformen der Kostenrechnung (Kostenarten-, -stellen- und -trägerrechnung) umschrieben. Die Kostenrechnungsregeln bestehen aus markanten Leitsätzen in konzentrierter Fassung, die durch Erläuterungen und Beispiele ergänzt werden. Sie behandeln das Verhältnis von Kostenrechnung und Buchhaltung, den Aufbau und die Durchführung der Kostenrechnung sowie die Beziehungen zwischen Kostenträgerrechnung und Kalkulationsverfahren.

Seit 1945 vollzieht sich die Entwicklung vor allem auf Verbandsebene. Von Bedeutung ist die Arbeit des Betriebswirtschaftlichen Ausschusses des Bundesverbandes der Deutschen Industrie, die zwischen 1949 und 1951 veröffentlichten Gemeinschaftsrichtlinien für die Buchführung mit dem Gemeinschaftskontenrahmen sowie die Grundsätze und die Gemeinschaftsrichtlinien für die Kosten- und Leistungsrechnung.

Größere Bedeutung für die Vereinheitlichung der Kostenrechnung gewinnen auch die in zunehmendem Umfange durchgeführten zwischenbetrieblichen Kostenvergleiche.

Unternehmungen, die sich freiwillig an derartigen Vergleichen beteiligen, unterwerfen sich damit den durch eine zentrale Institution genormten Anforderungen an das Rechnungswesen. Einen besonderen Aspekt erlangen diese Bemühungen durch die wachsende übernationale Wirtschaftsintegration. Im Bereich des Gemeinsamen Europäischen Marktes sind bereits Ansätze zu Kostenvergleichen und der dazu erforderlichen Angleichung der Rechnungsverfahren vorhanden.

Ergänzend sind noch die Preisermittlungsvorschriften zu nennen, die in erheblichem Maße indirekt Einfluß auf die Gestaltung der Kostenrechnung nehmen. 1938 wurden die Leitsätze für die Preisermittlung aufgrund der Selbstkosten bei Leistungen für öffentliche Auftraggeber (LSÖ) erlassen, 1940 folgte die entsprechende Regelung für Bauleistungen (LSBÖ). Diese Vorschriften wurden am 1. 1. 1954 ersetzt durch die Leitsätze für die Preisermittlung aufgrund von Selbstkosten (LSP), die als Anlage zur Verordnung über die Preise bei öffentlichen Aufträgen erschienen sind.

4. Unterschiede der Verfahrenstechnik

Über die Verfahrenstechnik der Kostenrechnung läßt sich wegen ihrer vielfältigen Formen wenig Grundsätzliches sagen. Dies gilt für die Kalkulation noch in stärkerem Maße als für die Betriebsbuchhaltung. Den Unternehmungen ist keine bestimmte Technik vorgeschrieben, so daß sie in völliger Freiheit gewählt und den besonderen Bedürfnissen angepaßt werden kann. Es werden deshalb nur allgemeine Unterschiede der Aufschreibungstechnik hervorgehoben, die in engem Zusammenhang mit der Ausgestaltung verfahrenstechnischer Hilfsmittel der Kostenrechnung stehen.

Es sind zwei Grundformen der Verbuchung zu unterscheiden: die strenge Form der kontenmäßigen (kontischen) und die losere Form der tabellarischen (kontenfreien) Verbuchung.

Kontenmäßige Verbuchung liegt vor, wenn echte Konten mit Soll- und (meist) auch Habenseiten verwendet werden. Die manuellen und maschinellen Durchschreibeverfahren in loser Blattform gehören – außer der überlieferten Übertragungsbuchhaltung in fester Buchform – hierher. Trotz der angewandten Ziffernsymbolik bleibt auch die Lochkarte ein Konto. Dies gilt ferner für den Einsatz automatischer Buchungsanlagen. Selbst die äußerliche Trennung in Soll- und in Habenkarten oder der Verzicht auf eine nicht beanspruchte Kontenseite (z. B. auf die Habenseite bei Kostenarten) hebt den Kontencharakter nicht auf. Immer erfolgt der doppelte Kontenanruf unlösbar verbunden.

Bei der tabellarischen Verbuchung geht hingegen formal der strenge Zusammenhang von gekoppelter Belastung und Gutschrift unter. Ihre Eigenart besteht darin, daß meist die eine Seite des Kontenanrufs fortgelassen wird, da sie sich von selbst versteht. Dadurch spart man Raum und Arbeit und gewinnt an Übersichtlichkeit. Aufgliederung, Unterteilung, Verteilung, Fortschreibung sowie Sammlung, Zusammenfassung und Umgruppierung sind die Ziele, die man durch die vereinfachte Technik der Verbuchung vor allem erreichen will. Die Hilfsmittel sind die Aufstellung, die Liste, der Bogen, die Karte, das Skontro und die Tabelle. Hauptbeispiele sind der Kostenstellen- und der vollständige Betriebsabrechnungsbogen sowie die Skontren für die Material- und Anlagenbuchhaltung.

Wenn bei der Kostenverteilung auf Kostenstellen oder Kostenträger rechnungstechnische Sollkosten (vgl. S. 85) verwendet werden, wird zwischen entstandenen Kosten (Istkosten) und verrechneten Kosten (Sollkosten) unterschieden. Wie die späteren Beispiele (Abb. 13 und 14) zeigen, werden für sie getrennte Konten geführt und die Abweichungen auf besonderen Sammelkonten (Abgrenzungskonten) erfaßt (vgl. auch die Zahlengrundlagen auf S. 82).

B. Periodische Kostenrechnung (Betriebsbuchhaltung)

I. Zusammenhang zwischen Finanz- und Betriebsbuchhaltung

Für die organisatorische Gestaltung und den formalen Zusammenhang beider Teilbereiche der Buchhaltung lassen sich Organisationstypen unterscheiden, die nachstehende Übersicht zeigt:

A. Einsysteme (monistische Formen)
   1. Betriebsbuchhaltungsbereich innerhalb der ungeteilten Gesamtbuchhaltung
      (reines Einsystem)
   2. Angehängte Betriebsbuchhaltung oder Nebenbuchhaltung
      (modifiziertes oder ergänztes Einsystem)

B. Zweisysteme (dualistische Formen)
   3. Isolierte Betriebsbuchhaltung
      (Spiegelbildsystem)
   4. Ausgegliederte Betriebsbuchhaltung
      (Übergangssystem)

1. Ungeteilte Gesamtbuchhaltung

Es besteht ein geschlossenes und einheitliches Kontensystem (Kontenplan), das die gesamte Buchhaltung, auch die Betriebsbuchhaltung, umfaßt. Außer dem Kontokorrent und einigen zusätzlichen Aufzeichnungen (Lohnabrechnung, Materialbuchführung) besteht keine ausgesprochene Nebenbuchhaltung, in der eine laufende und systematische Verbuchung von Geschäftsvorfällen erfolgt. Meist findet eine namentliche Unterscheidung von Finanz- und Betriebsbuchhaltung überhaupt nicht statt. Die Unternehmung hat nur eine Buchhaltung, in der sich jede Art von buchhalterischer Abrechnung vollzieht. Dennoch ist auch in diesem Falle die Möglichkeit gegeben, die beiden darin eingeschlossenen Teile sachlich auseinanderzuhalten.

Abbildung 12 zeigt nur die Konten der Betriebsbuchhaltung, mit deren Hilfe der kalkulatorische kurzfristige Erfolg ermittelt wird. Sämtliche Abbildungen 12–15 enthalten zum Vergleich die gleichen Zahlen:

	entstanden	verrechnet
Fertigungslohn	3 000,–	3 000,–
Fertigungsmaterial	7 000,–	7 000,–
Fertigungsgemeinkosten	4 400,–	4 500,–
Materialgemeinkosten	450,–	420,–
Verwaltungsgemeinkosten	780,–	746,–
Vertriebsgemeinkosten	1 400,–	1 492,–
Gemeinkosten insgesamt	7 030,–	7 158,–
Herstellkosten	14 850,–	14 920,–
Selbstkosten	17 030,–	17 158,–

Anfangsbestände:	
Unfertige Erzeugnisse	6 000,–
Fertige Erzeugnisse	8 000,–
Endbestände:	
Unfertige Erzeugnisse	7 400,–
Fertige Erzeugnisse	4 500,–
Erlös	22 000,–

Man darf sich nicht der irrigen Meinung hingeben, als ob eine solche einheitliche Gesamtbuchhaltung primitiven Charakter haben müsse. Sie kann eine weitgehende Gliederung ihrer Konten aufweisen und allen Anforderungen an die Betriebsbuchhaltung gerecht werden. In der fast lückenlosen kontenmäßigen Verbuchung liegt allerdings eine gewisse Schwerfälligkeit und Unbeweglichkeit dieser Organisationsform.

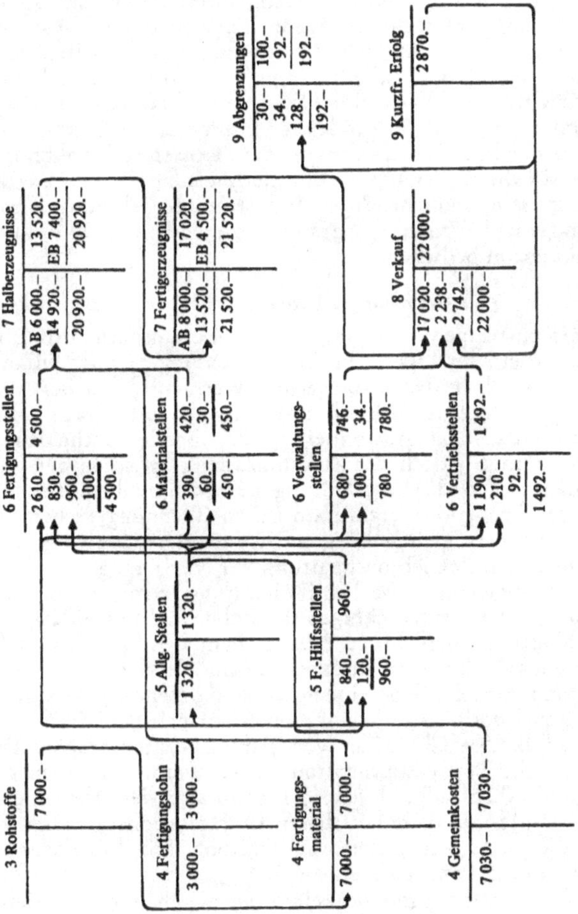

Abb. 12 Betriebsbuchhaltungsbereich bei ungeteilter Gesamtbuchhaltung (ohne Verrechnungskonten)

Die ungeteilte Gesamtbuchhaltung findet sich überwiegend in kleineren und mittleren Unternehmungen. Sie ist immer dann verwendbar, wenn keine besonderen Gründe für eine formale Aufspaltung sprechen oder das Bedürfnis nach einer hochentwickelten innerbetrieblichen Abrechnung zurücktritt, zum Beispiel in Handels- und Handwerksunternehmungen. Auch in größeren Unternehmungen kann die kontenmäßige Durchführung der Kostenstellenrechnung, wie sie die ungeteilte Gesamtbuchhaltung bietet, zweckmäßig sein, namentlich in Industrieunternehmungen mit homogenem Produktprogramm, die sich der Divisionskalkulation bedienen.

2. Angehängte Betriebsbuchhaltung

Bei einem gewissen Umfang der Gesamtbuchhaltung in Großunternehmungen, in Unternehmungen mit Filialen oder räumlich dezentralisierten Werken sowie bei verwickelter interner Abrechnung entsteht die Frage einer organisatorischen Aussonderung der Betriebsbuchhaltung. Hierbei muß jedoch der Zusammenhang zwischen den einzelnen Teilen der Buchhaltung gewahrt bleiben. Für die Durchführung der organisatorischen Trennung stehen die drei Formen der angehängten, der isolierten und der ausgegliederten Betriebsbuchhaltung zur Verfügung.

Die angehängte Betriebsbuchhaltung wird der in sich geschlossenen kontenmäßigen Hauptbuchhaltung als Nebenbuchhaltung hinzugefügt. Man bedient sich fast ausschließlich der tabellarischen Buchungstechnik. In der Hauptbuchhaltung besteht ein einheitliches Kontensystem, dessen Konten jedoch, soweit sie die innerbetriebliche Abrechnung betreffen, den Charakter von Sammelkonten tragen. Die eigentliche Betriebsbuchhaltung tritt ergänzend neben die Hauptbuchhaltung, deren Konteninhalte sie näher spezifiziert. Man kann daher diesen Organisationstyp auch als parallelgeschaltete Betriebsbuchhaltung mit tabellarischer Verbuchung kennzeichnen.

Die Gestaltungsmöglichkeiten der angehängten Betriebsbuchhaltung sind überaus mannigfaltig. An die Konten der

Roh-, Hilfs- und Betriebsstoffe kann eine Materialbuchführung (Lagerbuchhaltung) angehängt werden. Vielfach werden entweder nur ein einziges Gemeinkostenkonto oder wenige Gruppenkonten geführt. Die eingehende Gliederung nach Kostenarten vollzieht sich dann in der tabellarischen Betriebsbuchhaltung. Hierher gehört auch eine besonders ausgebildete Lohnbuchhaltung. Mit der Kostenartenrechnung verbindet sich meist die Verteilung auf Kostenstellen. Der sogenannte kleine Betriebsabrechnungsbogen (Kostenstellenbogen) trägt ebenfalls den Charakter einer angehängten Nebenbuchhaltung. In manchen Fällen ist eine besondere Anlagenbuchhaltung zweckmäßig. Ebenso kann man sich auf die Führung eines summarischen Erzeugungskontos oder zweier Hauptkonten (unfertige und fertige Erzeugnisse) beschränken, während die Betriebsbuchhaltung die Kostenträgerrechnung tabellarisch weitgehend aufgliedert. Ähnlich wird man die Spezifizierung der Erlös- bzw. Verkaufskonten in eine Nebenbuchhaltung verlegen. Schließlich kann die gesamte kurzfristige Erfolgsrechnung von der Kosten- bis zur Leistungsseite außerhalb der kontenmäßigen Hauptbuchhaltung im Rahmen einer angehängten tabellarischen Nebenbuchhaltung durchgeführt werden (sogenannter großer Betriebsabrechnungsbogen).

Diese Organisationsform hat den großen Vorzug der Beweglichkeit und Wandlungsfähigkeit. Sie ist der geeignete Weg, auf dem mittlere und auch kleine Unternehmungen störungsfrei und zunächst versuchsweise eine Betriebsbuchhaltung einführen können, um sie langsam und organisch fortschreitend zu verfeinern.

Man kann auf die kontenmäßige Erfassung der internen Abrechnung ganz verzichten und sich mit den Aufschreibungen der Nebenbuchhaltung begnügen. Diese liefert dann den kurzfristigen kalkulatorischen Erfolg. Es ist aber auch möglich, die Ergebnisse der Betriebsbuchhaltung mithilfe von Verrechnungskonten in die Hauptbuchhaltung zu übernehmen. Dabei wird zwischen entstandenen Gemeinkosten (Istkosten) und verrechneten Gemeinkosten (rechnungstechnische Sollkosten) unterschieden. Diese Einbuchung zeigt

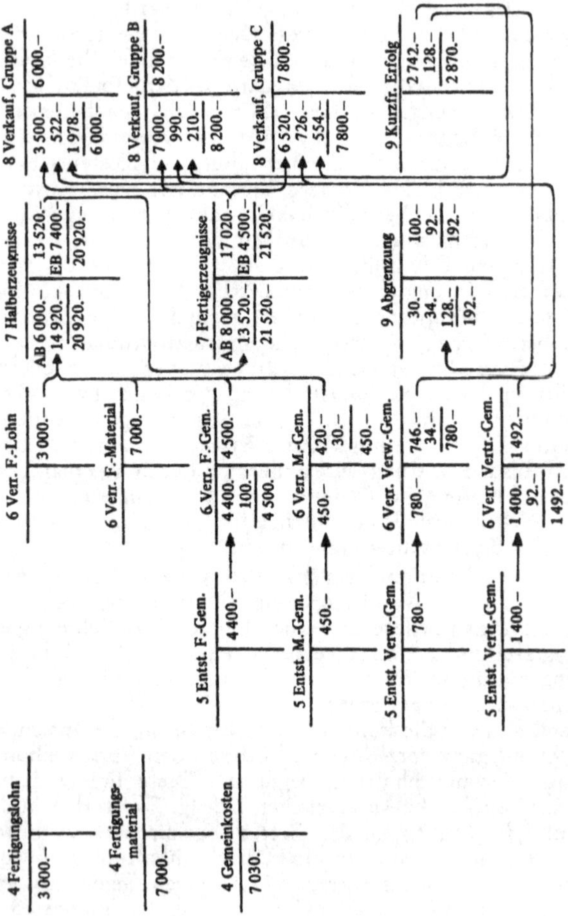

Abb. 13 Kontenmäßige Eingliederung der angehängten Betriebsbuchhaltung in die Hauptbuchhaltung durch Verrechnungskonten (mit Aufteilung der Verkaufskonten nach Kostenträgergruppen)

Abbildung 13. Die Erzeugnis- und Verkaufskonten werden zugunsten der Verrechnungskonten belastet. Die Differenzen zwischen entstandenen und verrechneten Kosten werden auf einem Abgrenzungskonto gesammelt und mit ihrem Saldo (DM 128,–) an das Erfolgskonto weitergegeben.

3. Isolierte Betriebsbuchhaltung

Dieser Organisationstyp isoliert die Betriebsbuchhaltung als selbständigen kontenmäßigen Buchungsbereich, der nur durch die zahlenmäßige Abstimmung zur Hauptbuchhaltung in Beziehung steht. Die Hauptbuchhaltung verbucht überhaupt keine internen Vorgänge mehr, weder auf summarischen Sammelkonten noch auf Verrechnungskonten zwecks kontenmäßiger Eingliederung der tabellarischen Ergebnisse, so daß sie zur reinen Finanzbuchhaltung wird. Die Erzeugnis- und Verkaufskonten treten nur soweit auf, als sie dem pagatorischen Jahresabschluß dienen.

Die beim Typ der angehängten Betriebsbuchhaltung in der Hauptbuchhaltung in den Klassen 5 bis 9 geführten Konten werden hier als kontenmäßige Betriebsbuchhaltung abgetrennt, während die Klasse 4 als Aufwandsklasse bei der Finanzbuchhaltung verbleibt (Abbildung 14). Das Verkaufskonto liefert auch hier den verrechneten kurzfristigen Erfolg (DM 2 742,–). Um diese Kontenzusammenfassung zu einem geschlossenen doppischen Buchungskreislauf zu machen und einen Abschluß zu ermöglichen, ist ein formales Ausgleichskonto einzuschalten, das alle Gegenbuchungen aufnimmt, für die ein entsprechendes Konto fehlt, da es sich im Bereich der Finanzbuchhaltung befindet. Dieses Abschlußkonto der Betriebsbuchhaltung (betriebliches Abschlußkonto) ist ein der formalen Geschlossenheit dienendes, umfassendes Gegenkonto.

Das Abschlußkonto, das zugleich das fehlende Bilanzkonto vertritt, weist den kurzfristigen Erfolg auf der entgegengesetzten Seite, d. h. spiegelbildlich aus. Ebenso stehen die einzelnen Posten, z. B. die Kosten und Erlöse, im Vergleich zum Gewinn- und Verlustkonto der Finanzbuch-

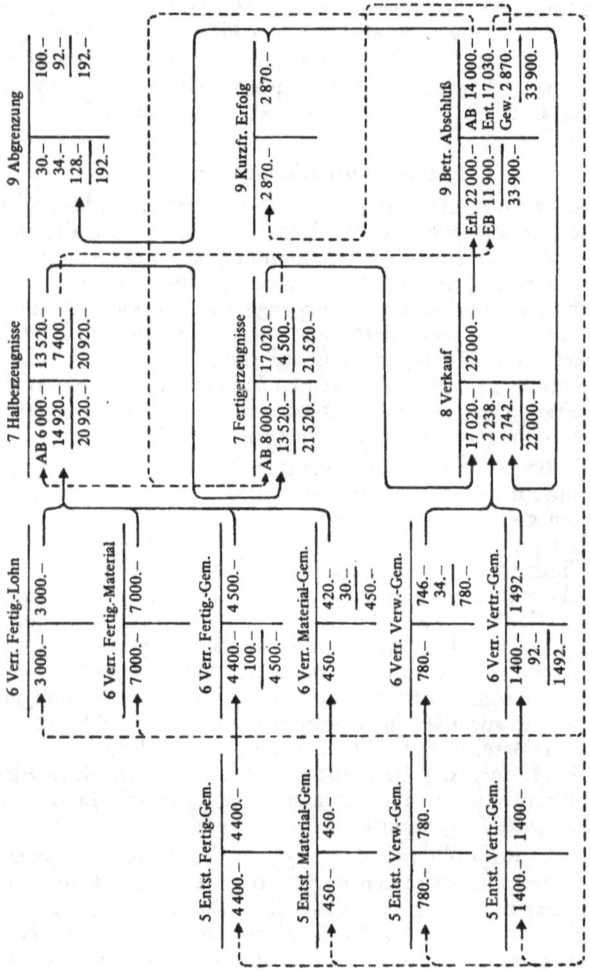

Abb. 14 Isolierte Betriebsbuchhaltung mit Abschluß-Gegenkonto (Spiegelbildsystem)

haltung auf der entgegengesetzten Seite. Daher bezeichnet man diesen Organisationstyp auch als Spiegelbildsystem.

Das Spiegelbildsystem eignet sich (wie das Übergangssystem) vor allem in den Fällen, in denen man die innerbetriebliche Abrechnung kontenmäßig verselbständigen und kurzfristig abschließen will. Beide Systeme kommen ferner dort infrage, wo eine räumliche Dezentralisation gegeben ist, indem zum Beispiel die Finanzbuchhaltung bei der Hauptverwaltung geführt und die Betriebsbuchhaltung an die Erzeugungsorte verlegt wird.

4. Ausgegliederte Betriebsbuchhaltung

Dieser Organisationstyp hat mit dem zuvor beschriebenen vieles gemeinsam. In beiden Fällen wird die Gesamtbuchhaltung in zwei selbständige Teilbereiche aufgespalten. Jeder Bereich besitzt einen eigenen Kontenplan und kann in sich abschließen. Beide Bereiche mit ihren sämtlichen Konten repräsentieren erst zusammen die Gesamtbuchhaltung der Unternehmung. Beim Übergangssystem wird jedoch die Betriebsbuchhaltung nicht isoliert, sondern bleibt in ständiger kontenmäßiger Verbindung zur Finanzbuchhaltung.

Der organische Zusammenhang wird durch Übergangskonten auf beiden Seiten hergestellt. Mit ihrer Hilfe verrechnen beide Bereiche wie fremde Unternehmungen miteinander. Die Übergangskonten lassen sich mit Kontokorrentkonten vergleichen, die Forderungen und Schulden gegenüber der Gegenseite enthalten. In der ausgegliederten Betriebsbuchhaltung tritt das Übergangskonto an die Stelle des betrieblichen Abschluß-Gegenkontos bei der isolierten Betriebsbuchhaltung. Die entsprechenden Übergangskonten enthalten spiegelbildlich den gleichen Buchungsinhalt. Bei Zusammenfassung beider Buchhaltungen zur Gesamtbuchhaltung gleichen sie sich gegenseitig aus und verschwinden damit aus der Rechnung. Für die praktische Gestaltung der ausgegliederten Betriebsbuchhaltung bieten sich im einzelnen viele Möglichkeiten an.

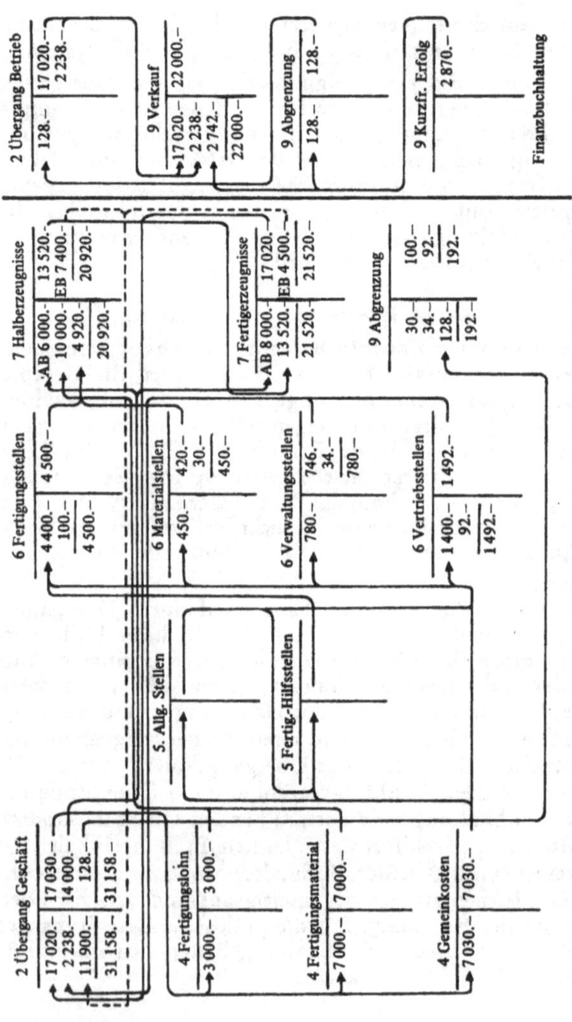

Abb. 15 Ausgegliederte Betriebsbuchhaltung mit Übergangskonto ohne Verkaufskonto und ohne kurzfristiges Erfolgskonto (mit Ergänzung durch die Finanzbuchhaltung)

In Abbildung 15 werden nur die Kontenklassen 4 bis 7 und das Abgrenzungskonto (9) in der Betriebsbuchhaltung geführt. Das Übergangskonto „Betrieb" der Finanzbuchhaltung gibt Material-, Lohn- und Gemeinkosten an die Betriebsbuchhaltung weiter. Umgekehrt gibt das Übergangskonto „Geschäft" der Betriebsbuchhaltung die Herstellkosten verkaufter Erzeugnisse (Klasse 7) sowie die Verwaltungs- und Vertriebsgemeinkosten an die Finanzbuchhaltung zurück, die sie auf das Verkaufskonto verbucht. Die kalkulatorische Erfolgsrechnung wird demnach in der Finanzbuchhaltung durchgeführt.

Es besteht auch die Möglichkeit, die Material- und Verkaufskonten der Klassen 3 und 8 in der Betriebsbuchhaltung zu führen. Das Übergangskonto „Betrieb" gibt dann alle Ein- und Verkäufe an diese weiter. Die gesamte Kosten- und Leistungsrechnung liegt im Bereich der Betriebsbuchhaltung, die auch den kurzfristigen Erfolg in Klasse 9 ausweist.

Die beiden dargelegten Formen können auch miteinander kombiniert werden. Die Material- und Verkaufskonten werden zwar in der Finanzbuchhaltung geführt, doch erfolgt die kurzfristige Erfolgsermittlung in der Betriebsbuchhaltung. Für den Abschluß gibt das Verkaufskonto seinen Saldo über das Übergangskonto „Betrieb" ab.

In allen drei Fällen besteht die Möglichkeit, in der Betriebsbuchhaltung statt der kontenmäßigen weitgehend die tabellarische Verbuchungstechnik zu wählen. Sie erstreckt sich vor allem auf die Verwendung des Betriebsabrechnungsbogens. Das Übergangssystem ist hauptsächlich geeignet, wenn eine räumliche Trennung von Finanz- und Betriebsbuchhaltung vorliegt, mehrere Werksbuchhaltungen nebeneinander erforderlich sind oder eine kontenmäßige Behandlung der Kostenrechnung umfangreiche Beziehungen zur Finanzbuchhaltung hervorruft. Sonst sollte die Mehrbelastung mit Buchungsarbeit vermieden werden, die die Einschaltung von Übergangskonten verursacht, ohne daß ein höherer Erkenntniswert dadurch entsteht.

II. Inhaltliche Abgrenzung der periodischen Kostenrechnung

Aus den grundlegenden Merkmalen der Leistungsbezogenheit und der Kurzfristigkeit, durch die sich die kalkulatorische von der pagatorischen Periodenrechnung unterscheidet, ergeben sich für die Betriebsbuchhaltung verschiedene Problemkreise der inhaltlichen Abgrenzung. Die Aufwendungen und Erträge der Finanzbuchhaltung sind in die Kosten und Leistungen der Betriebsbuchhaltung umzugestalten. Daher sind einmal diese Erfolgskomponenten inbezug auf Güterarten, -mengen und -preise sachlich gegeneinander abzugrenzen. Zum anderen entstehen aus der Kurzfristigkeit der Betriebsbuchhaltung zusätzliche periodische Abgrenzungsprobleme. Dementsprechend sind folgende vier Bereiche zu unterscheiden: (1) die Abgrenzung zwischen Aufwendungen und Kosten, (2) die Abgrenzung zwischen Erträgen und Leistungen, (3) die langfristige Abgrenzung in der Finanzbuchhaltung und (4) die kurzfristige Abgrenzung in der Betriebsbuchhaltung.

In den Kontenplänen ist vielfach eine besondere Klasse für Abgrenzungskonten vorgesehen. Es ist aber nicht erforderlich, daß sämtliche Abgrenzungskonten in einer einzigen Kontenklasse geführt werden. Die Branchenkontenpläne weisen in dieser Beziehung eine Reihe von begründeten Abweichungen auf. Unabhängig von der Buchungstechnik ist jedoch die genaue Durchführung der Abgrenzungen eine notwendige Voraussetzung für eine einwandfreie Kostenrechnung.

1. Abgrenzung zwischen Aufwendungen und Kosten

In erster Linie wird die Abgrenzungsproblematik betrachtet, die unabhängig von der zeitlichen Abgrenzung ist und sich auf die Unterschiede zwischen den in der pagatorischen und den in der kalkulatorischen Erfolgsrechnung erfaßten Güterarten, -mengen und -preise bezieht.

Der Aufwand ist nach Umfang und Inhalt pagatorisch determiniert. Er schließt mengenmäßig jeden Verbrauch an Real- und Nominalgütern ein, soweit damit Ausgaben verbunden sind, ohne daß eine Leistungsbezogenheit wie bei den Kosten vorliegen muß. Im Gegensatz zum Kostenbegriff, der durch die Offenheit des die Menge bewertenden Preisansatzes gekennzeichnet ist, ist die Aufwandsbewertung durch die zugrunde liegenden Ausgaben eindeutig fixiert.

a) Ausscheidung neutraler Aufwendungen

Die Umwandlung der Aufwendungen in Kosten vollzieht sich in zwei Schritten. Zunächst hat eine Sichtung aller pagatorisch erfaßten Aufwendungen auf ihren Kostencharakter zu erfolgen. Dies führt zur Spaltung der Aufwendungen in den leistungsbezogenen Aufwand (Zweckaufwand) und in sogenannte neutrale Aufwendungen. Letztere stellen in der pagatorischen Jahresrechnung der Finanzbuchhaltung zwar Aufwand dar, sind aber für die Betriebsbuchhaltung nicht als Kosten zu betrachten. Sie werden ganz oder teilweise abgefangen und damit für die Kostenrechnung neutralisiert. Die Abgrenzungskonten wirken wie ein Aufwandfilter, das in die Kostenartenrechnung der Betriebsbuchhaltung nur die kalkulierbaren Aufwendungen durchläßt. Man darf nicht übersehen, daß diese sogenannten Grundkosten, für die sich Aufwand und Kosten wenigstens mengenmäßig decken (aufwandsgleiche Kosten), den Großteil des kalkulatorischen Güterverbrauchs ausmachen. Stimmen Mengen und Preise überein, so stellen die Grundkosten bzw. der Zweckaufwand pagatorisch bewertete Teilkosten dar (vgl. hierzu S. 35). Die neutralen Aufwendungen bilden Sonderfälle und Ausnahmen.

Im Verlauf des Jahres bleiben die angesammelten neutralen Aufwendungen auf den Konten stehen. Erst am Jahresende erfolgt ihre Abbuchung innerhalb der pagatorischen Erfolgsrechnung, eventuell über vorgeschaltete Sammelkonten, auf das Jahres-Gewinn- und -Verlustkonto.

Nach ihrem rechnungstheoretischen Gehalt sind folgende drei Gruppen neutraler Aufwendungen zu unterscheiden:

(1) Der leistungsmäßig neutrale Aufwand dient nicht der Erreichung des produktiven Leistungsziels der Unternehmung, sondern gewissen Nebenzwecken. Es handelt sich sachlich überhaupt nicht um Kosten. Zu diesen Aufwendungen gehören zum Beispiel Stiftungen und Spenden, Aufwendungen für Sportplätze, Turnhallen und Spekulationen.

Dem leistungsmäßig neutralen Aufwand stehen zwei andere Gruppen des Neutralaufwandes gegenüber, bei denen zwar die Leistungsbezogenheit und damit der Kostencharakter grundsätzlich gegeben sind, die kalkulatorisch erfaßten Gütermengen und/oder Güterpreise aber nach unten abweichen. Der Aufwand ist höher als die Kosten, und die sich ergebenden Differenzen stellen neutralen Aufwand dar.

(2) Mengenmäßig neutraler Aufwand liegt vor, wenn kalkulatorische Verbrauchsermittlungen oder -annahmen zu einem niedrigeren Ansatz in der Kostenrechnung führen. Ein Beispiel sind kalkulatorische Abschreibungen, wenn die Hypothese über die Wertminderung im Produktionsprozeß zu einem geringeren Ansatz gegenüber den Bilanzabschreibungen (pagatorischen Abschreibungen) führt. Aufwendungen bei Finanzierungsvorgängen und Verluste aus Anlagenverkäufen lassen sich mengenmäßig überhaupt keinem bestimmten Abrechnungszeitraum zuordnen. Man spricht daher auch von zeitraumneutralem (aperiodischem oder periodenfremdem) Aufwand.

(3) Wertmäßig neutraler Aufwand beruht auf der selbständigen kalkulatorischen Bewertung, sofern diese von der pagatorischen Bewertung nach unten abweicht. Solche wertmäßigen Unterschiede können grundsätzlich bei allen Kostenarten auftreten.

Zunächst können für den Güterverzehr statt der Anschaffungspreise zum Beispiel niedrigere Tagespreise angesetzt werden. Dann ist eine Umbewertung aller hierfür infrage kommenden Aufwendungen erforderlich. Die Abweichungen zwischen den tatsächlichen Einstandspreisen und den verrechneten Kalkulationspreisen werden auf Wertabgrenzungskonten abgefangen.

Den Hauptfall stellt die Umbewertung der Materialkosten dar. Zum Ausgleich starker Preisschwankungen und unterschiedlicher Beschaffungskosten werden durchschnittliche Einstands-, Tages- oder Festpreise gebildet, zu denen man Roh-, Hilfs- und Betriebsstoffe in der Kostenrechnung bewertet. Ebenso werden in der Gemeinkostenrechnung für die Bewertung (niedrigere) Normal- oder Standardzuschläge benutzt.

b) Einfügung von Zusatzkosten

Während neutrale Aufwendungen aus der Kostenrechnung eliminiert werden, da sie keine Kosten darstellen, gibt es umgekehrt Kosten, die grundsätzlich keine Aufwendungen sind oder höher angesetzt werden als die entsprechenden Aufwendungen. Sie treten entweder in der Finanzbuchhaltung überhaupt nicht auf, da aus ihnen keine Ausgaben erwachsen und sich daher kein Buchungsgrund ergibt, oder durch einen höheren Ansatz der Kosten gegenüber den Aufwendungen entstehen Differenzen, die keine Ausgaben darstellen und deshalb nur in die Kostenrechnung gehören. Diese Kosten treten zu den Grundkosten hinzu und werden daher Zusatzkosten genannt.

Analog zu den neutralen Aufwendungen sind folgende Gruppen von Zusatzkosten zu unterscheiden:

(1) Ausgabenlose Zusatzkosten sind überhaupt nicht mit Ausgaben verbunden. Dennoch stellen sie echten Güterverbrauch dar, der kalkulatorisch erfaßt werden muß. Diese Zusatzkosten werden auf den Kostenartenkonten belastet; da als Gegenkonten infolge des Fehlens von Ausgaben die entsprechenden Finanzkonten ausfallen, werden Abgrenzungskonten inform von Verrechnungskonten geschaffen, welche die Gegenbuchungen auf der Habenseite aufnehmen. Sie werden am Ende des Jahres in der Finanzbuchhaltung letztlich über Gewinn- und Verlustkonto ausgeglichen. Dadurch werden die Zusatzkosten der kalkulatorischen

Erfolgsrechnung gewissermaßen storniert. Sie wirken sich – und das ist der Zweck ihrer Einfügung – im kurzfristigen kalkulatorischen Erfolg aus; dagegen beeinflussen sie nicht den pagatorischen Jahreserfolg.

Zu den ausgabenlosen Zusatzkosten gehören bei Einzelfirmen und Personengesellschaften der Unternehmerlohn und alle Entgelte für die Mitarbeit unbezahlter Familienmitglieder sowie der Mietwert für betrieblich genutzte Räume im Privathaus des Inhabers, soweit keine Mietzahlung erfolgt. In manchen Fällen sind auch Geschenke an die Unternehmung als Zusatzkosten zu erfassen. Wenn zum Beispiel bei der Ansiedlung von Industrieunternehmungen Grundstücke unentgeltlich zur Verfügung gestellt, Steuern und Gemeindeabgaben erlassen oder Bauzuschüsse gewährt werden, so sind angemessene Zusatzkosten zu kalkulieren.

Diesen ausgabenlosen Zusatzkosten stehen zwei weitere Gruppen von Zusatzkosten gegenüber, bei denen zwar Aufwendungen (und damit Ausgaben) gegeben sind, die Kosten aber infolge der vom Aufwand gelösten selbständigen kalkulatorischen Verbrauchsermittlung oder durch Umbewertung höher sind als die Aufwendungen. Die entstehenden Differenzen stellen dann Zusatzkosten dar.

(2) Mengenmäßige Zusatzkosten stellen den analogen Fall zum mengenmäßig neutralen Aufwand dar. Die selbständige Ermittlung des Güterverbrauchs für die Kostenrechnung führt zu einem den Aufwand übersteigenden Kostenbetrag. Als Beispiel können wiederum die kalkulatorischen Abschreibungen dienen. Die Ermittlung des mit dem Leistungsprozeß zusammenhängenden kalkulatorischen Verbrauchs einer Maschine kann zu Abschreibungen in der Kostenrechnung führen, die höher sind als die Bilanzabschreibungen des entsprechenden Zeitraumes. Die Differenz stellt Zusatzkosten dar.

(3) Wertmäßige Zusatzkosten liegen dann vor, wenn die von den Ausgaben gelöste kalkulatorische Bewertung dazu führt, daß die Kosten den Aufwand übersteigen. Zum

Beispiel können die bei einer Umbewertung der Materialien für die Kostenrechnung verwendeten Festpreise höher sein als die Einstandspreise. Wertmäßige Zusatzkosten bilden das Gegenstück zum wertmäßig neutralen Aufwand.

Buchhalterisch können mengen- und wertmäßige Abweichungen so behandelt werden, daß die Aufwendungen zunächst unverändert als Kosten übernommen und die Differenzen zusätzlich gebucht werden. In der praktischen Handhabung wird oft ein Bruttoverfahren bevorzugt, d. h. der Aufwand wird im ganzen neutralisiert und durch die abweichenden vollen Kostenbeträge als Zusatzkosten ersetzt. Pagatorische Abschreibungsaufwendungen werden zum Beispiel völlig neutralisiert, und kalkulatorische Abschreibungskosten werden gänzlich als Zusatzkosten eingefügt.

Da die Kostenbeträge „anders" als die entsprechenden Aufwendungen in der Rechnung erfaßt werden, kann man auch von Anderskosten sprechen. Anderskosten liegen dann sowohl bei positiven als auch bei negativen Abweichungen der Kosten gegenüber den Aufwendungen vor. Sie sind bei Bruttoverbuchung sowohl mit neutralem Aufwand als auch mit Zusatzkosten verbunden.

2. Abgrenzung zwischen Erträgen und Leistungen

Wie bei den Aufwendungen und Kosten, so ist analog auch eine sachliche Abgrenzung der Erträge und Leistungen erforderlich. Unter (pagatorischem) Ertrag versteht man jede Wertentstehung in der Unternehmung, soweit dabei Einnahmen auftreten. Der Umfang des Ertragsbegriffes ist weder nach der Güterart noch durch den Unternehmungszweck begrenzt, sondern allein durch den Einnahmencharakter bestimmt. Im Sonderfall können auch ohne Absatz von Gütern Einnahmen als Ertrag zufließen, zum Beispiel bei empfangenen Schenkungen, Zuschüssen und Subventionen. Im Gegensatz zum Ertrag stehen die (kalkulatorischen) Leistungen, die nur die auf einem Produktionsprozeß beruhenden Wertentstehungen umfassen und nicht mit Einnahmen verknüpft zu sein brauchen.

Der Umfang der Leistung wird also einerseits enger gezogen als der des Ertrages, der an den erfolgswirksamen Einnahmen gemessen wird, gleichviel, aus welchen Ursachen diese entstanden sind. Anderseits reicht der Umfang der Leistung weiter, da auch solche produktiven Güterentstehungen einbezogen werden, die keine Bindung an Zahlungsvorgänge aufweisen.

Für die kalkulatorische Rechnung ist der Ertrag aufzuspalten in den leistungsbezogenen Ertrag (Zweckertrag), der als (kalkulatorische) Leistung zu betrachten ist, und in sogenannten neutralen Ertrag, der aus der kalkulatorischen Rechnung zu eliminieren ist. Der neutrale Ertrag gliedert sich weiterhin in den leistungsmäßig, den mengenmäßig und den wertmäßig neutralen Ertrag.

a) Zu den leistungsmäßig neutralen Erträgen zählen die Erträge, bei denen keine aus dem Produktionsprozeß hervorgehenden Leistungen vorhanden sind, die beispielsweise inform von Bucherträgen aus Sanierungen, Verschmelzungen und dergleichen auftreten oder aufgrund ergänzender, andersartiger Betätigung erzielt wurden. Dazu gehören Erträge aus leistungsfremden Wohnhäusern und aus Veräußerungen von Wertpapieren und Beteiligungen, die ohne Beziehung zum Unternehmungszweck unterhalten werden.

b) Bei mengenmäßig neutralen Erträgen übersteigen die leistungsbezogenen Erträge die Leistungen der Periode, ohne daß eine Umbewertung vorgenommen worden ist. Als Beispiele seien Eingänge auf abgeschriebene Forderungen und Gewinne aus Anlageverkäufen genannt. Es handelt sich um Erträge, die auf einem früheren, falsch periodisierten Güterverbrauch beruhen und daher auch als zeitraumfremde (aperiodische oder periodenfremde) Erträge bezeichnet werden.

c) Die dritte Gruppe der wertmäßig neutralen Erträge entsteht durch Abweichungen der kalkulatorischen von der pagatorischen Bewertung nach unten. Statt der Erlöspreise werden zum Beispiel feste Verrechnungspreise angesetzt, die unter den Erlöspreisen liegen. Die durch die Umbewertung auftretende Kostenabweichung wird kalkulatorisch neutralisiert.

Die Erfassung der neutralen Erträge erfolgt auf besonderen Abgrenzungskonten mit dauerndem Habensaldo, die erst am Ende des Jahres ihren Inhalt an die pagatorische Erfolgsrechnung abliefern. Dadurch werden alle irregulären Erträge aus der kurzfristigen Erfolgsrechnung ausgeschieden. Ihre Aufteilung nach den einzelnen Bestandteilen ist praktisch nicht immer einwandfrei möglich und meist auch nicht unbedingt erforderlich.

Analog den Zusatzkosten liegen Zusatzleistungen vor, wenn zum Beispiel entsprechend den Stadien des Produktionsprozesses Leistungen in die Betrachtung einbezogen werden, die überhaupt nicht abgesetzt werden oder noch nicht abgesetzt worden sind, so daß keine Einnahmen gegeben sind. Man kann daher analog von einnahmenlosen Leistungen sprechen, die die Grundleistungen ergänzen. Durch geeignete Bewertung der Vor-, Zwischen- und Endprodukte läßt sich eine getrennte Abrechnung der einzelnen Leistungsbereiche und Erzeugungsstufen erreichen.

Ferner sind mengenmäßige Zusatzleistungen zu unterscheiden, wenn die Leistungen der Periode die leistungsbezogenen Erträge übersteigen. Sie entsprechen den mengenmäßig neutralen Erträgen. Außerdem kommen wertmäßige Zusatzleistungen vor, sofern die kalkulatorischen Verrechnungspreise über den Erlöspreisen der Erträge liegen. Sie sind das Gegenstück zu den wertmäßig neutralen Erträgen.

3. Langfristige Abgrenzung in der Finanzbuchhaltung

Außer der sachlichen Abgrenzung von Kosten und Leistungen gegen Aufwendungen und Erträge sind periodische Abgrenzungen erforderlich, wenn der Güterverbrauch der Kosten und die Wertentstehung der Leistungen nicht unmittelbar zu den Zeitpunkten der kalkulatorischen Erfolgswirksamkeit erfaßt werden, sondern sich zeitlich an den Zahlungsvorgängen orientieren. Als Vorstufe der zeitlichen Abgrenzung von Kosten und Leistungen auf die Kurzperiode müssen zunächst Ausgaben und Einnahmen eliminiert werden, die bereits für die Finanzbuchhaltung periodenfremd sind, also nicht als Aufwand oder Ertrag des betrachteten Jahres anzusehen sind.

Während die meisten Ausgaben, die mehrere Jahre betreffen, sofort zu Aktivierungen führen, gibt es anderseits Ausgaben, die zeitlich verteilt anfallen und während des Jahres auf besonderen Konten gesammelt werden, um erst am Ende des Jahres aktiviert zu werden. Diese Ausgaben werden dadurch auch für die Kostenrechnung ausgeschaltet. Ohne den Abgrenzungsvorgang würden sie im allgemeinen mit dem Aufwand in die Kostenrechnung übergehen. Die Frage ihres Kostencharakters tritt erst auf, sobald von den aktivierten Großausgaben her Aufwendungen, insbesondere Abschreibungen, verrechnet werden. Vorher wird die Kostenrechnung nicht berührt.

In dieser Weise werden vor allem die sogenannten Großreparaturen behandelt, wobei es grundsätzlich gleichgültig ist, ob diese Arbeiten durch Außenstehende oder in eigener Regie der Unternehmung durchgeführt werden. Ebenso werden auch Großausgaben für Werbezwecke und für ausgedehnte Forschungs- und Entwicklungsarbeiten erfaßt. Ausgaben für im Bau befindliche Anlagen (Fremdleistungen und Eigenleistungen bzw. Selbstherstellung) gehören ebenfalls in diese Gruppe der Abgrenzung. Analog sind weit seltener vorkommende Großeinnahmen zu handhaben.

4. Kurzfristige Abgrenzung in der Betriebsbuchhaltung

Innerhalb der Jahresrechnung ist eine zeitliche Abgrenzung für die kalkulatorische Kurzperiode erforderlich, wenn Zahlungsvorgänge und kalkulatorische Erfolgswirksamkeit in verschiedene Perioden fallen. Die Zahlungsvorgänge betreffen dann eine oder mehrere andere Perioden, auf die sie für die kalkulatorische Erfassung zu übertragen bzw. zu verteilen sind. Infolge der zeitlichen Überschneidung der nominalen und realen Gütervorgänge ist eine einwandfreie und möglichst genaue Zurechnung auf die kalkulatorischen Rechnungsabschnitte notwendig. Bei der hier erörterten Zeitabgrenzung handelt es sich immer um aufwandsgleiche Kosten und ertragsgleiche Leistungen, da nur in diesen Fällen die Ausgaben und Einnahmen für die kalkulatorische Erfassung herangezogen werden können.

Es sind folgende vier Fälle zu unterscheiden, die alle Möglichkeiten umfassen:

1. Die Unternehmung hat bereits bezahlt,
2. an die Unternehmung ist bereits gezahlt worden,
3. an die Unternehmung ist noch zu zahlen,
4. die Unternehmung hat noch zu zahlen.

Durch die Abgrenzung entstehen sogenannte transitorische und antizipative Posten (Aktiva und Passiva).

Transitorische Posten (Fall 1 und 2) sind als Realgüteransprüche oder -verpflichtungen der Unternehmung zu betrachten, für die bereits Ausgaben gemacht oder Einnahmen erzielt wurden, die aber nicht als Kosten oder Leistungen des betreffenden Zeitabschnittes anzusehen sind. Hat (1) die Unternehmung bezahlt, so wird die Vorauszahlung aktiv abgegrenzt; ist umgekehrt (2) an die Unternehmung bezahlt worden, so wird der Vorausempfang passiviert. In beiden Fällen werden später Verteilungsraten in den einzelnen Perioden des Wertverzehrs als Kosten oder Leistung abgebucht.

Antizipative Posten (Fall 3 und 4) stellen Geldforderungen oder -schulden für Leistungen oder Kosten dar, die in der betreffenden Periode als erfolgswirksam verrechnet werden müssen, obwohl Einnahmen oder Ausgaben noch nicht erfolgt sind. Hat (3) die Unternehmung Zahlungen zu verlangen, so wird die bereits entstandene Leistung aktiv abgegrenzt; schuldet umgekehrt (4) die Unternehmung Zahlungen, so wird der bereits entstandene Güterverbrauch passiviert. Die später eintretenden Zahlungsvorgänge gleichen diese antizipativen Posten erfolgsunwirksam aus.

In dieser Weise werden zum Beispiel vorausbezahlte, vorausempfangene, später zu empfangende und später zu zahlende Mieten, Provisionen, Reparaturen, Löhne, Gehälter und Sozialabgaben behandelt.

III. Stufen der periodischen Kostenrechnung

Die periodische Kostenrechnung vollzieht sich in mehreren aufeinanderfolgenden Stufen, die dem Fluß der Kosten, von der ursprünglichen Erfassung der Kostenarten, ihrer Verteilung auf Kostenstellen und auf Kostenträger und schließlich der Gegenüberstellung zu den Leistungen, entsprechen. Diese Stufen finden ihren Niederschlag in der Folge der Konten im Kontenplan. Ihnen sind außerhalb des Rechnungssystems verschiedene Sonder- oder Hilfsrechnungen vorgelagert, durch die die Erfassung von Kostenarten vorbereitet wird und nicht unmittelbar festzustellende Beträge für Kostenarten errechnet werden.

1. Vorgelagerte Hilfsrechnungen (Nebenbuchhaltungen)

Zu den Hilfsrechnungen (Nebenbuchhaltungen) gehören namentlich

a) die Stoffrechnung (Material- und Magazinbuchhaltung),

b) die Lohnrechnung (Lohn- und Gehaltsbuchhaltung) und

c) die Anlagenrechnung (Anlagenbuchhaltung).

a) Stoff- oder Materialrechnung (Magazinbuchhaltung)

Zu den Stoffen rechnet man die Ausgangsstoffe (Werkstoffe), vor allem die Rohstoffe, die Hilfs- und Betriebsstoffe der Fertigung, Kleinmaterial, fertige (bezogene) Normteile, eigengefertigte Bestandteile, verwertbare Abfallstoffe (Reststoffe), ferner die Hilfs- und Betriebsstoffe der Verwaltung und des Vertriebes sowie die Handelswaren. Unfertige und fertige Erzeugnisse gehören nicht hierher.

Werkstoffe sind solche Materialien, die entweder in ihrer ursprünglichen Form oder in physikalisch-chemisch abgewandelter Gestalt die Ausgangs- oder Grundstoffe der Erzeugnisse bilden. Sie gehen verarbeitet oder unverarbeitet in die Erzeugnisse ein und bestimmen deren Eigenart und Ausstattung.

Hilfsstoffe werden ebenfalls unmittelbar für bestimmte Erzeugnisse verwendet, jedoch ohne daß sie deren Grundstoffe werden. Sie dienen als Ergänzung zu den Werkstoffen, indem sie diese verbinden, verstärken, veredeln usw. oder indem sie das Erzeugnis umhüllen, schützen oder für es werben.

Betriebsstoffe werden nicht für bestimmte Erzeugnisse verbraucht, gehen auch nicht in deren spezifischen Herstellungsprozeß ein, sondern dienen allgemein der Durchführung und Aufrechterhaltung des Fertigungsprozesses überhaupt, der Unterhaltung der Produktionseinrichtungen, der Krafterzeugung, der Verwaltung, dem Absatz und damit mittelbar der gesamten Leistungserstellung.

Die Stoffrechnung hat die Aufgabe, die Eingänge und Bestände an Stoffen rechnerisch festzuhalten und vor allem den Stoffverbrauch laufend zu ermitteln. Neben Buchungen auf den systematischen Hauptkonten treten die Aufschreibungen der Lager- und Magazinverwaltung, die zu einer Nebenbuchhaltung entwickelt werden können.

(1) Mengenmäßige Erfassung des Stoffverbrauchs

Die Fortschreibung (Skontration) bedeutet die unmittelbare und fortlaufende Verbrauchserfassung, mit der sich zugleich eine buchmäßige Bestandsrechnung verbinden läßt. Man unterscheidet die Sortenskontration, bei der Stoffe gleicher Art zusammengelagert und einzeln (artweise) oder auch gemischt fortgeschrieben werden, von der Partieskontration, bei der geschlossen eingekaufte Materialien ungetrennt gelagert und gemeinsam fortgeschrieben werden.

Da ein irregulärer Verbrauch (Schwund, Diebstahl) durch die Fortschreibung nicht erfaßt werden kann, ist eine körperliche Bestandsaufnahme erforderlich, um den tatsächlichen Bestand festzustellen.

Unter den mittelbaren Erfassungsmethoden ist die Befundrechnung am ältesten und häufigsten. Sie ermittelt den Verbrauch nach der Formel: Anfangsbestand + Zugänge – Endbestand (Befund) = Abgänge (Verbrauch). Unter der Befundrechnung (Inventur) versteht man die genaue körperliche Bestandsaufnahme der Stoffe durch Zählen, Messen und Wiegen. Hauptanwendungsgebiet ist die jährliche Erfolgsrechnung. Die kurzfristige Befundrechnung erweist sich in der Regel nur dann als zweckmäßig, wenn es sich um mengenmäßig bequem feststellbare Materialien handelt, die für einen einzigen Kostenträger oder eine einzige Kostenstelle Verwendung finden.

An die Stelle der formgerechten Bestandsaufnahme tritt mitunter als Ersatz die Vorratsmeldung des Lagerverwalters, die durch geeignete Stapelung oder Behälter ermöglicht wird. Eine Abart der Befundrechnung liegt vor, wenn man den Verbrauch dem Zugange gleichsetzt. Dieses Verfahren genügt dann, wenn die Vorräte nur unwesentlich schwanken oder der Einkauf dem Verbrauch angepaßt wird.

Eine Sonderform der unmittelbaren Verbrauchserfassung ist die retrograde oder Rückrechnung. Hier wird aus Gründen der Arbeitsvereinfachung nach erprobten Erfahrungssätzen in Verbindung mit direkten Ermittlungen in der Vergangenheit der Verbrauch geschätzt und statt des Istverbrauchs ersatzweise ein (sogenannter rechnungstechnischer) Sollverbrauch erfaßt (vgl. S. 80). Wegen der dabei auftretenden Abweichungen und wegen des irregulären Verbrauchs ist auch hier mindestens einmal im Jahr eine Inventur erforderlich.

(2) Bewertung des Stoffverbrauchs

Zur mengenmäßigen Erfassung tritt die Bewertung des Stoffverbrauchs. Die nächstliegende Möglichkeit besteht darin, die Verbrauchsmengen zu tatsächlichen Einstandspreisen zu bewerten, d. h. zu Einkaufspreisen zuzüglich direkter Bezugskosten (z. B. Frachten, Verpackung, Provisionen, Versicherungen) abzüglich Preisnachlässe. Im Zusammenhang mit der Mehrwertsteuer ist zu beachten, daß die beim Einkauf gezahlte Steuer (Vorsteuer) nicht zum Einkaufspreis zu rechnen bzw. davon abzusetzen ist. Die in die Kostenartenrechnung eingehenden Stoffe können mit den ihnen spezifisch zugehörigen Einstandspreisen, aber auch mit denen des letzten Zuganges (Lifo, d. h. last in, first out), des teuersten Zuganges (Hifo, d. h. highest in, first out) oder des am weitesten zurückliegenden Zuganges (Fifo, d. h. first in, first out) bewertet werden. Die Beurteilung der Zweckmäßigkeit dieser Preisansätze muß im Gesamtzusammenhang des Bewertungssystems (zum Beispiel der Wahl von Tagesbeschaffungspreisen zwecks Preisbildung oder von Grenzpreisen zwecks Steuerung) gesehen werden.

Stark unterschiedliche Preise können aus verschiedenen Gründen störend sein; man verwendet dann Durchschnittspreise (Eingangsdurchschnitts- oder sogenannte Buchbestandspreise). Wenn für die Technizitätsbetrachtung Preisschwankungen eliminiert werden müssen, wird eine Festpreisbewertung erforderlich.

Alle Bewertungsdifferenzen, die bei der kalkulatorisch selbständigen Bewertung des Stoffverbrauchs entstehen, müssen gegen die Aufwandsrechnung abgegrenzt werden.

b) Lohnrechnung (Lohn und Gehaltsbuchhaltung)

Die Lohnrechnung hat die Aufgabe, sämtliche Arbeitsentgelte laufend zu erfassen und ihre weitere Verteilung vorzubereiten. Neben der Lohn- und Gehaltsabrechnung für die einzelnen Arbeiter und Angestellten (für eine Lohnperiode) liegen besondere Ziele der Kostenrechnung darin, die Löhne und Gehälter als Kostenarten auf die kalkulatorische Rechnungsperiode zu beziehen und ihre Verteilung auf Kostenstellen und Kostenträger vorzubereiten.

Nach den für die Messung der Arbeitstätigkeit verwendeten Maßstäben ist zwischen den beiden Grundformen des Zeitlohnes und des Akkordlohnes zu unterscheiden. Die Bewertung erfolgt dementsprechend durch Lohnsätze je Zeiteinheit (Stunde) oder je Produkteinheit (Stück). Die Verwirklichung des Prinzips der Äquivalenz von Lohn und Leistung stellt eine komplexe schwierige Problematik dar.

In der Kostenrechnung treten die vorgelagerten Erfassungsfragen nicht mehr in Erscheinung. Die Lohn- und Gehaltsbeträge werden in der Regel als Grundkosten, ohne kalkulatorisch abweichenden Mengen- oder Preisansatz (sieht man vom kalkulatorischen Unternehmerlohn ab), übernommen, zeitlich abgegrenzt und nach Kostenarten gegliedert.

Zu den Fertigungslöhnen gehören alle der Herstellung dienenden Werkstatt- und Verarbeitungslöhne, deren Arbeitstätigkeiten unmittelbar in die Erzeugnisse eingehen. Alle übrigen Löhne sind Hilfslöhne, da sie nur in mittelbarer Beziehung zu den Erzeugnissen stehen. Gehälter tragen fast ausnahmslos Hilfslohncharakter.

c) Anlagenrechnung (Anlagenbuchhaltung)

Innerhalb der Jahresrechnung nehmen die Anlagenkonten bei Kauf oder Herstellung die zu aktivierenden Beträge zwecks Verteilung auf die einzelnen Jahre der Beanspruchung auf. Die (neutralen) Abschreibungen als pagatorischer Jahresaufwand (Bilanzabschreibungen) werden entweder auf den Anlagenkonten unmittelbar abgesetzt (direkte Abschreibung) oder erscheinen auf besonderen Wertberichtigungskonten (indirekte Abschreibung). Die jährlichen Abschreibungen werden der Gewinn- und Verlustrechnung zugeführt.

Bei der kurzfristigen (kalkulatorischen) Erfolgsrechnung erscheint die Anlagenrechnung auf besonderen hierfür eingerichteten Konten. Hierbei handelt es sich darum, die kalkulatorischen Abschreibungen als Kostenart zu erfassen. Sie treten in der Gestalt der Anderskosten bzw. Zusatzkosten auf, gehen über die Kostenstellen- und Kostenträgerrechnung in den kurzfristigen Erfolg ein und erscheinen damit schließlich auch in der Gewinn- und Verlustrechnung. Hier werden sie beim Jahresabschluß durch die Gegenbuchungen auf den Verrechnungskonten für kalkulatorische Abschreibungen ausgeglichen, so daß nur die pagatorischen Abschreibungen als Aufwand erfolgswirksam werden (vgl. S. 95 ff.).

Im Rahmen der Betriebsbuchhaltung hat die Anlagenrechnung unter anderem die Hilfsaufgaben, Unterlagen für die Ermittlung des leistungsbezogenen Vermögens, des verzinslichen leistungsbezogenen (sogenannten betriebsbedingten) Kapitals und der kalkulatorischen Zinsen vorzubereiten.

(1) Erfassung der Abschreibungen

Die kalkulatorischen Abschreibungen werden unabhängig von den (pagatorischen) Bilanzabschreibungen selbständig angesetzt. Sie sollen die durch die Bereitstellung und Nutzung der Anlagen entstehenden Kosten ungetrübt zum Ausdruck bringen und dürfen daher keinen störenden Einflüssen unterliegen. Während es sich in der pagatorischen Jahresrechnung um die Verteilung von Großausgaben handelt, geht es in der Kostenrechnung um die Erfassung des realen Güterverbrauchs, der grundsätzlich von den Zahlungsvorgängen unabhängig ist. Für die Kostenrechnung kommen daher nur Wertminderungen infrage, die unmittelbar oder mittelbar auf die technische oder wirtschaftliche Leistungsfähigkeit der Anlagen einwirken und dadurch ihre Nutzungsmöglichkeiten für die Leistungserstellung herabsetzen oder völlig aufheben. Entscheidend ist, daß der Verbrauch entweder innerbetrieblich durch den Erzeugungsvorgang hervorgerufen wird oder, zwar auf außerbetriebliche Ursachen zurückgehend, dennoch auf den Leistungsprozeß einwirkt. Bei der Feststellung des mengenmäßigen Güterverbrauchs treten erhebliche Schwierigkeiten auf. Es ist erforderlich, eine weit aufgegliederte und möglichst individuelle Erfassung für die verschiedenen Anlagegüter durch Einzelabschreibungen durchzuführen.

Die Ursachen der Wertminderungen, durch die kalkulatorische Abschreibungen begründet werden, sind gegenüber den pagatorischen Abschreibungen, bei denen jede Art von Wertminderung einbezogen werden kann, begrenzt. Es sind nach der Entwertungsursache folgende drei kalkulatorischen Abschreibungsarten zu unterscheiden:

1. Verschleißabschreibungen,
2. Fristablaufabschreibungen und
3. Überholungsabschreibungen.

Im Vordergrund steht der Verschleiß, d. h. der körperlich bedingte Wertverzehr materieller Anlagegüter. Der Hauptfall ist der abnutzungsbedingte Verschleiß durch Gebrauch, der sich durch stoffliche Veränderungen, durch ungenaues und langsames Arbeiten der Maschinen, durch Reparaturbedürftigkeit usw. bemerkbar macht. Einen Sonderfall bedeuten die substanzbedingten Wertminderungen im Bergbau und in anderen Unternehmungen der Rohstoffgewinnung, bei denen ein echter Gebrauchsvorgang (Verschleiß der errichteten baulichen Anlagen) mit dem mengenmäßigen Abbau der Fördersubstanz verquickt wird. Zu diesem technischen Verschleiß tritt der sogenannte natürliche Verschleiß hinzu, der auch ohne Ingebrauchnahme auftritt. Es handelt sich dabei um Einflüsse von Wetter und Klima und Naturvorgänge, die eine Zerstörung, Verringerung oder Veränderung der Anlagensubstanz hervorrufen.

Eine Entwertung von Anlagen kann auch durch Zeitablauf bei befristeten Rechten (Patente, Konzessionen, Heimfallrechte usw.) oder bei begrenzter Verwendungsmöglichkeit (Anlagen in Bergwerken) eintreten. Da die Nutzungsfähigkeit an sich weiterbesteht, also eine technische Nutzung durchaus möglich wäre, spricht man von wirtschaftlicher Entwertung. Sie kann sich sowohl auf materielle als auch auf immaterielle Sachgüter erstrecken.

Ein weiterer wichtiger Fall ist die Entwertung durch technisch-wirtschaftliche Überholung (Veraltung) der Anlagegüter. Durch die Entwicklung neuer Fertigungsverfahren, die Einführung neuer Werkstoffe oder Maschinen werden Anlagen wirtschaftlich entwertet, ohne daß eine Minderung ihrer technischen Leistungsfähigkeit damit verbunden ist.

Die Höhe der periodischen Abschreibungsraten ist durch drei Größen eindeutig festgelegt:

1. die Abschreibungssumme,
2. den Abschreibungszeitraum und
3. die Abschreibungsquote.

Die Abschreibungssumme ist der zu verteilende Gesamtbetrag, der sich zusammensetzt aus dem Anschaffungswert und allen kalkulatorisch zu aktivierenden Instandsetzungsausgaben, gegebenenfalls vermindert um den Wiederveräußerungswert (Altwert). Bei einer Bewertung der Abschreibungen zum Tageswert ist eine Umbewertung der Abschreibungssumme erforderlich.

Liegt der Abschreibungszeitraum nicht durch die zeitlich befristete Nutzungsmöglichkeit fest, so ist die betriebliche (wirtschaftliche) Nutzungsdauer zu schätzen. Aufgrund festgelegter Prämissen läßt sich eine optimale Nutzungsdauer ermitteln. Obergrenze ist die rein technische Lebensdauer. Zeigt sich im Laufe der Anlagenverwendung eine erhebliche Abweichung zwischen geschätzter und tatsächlicher Nutzungsdauer, so hat eine Berichtigung für die zukünftigen Jahre zu erfolgen. Statt des Abschreibungszeitraumes wird in bestimmten Fällen, zum Beispiel bei einem Steinbruch oder einer Maschine mit feststehender oder abschätzbarer Mengenleistung (Stückzahl, Gewicht, Laufstunden usw.), die Gesamtproduktmenge festgelegt. Mitunter wird aus Sicherheitsgründen eine relativ niedrige Gesamtproduktmenge, zum Beispiel bei Fluggesellschaften, angesetzt. Man spricht im Gegensatz zu Zeitabschreibungen von Mengenabschreibungen. Indirekt kann dann über die Produktmenge je Periode auf den Abschreibungszeitraum geschlossen werden.

Die Abschreibungsquote ist der Anteil an der Abschreibungssumme, der auf die einzelnen Perioden des Abschreibungszeitraumes entfällt. Hinsichtlich der Bestimmung der Abschreibungsquoten sind allgemein drei Möglichkeiten zu unterscheiden: gleichbleibende (konstante), fallende (degressive) und steigende (progressive) Quoten. Dazu gehören die unbegrenzten Unterfälle der arithmetisch- und der geometrisch-degressiven sowie der arithmetisch- und der geometrisch-progressiven Abschreibungen. Es gibt vielfache Möglichkeiten linearer Abschreibungen: außer der meist nur gemeinten gleichbleibenden Abschreibung sämtliche Formen arithmetischer Abschreibungen. Die sogenannte Digitalabschreibung stellt einen Spezialfall dieser linearen, und zwar der arithmetisch-degressiven Abschreibungen dar. Bei den oben erwähnten Mengenabschreibungen setzt man Abschreibungsraten je erzeugter Mengeneinheit an.

Wenn man vom Zweck der kalkulatorischen Abschreibungen ausgeht, den leistungsbezogenen Verbrauch der Anlagen periodisch richtig zu erfassen, dann darf nicht übersehen werden, daß die Abschreibungsverfahren rein hypothetische und grobe Vereinfachungen darstellen, die allenfalls der Verbrauchstendenz entsprechen. Der Grund dafür liegt vor allem in der Unkenntnis von Verbrauchsgesetzen und in den Schwierigkeiten der Messung des Verbrauchs der Anlagegüter. Immerhin können die Abschreibungsquoten während der Nutzung der Anlage ständig berichtigt werden, da die kalkulatorischen Abschreibungen rechnerisch verselbständigt sind. Dies geschieht unabhängig vom restlichen Buchwert der Anlagen, so daß die kalkulatorischen Restwerte erheblich davon abweichen können.

(2) Instandhaltung und Wertsteigerung der Anlagen

Eine systematische Werterhaltung durch sorgsame Pflege und planmäßige Instandsetzung verlängert die betriebliche Nutzungsdauer. Es ist daher folgerichtig, die Ausgaben für Reparaturen zu aktivieren und in den Abschreibungsprozeß einzubeziehen. Hiervon sind jedoch alle sogenannten Kleinreparaturen auszunehmen, die sich in ihrer Fülle von Einzelfällen und ihrem zufälligen Auftreten ziemlich gleichmäßig auf die einzelnen Jahre verteilen.

Reparaturen, die durch Schadensfälle hervorgerufen werden, sind kalkulatorisch neutral und werden als Zufallsaufwand im Rahmen der Wagniskosten erfaßt.

Bei der Aktivierung handelt es sich um sogenannte Großreparaturen; da sie auf mehrere Jahre hin wirken, müssen sie im Abschreibungswege verteilt werden. Von einer echten Wertsteigerung sollte man erst reden, wenn der Anlagegegenstand über den ursprünglichen Anschaffungs- oder Gebrauchswert hinaus einen Wertzuwachs erfährt (Veränderungen, Erweiterungen, Ergänzungen).

2. Erfassung in der Kostenartenrechnung

Als erste Stufe des Rechnungssystems der periodischen Kostenrechnung werden sämtliche Kosten einer Rechnungsperiode, nach Kostenarten gegliedert, erfaßt. Die Kosten setzen sich aus Wertbeträgen für die im Unternehmungsprozeß eingesetzten Güter zusammen. Sie entstehen durch den Verbrauch eines bestimmten Einsatzgutes und können deshalb nach der Art der verbrauchten Kostengüter gruppiert werden. Die Gestaltung der Kostenartenrechnung basiert somit auf einer artenmäßigen Gliederung der Einsatzgüter (Produktoren).

a) Abgrenzung und Gliederung der Kostenartenrechnung

Um eine inhaltlich klare Abgrenzung der Kostenarten zu erreichen und Doppelrechnungen zu vermeiden, gilt das Prinzip der Erfassung primärer Kostenarten. Für die Unternehmung ist rechnungstechnisch zwischen reinen, einfachen oder ursprünglichen (primären) und gemischten, zusammengesetzten oder abgeleiteten (sekundären) Kostenarten zu unterscheiden. Von außen bezogene Kostengüter rufen ursprüngliche Kostenarten hervor, z. B. Fremdreparaturen, unabhängig davon, daß diese Leistungen, von der liefernden Unternehmung her gesehen, einen zusammengesetzten Kostengüterverbrauch darstellen. Das gleiche gilt innerhalb der Unternehmung auch für die einzelnen Abrechnungsbezirke. Für die Abrechnung eines Fertigungsbetriebes stellt z. B. der vom Hilfsbetrieb Kesselanlage bezogene Dampf eine primäre Kostenart dar, obgleich bei der Dampferzeugung die Kostengüter Kohle, Wasser, Arbeitstätigkeit usw. verbraucht worden sind. Dagegen entstehen bei der Umlage innerhalb eines Betriebes abgeleitete Kostenarten, wenn z. B. die Hilfskostenstelle Raum ihre Kosten auf die verbrauchenden Stellen verteilt. Hierbei erscheint die sekundäre Kostenart Raumkosten. Das in der Kostenstellenrechnung (Betriebsabrechnungsbogen) durchgeführte Umlageverfahren zieht stets zusammengesetzte

Kostenarten nach sich. Sie können auch in der Kostenträgerrechnung auftreten, z. B. als Sonderkosten der Fertigung und des Vertriebes.

Für den Abrechnungsbezirk Betrieb sind in der Kostenartenrechnung allgemein nur solche Verbrauchsvorgänge zu erfassen, deren Güter dem Betrieb von außen zufließen. Dazu gehören auch solche Kosten, die innerhalb der Unternehmung von einem umfassenderen Abrechnungsbezirk (Werk, Unternehmung) auf den Betrieb umgelegt worden sind. Aus der Kostenartenrechnung fernzuhalten sind dagegen die auf der Kostenumlage zwischen untergeordneten Kostenstellen beruhenden Kosten.

Der für die Gliederung in Kostenarten vorrangige Gesichtspunkt ist die Einteilung nach Verbrauchsgüterarten. Um ihn in der praktisch üblichen Gliederung mit ihren eingebürgerten Bezeichnungen sichtbar zu machen, ist es zweckmäßig, die Kostenarten nach ihrem Verbrauchscharakter, d. h. nach der für die Kostenrechnung entscheidenden Eigenart des Güterverbrauchs, zu ordnen. Unter Verwendung der früher (auf S. 23) angeführten Systematik des Güterverbrauchs ergibt sich folgende Unterscheidung von Kostenartengruppen. Dabei ist der kurzfristige Verbrauch nach wichtigen Güterartengruppen untergegliedert:

Primäre Kostenartengruppen	Gliederung des Güterverbrauchs
	I. Kurzfristiger Verbrauch
(1) Material- oder Stoffkosten	1. Verbrauch von Sachgütern
	2. Verbrauch immaterieller Güter
(2) Kosten der Arbeitstätigkeit	a) Verbrauch eigener Arbeitstätigkeiten
(3) Kosten der Fremddienste	b) Verbrauch fremder Dienste
(4) Kosten der Rechte	c) Verbrauch von Gütern, die auf bestimmten Rechten beruhen

(5) Abschreibungen	II.	Langfristiger Verbrauch (von Sachgütern und Gütern, die auf Rechten beruhen)
	III.	Zwangsverbrauch
(6) Wagniskosten		1. Technisch-ökonomische Vernichtung
(7) Abgaben		2. Staatlich-politische Abgabe
(8) Zinsen	IV.	Zeitlicher Vorrätigkeitsverbrauch

Weitere Unterteilungen der Kostenarten sind grundsätzlich möglich und häufig sehr zweckmäßig. Für sämtliche Kostenarten kommen als zusätzliche Gesichtspunkte hierfür infrage:

1. Tiefere Aufteilung nach der Kostengüterart;
2. Unterscheidung nach Kostenbereichen, z. B. nach Kostenstellen;
3. Gliederung nach verfahrenstechnischen Gesichtspunkten der Verteilung, z. B. nach Einzel-, Gemein- und Sonderkosten inbezug auf Kostenstellen und Kostenträger oder deren Gruppen;
4. Trennung nach Kostenträgern, z. B. auch nach innerbetrieblichen Leistungen.

Diese Gesichtspunkte können in verschiedener Reihenfolge nacheinander für weitere Unterteilungen benutzt werden. Sie sollten jedoch nur als zusätzliche Gliederungsgesichtspunkte Verwendung finden.

b) Erfassung der Kostenarten

Im Gegensatz zur Verteilung der Kosten auf unterschiedliche Leistungsbereiche und Leistungsobjekte in den nachfolgenden Stufen der Kostenrechnung handelt es sich in der Kostenerfassung um die ursprüngliche Feststellung der Kostenhöhe für die verschiedenen Kostenarten in bestimmten Perioden. Eine simultane Erfassung und Verteilung der Kosten ist zwar verfahrenstechnisch möglich, die Trennung der unterschiedlichen Zuordnungsprobleme wird dadurch jedoch nicht berührt.

Da sich die Kosten rechnerisch als Produkt aus Gütermenge und Güterpreis ergeben, gliedert sich ihre Erfassung in die Mengenerfassung, bei der Probleme der Quantifizierung und des Messens besonders hervortreten, die Preiserfassung zwecks Bewertung der ermittelten Mengen sowie die kombinierte Werterfassung, die in vielen einfach gelagerten Fällen durch unmittelbare Bestimmung der Höhe des Kostenbetrages eine differenzierte Erfassung der beiden Kostenkomponenten Menge und Preis erübrigt.

(1) Mengenerfassung

Die zahlenmäßige Bestimmung der verbrauchten Gütermengen, getrennt nach Kostenarten, ist der erste und grundlegende Schritt der Kostenerfassung. Er stellt im Rahmen der Ist-Kostenrechnung, die hier betrachtet wird, einen Meßvorgang dar, d. h. es wird der Maßeinheit der Güterart (kg, hl usw.) eine Zahl zugeordnet, die den Mengenumfang des Verbrauchs, entsprechend dem empirischen Sachverhalt, zum Ausdruck bringt. Gegenstand der Messung ist die Mengeneigenschaft des Gutes, die für alle Kostengüter nachweisbar ist. Für die Aussagekraft der gewonnenen Maßausdrücke ist erforderlich, daß die zugeordneten Zahlen den zugrunde liegenden Verbrauchsvorgang isomorph, d. h. strukturäquivalent, wiedergeben.

Die mengenmäßige Erfassung weist je nach dem Verbrauchscharakter der verschiedenen Einsatzgüter spezifische Schwierigkeiten auf. Grundsätzlich tritt bei jeder Güterart, deren leistungsbezogener Verbrauch die Kostenentstehung bewirkt, ein besonderes Mengen- und Messungsproblem auf. Einige wichtige Gruppen, die in der Praxis zur Bildung entsprechender Erfassungsbereiche (vgl. hierzu die Nebenbuchhaltungen auf S. 102 ff.) geführt haben, seien hier kurz erwähnt.

Der kurzfristige Verbrauch von Sachgütern wird in der Stoff- und Materialrechnung ermittelt. Im Rahmen der Lohn- und Gehaltsbuchhaltung wird der Verbrauch eigener Arbeitstätigkeiten festgestellt, während die Bestimmung der Abschreibungen für den langfristigen Verbrauch der Anlagenrechnung zuzuordnen ist. Auch für die Erfassung der Wagnisse, der Besteuerungsgrundlagen und der Zinskosten wurden eigene Erfassungsmethoden entwickelt.

Der Grundgedanke der Bestimmung kalkulatorischer Zinsen beruht darauf, daß, unabhängig von der Finanzierungsweise, die Bindung von Kapital durch den Leistungsprozeß eine zeitliche Nutzung von Vorrätigkeit (Kapital) und damit Güterverbrauch darstellt. Zunächst sind die gezahlten Zinsen und zinsähnlichen Entgelte zu neutralisieren. Nach dem Kriterium der Leistungsbezogenheit ist dann das sogenannte betriebsbedingte Kapital festzustellen. Multipliziert mit der Zeitdauer der Bindung ergibt es die Menge der zeitlich verbrauchten Vorrätigkeit.

Innerhalb des Realgüterverbrauchs ist ein unterschiedlicher Schwierigkeitsgrad der Mengenerfassung zu beobachten. Am relativ einfachsten ist die Bestimmung des kurzfristigen Verbrauchs materieller Realgüter (Materialverbrauch). Schwieriger ist bereits die Erfassung des kurzfristigen Verbrauchs immaterieller Realgüter (Arbeitstätigkeiten und Dienste). Besonders verwickelte Fragen wirft schließlich der langfristige Verbrauch materieller Realgüter (maschineller Anlagen usw.) auf. Die zunehmende Problematik der Mengenerfassung ist durch die steigenden Schwierigkeiten im Erkennen der Realvorgänge begründet. Dadurch bedingt, verlieren die Meßergebnisse mit zunehmenden Erfassungsschwierigkeiten auch an Aussagegehalt. Sie sind durch ein Anwachsen zu unterstellender fiktiver Verbrauchsvorgänge (Hypothesen) gekennzeichnet, die insbesondere bei der Mengenkomponente der Abschreibungen zum Ausdruck kommen.

(2) Preiserfassung

Durch den Bewertungsakt, d. h. die Multiplikation der erfaßten Verbrauchsmengen mit einem Preis, treten die unterschiedlichen Mengenmaßstäbe zurück, und der Güterverbrauch wird einheitlich in Geldgrößen ausgedrückt. Während dieser Verrechnungsfunktion zwangsläufig jeder

Preisansatz genügt, ist die Erfassung eines bestimmten, dem jeweiligen Rechnungszweck entsprechenden Preises, der die ökonomische Gewichtung der Gütermengen zum Ausdruck bringt, oft recht schwierig (vgl. hierzu S. 32).

Unter dem hier zu behandelnden Gesichtspunkt der Erfassungstechnik ergeben sich keine besonderen Fragen, wenn die Bewertung mit pagatorischen Preisen durchgeführt werden soll. Die Anschaffungspreise ergeben sich aus den tatsächlich geleisteten Zahlungen in den Abrechnungsunterlagen, und die Tagesbeschaffungspreise lassen sich aus den Notierungen am Markt gewinnen. Das gilt auch für die pagatorischen Grenzpreise und die aus pagatorischen Preisen abgeleiteten Festpreise.

Mit besonderen Schwierigkeiten ist die Preiserfassung verbunden, wenn, gelöst von den Zahlungsvorgängen, nicht-pagatorische Preise für spezielle Rechnungszwecke verwendet werden. Dies gilt vor allem für interne Lenkungspreise, wie zum Beispiel Grenzertragspreise und Grenzkostenpreise, die der innerbetrieblichen Güterlenkung dienen (vgl. S. 34). Eine erfassungstechnische Besonderheit ergibt sich bei den Kostenpreisen, die zur Bewertung von Einsatzleistungen angesetzt werden. Sie setzen bereits eine Kostenerfassung nach Menge und Preis voraus, und die dabei festgestellten Beträge finden bei der Verteilung als Preise Verwendung (vgl. S. 145 ff.).

(3) Werterfassung

In vielen Fällen kann auf eine getrennte Erfassung der Mengen und Preise verzichtet und eine undifferenzierte Erfassung des gesamten Kostenbetrages als Produkt aus Menge und Preis vorgenommen werden. Zwei Möglichkeiten sind hierbei zu unterscheiden: die zeitliche Verteilung von Ausgaben und die selbständige Festsetzung der Kosten.

Das Verfahren der zeitlichen Verteilung spielt als verfahrenstechnische Vereinfachung eine überragende Rolle bei einem großen Teil der Kosten. Es wird z. B. angewendet bei der Erfassung von Fremddiensten, Rechten, Abschreibungen, Wagnissen und Abgaben sowie bei vielen sonstigen Gemeinkosten. Die genannten Kosten gehen meist durch die Primärbuchungen der Finanzbuchhaltung mit ihren Ausgabenbeträgen sofort in die Kostenartenrechnung über. Sie können kurz als Durchlaufkosten bezeichnet werden, da sich bei ihnen Ausgabe, Aufwand und Kosten decken und sie daher die Konten saldenlos durchlaufen.

In manchen Fällen handelt es sich um sogenannte nachhinkende Ausgaben, d. h. die Ausgaben liegen durchweg einen Monat später als der Güterverbrauch, wie z. B. Telefon-, Gas- und Stromausgaben. Wenn der Fehler die relative Genauigkeit der Rechnung kaum beeinträchtigt, verzichtet man auf die genaue Zeitraumabgrenzung. Bei größeren Abweichungen müssen dagegen die Periodenanteile genau erfaßt werden, und zwar durch die Aufteilung der Ausgaben, insbesondere durch Zwölfteilung der Jahresbeträge.

Werden die Ausgaben vorausbezahlt, so ist eine Nachverteilung (Aktivierung mit anschließenden Abschreibungen) vorzunehmen; erfolgt die Zahlung später, so muß eine Vorverteilung (Rückstellungen und späterer Ausgleich) durchgeführt werden. Vor- und Nachverteilungen treten auch kombiniert auf, wenn die Ausgaben mitten in die aufzuteilende Großperiode oder unregelmäßig anfallen. Ein typisches Beispiel bilden die Urlaubslöhne.

Das Verfahren der selbständigen Festsetzung des Güterverbrauchs ist anzuwenden, wenn die Ausgaben nicht als Maßstab für die Kostenverteilung dienen können. Dabei handelt es sich entweder um eine grundsätzliche Abweichung zwischen Ausgabe (Aufwand) und Kosten oder um das völlige Fehlen von Ausgaben überhaupt (z. B. Eigenzinsen, Unternehmerlohn) oder um Wagniskosten, bei denen man lediglich der Tendenz nach bestrebt sein kann, den Ausgleich zwischen den tatsächlichen Ausgaben oder Verlusten und den verrechneten Kosten über große Zeiträume hinweg herbeizuführen. Im allgemeinen wird auf die Herausarbeitung einer Mengengrundlage verzichtet und unmittelbar eine Wertgröße als Kosten festgesetzt. Doch darf nicht übersehen werden, daß stets eine Vorstellung über den Mengenumfang damit verbunden wird.

3. Verteilung in der Kostenstellenrechnung

Im Aufbau der periodischen Kostenrechnung schließt sich an die Erfassung der Kostenarten die Kostenstellenrechnung an. Die Verteilung der Kosten auf Kostenstellen führt zur Feststellung der Kostenbelastung dieser Leistungsbezirke, um die Kosten dann auf die Kostenträger nach deren Beanspruchung der Kostenstellen zu übertragen. Die gesonderte Ermittlung der Kostenstellenkosten hat hervorragende eigenständige Bedeutung für die Steuerung der Kostenentscheidungen und die Kontrolle der Wirtschaftlichkeit.

a) Gliederung der Kostenstellen

Die Gliederung der Unternehmung in geeignete Abrechnungsbezirke muß von den organisatorischen Gegebenheiten in der Unternehmung ausgehen. Entsprechend ihrer Aufgabe muß sich die Kostenrechnung in ihrem Aufbau der Unternehmungsstruktur anpassen.

Den umfassendsten Rechnungsbereich stellt die Unternehmung selbst als Ganzes dar. Sie kann in der Industrie aus mehreren örtlich getrennten Produktionsstätten bestehen, die als Werke bezeichnet werden. Diese Werke sind räumlich zusammenhängende Verwaltungseinheiten, die sich aus sogenannten Betrieben als Untereinheiten (Gliedbetrieben) zusammensetzen. Diese Betriebe sind die einzelnen selbständigen Produktionseinheiten, die unter eigener technischer Leitung stehen und häufig in mehreren Abteilungen ein geschlossenes Erzeugungsprogramm verfolgen. Sie stellen insofern die letzten selbständigen Abrechnungsbezirke dar, als sie (im Gegensatz zu den Kostenstellen) in der sogenannten Betriebsbuchhaltung in einem geschlossenen Rechnungszusammenhang von der Kostenartenrechnung bis zur kurzfristigen Erfolgsrechnung eine vollständige Abrechnung ihrer Leistungen (Kostenträger) durchführen.

Diese bezirkliche Aufteilung läßt sich sinngemäß auch auf Handels- und andere Unternehmungen übertragen.

Die Kostenstellenrechnung zerlegt den Gesamtbetrieb (als letzte selbständige Abrechnungseinheit) in unselbständige Teilbezirke und schiebt sich zwischen die Kostenarten- und die Kostenträgerrechnung ein. Der entscheidende Gesichtspunkt für die Ausbildung von Kostenstellen ist ihre unterschiedliche Einwirkung auf die Kostenträger. Wenn die Erzeugnisse im Ablauf des Produktionsprozesses die einzelnen Betriebsteile in wechselndem Umfange ungleich beanspruchen, muß man entsprechende Kostenstellen als Abrechnungsbezirke einrichten, die auf bestimmte Aufgaben (Funktionen) im Hinblick auf den Leistungsprozeß (als Aufgabenerfüllung) abgestellt sind.

Mit dieser grundsätzlich funktionalen Bestimmung der Kostenstellen verbinden sich räumliche, organisatorische oder rechnungstechnische Gesichtspunkte, die ihre Bildung beeinflussen. Der sprachlichen Bezeichnung nach handelt es sich bei den Kostenstellen vielfach um räumliche Einheiten (Abteilungen, Werkstätten, Straßen, Arbeitsplätze), indem die Kosten am Ort ihrer Einwirkung erfaßt werden. Eine rein funktionale Stellenbildung liegt dagegen vor, wenn die Kosten für bestimmte Funktionen, Tätigkeiten, Aufgaben und Zwecke zusammengefaßt werden (Lagerverwaltung, Fuhrpark, Reparaturen, Vertrieb), die keine lokale Konzentration aufweisen, sondern sich dezentralisiert abspielen; es gibt nur einen örtlichen Kern. Hiermit ist häufig die organisatorische Zielsetzung verknüpft, den Betrieb in Verantwortungsbereiche aufzuteilen und diese für die Stellenbildung heranzuziehen. Der Gesichtspunkt der Kostenverantwortung nimmt ständig derart an Bedeutung zu, daß von einer Verantwortungsrechnung gesprochen wird, die in engem Zusammenhang mit der Kostenplanung ausgebaut wird. Man benutzt ferner Kostenstellen, um Maschinengruppen, Aufträge oder Erzeugnisgruppen rechnungstechnisch zu verselbständigen. Bei der Aufteilung des Betriebes oder der Kostenstellen in einzelne Arbeitsplätze

(Arbeitsplatzrechnung) hat sich die ursprünglich räumliche Vorstellung des Arbeitsplatzes zur rein funktionalen des Arbeitsvorganges entwickelt (Vorgangskostenrechnung).

Gleichzeitig sind die Kostenstellen auch Leistungsstellen, d. h. Ausdruck innerbetrieblicher Leistungen (Einsatzprodukte). Die Kosten werden für einen bestimmten Leistungskomplex zusammengefaßt und rechnerisch abgegrenzt.

Innerhalb der Betriebsabrechnung ist die leistungstechnische Unterscheidung von Haupt-, Neben- und Hilfskostenstellen zu beachten. Die Hauptkostenstellen führen in Industriebetrieben unmittelbar den Fertigungsprozeß durch (z. B. Gießerei, Härterei, Stanzerei). Nebenerzeugungen (z. B. Verarbeitung von Abfallstoffen) werden auf Nebenkostenstellen abgerechnet. Hilfskostenstellen dienen nur mittelbar der Herstellung von Absatzprodukten (z. B. Verwaltung, Stromerzeugung, Fuhrpark).

Daneben ist abrechnungstechnisch zwischen Vor- und Endkostenstellen zu unterscheiden. Die Endkostenstellen verrechnen ihre Kosten unmittelbar auf die Kostenträger. Sie bilden den Abschluß des Kostenumlageverfahrens. Für die Kalkulation liefern sie selbständige Gemeinkosten-Zuschlagssätze. Die Vorkostenstellen sind den Endkostenstellen abrechnungstechnisch vorgelagert. Sie geben ihre Kosten an andere Kostenstellen, Vor- und Endstellen, weiter. Ihr Inhalt geht letztlich vollständig in den der Endkostenstellen ein. Sie sind nur unselbständige Zwischenglieder der Kostenumlage.

Zur Vorbereitung der Kostenträgerabrechnung und um den Produktionsprozeß in der sachlichen Gliederung der Tätigkeiten zu erfassen, werden einzelne Tätigkeitsgebiete zur Bildung von Kostenbereichen herangezogen. Die so gebildeten Bereiche sind zugleich die Elemente des allgemeinen Kalkulationsschemas. Dadurch wird die Zuordnung der Kosten auf die Leistungen bedeutend erleichtert und eine Grundlage für die Ermittlung der Stückkosten geschaffen.

Das allgemeine Kalkulationsschema ist folgendermaßen aufgebaut:

Fertigungsmaterial + Materialgemeinkosten	Materialkosten
+ Fertigungslöhne + Fertigungsgemeinkosten + Sondereinzelkosten der Fertigung	Fertigungskosten
	Herstellkosten + Verwaltungsgemeinkosten + Vertriebsgemeinkosten + Sondereinzelkosten des Vertriebes
	Gesamtkosten

Dieses Schema enthält auch die verteilungstechnische Differenzierung der Kosten in Einzelkosten (auch Sondereinzelkosten) und Gemeinkosten. Auf die Relativität dieser Unterscheidung wurde bereits (auf S. 75 ff.) hingewiesen. Es ist deshalb wichtig festzustellen, daß hier die Bezugsbasis für Einzel- und Gemeinkosten nicht die Kostenstellen, sondern die Kostenträger sind.

Je nachdem, ob die Materialkosten direkt oder indirekt auf die Kostenträger zurechenbar sind, werden sie entweder als Fertigungsmaterial (Materialeinzelkosten) oder mit unter den Materialgemeinkosten erfaßt. In der Regel werden die Werkstoffe vollständig als Einzelkosten, die Hilfsstoffe möglichst als Einzelkosten, die Betriebsstoffe stets als Gemeinkosten verteilt. Wie beim Material sind auch bei den Löhnen nach der Zurechenbarkeit Einzelkostenlöhne (als Fertigungslöhne) und Gemeinkostenlöhne (innerhalb der Fertigungsgemeinkosten) zu unterscheiden. Während die Einzelkosten bereits in der Kostenartenrechnung für ihre Zurechnung auf die Kostenträger ermittelt werden, gliedern sich die Gemeinkosten zwar auch zunächst nach Kostenarten, werden aber erst über die Kostenstellenrechnung auf die Kostenträger weiterbelastet. Die Sondereinzelkosten sind als Sonderfälle der Zugehörigkeit zu bestimmten Kostenträgern direkt auf diese zurechenbar. Dazu können z. B. Spezialwerkzeuge und bestimmte Vertriebskosten (Frachten, Provisionen) gehören.

Das Kalkulationsschema führt in der Regel zu sechs Kostenstellengruppen:

1. Allgemeine Hilfskostenstellen
2. Fertigungsstellen (Fertigungshaupt- und -nebenstellen)
3. Fertigungshilfsstellen
4. Material(hilfs)stellen
5. Verwaltungs(hilfs)stellen
6. Vertriebs(hilfs)stellen

Zu den Allgemeinen Kostenstellen gehören alle diejenigen Hilfskostenstellen, die dem Gesamtbetrieb dienen, z. B. Grundstücke und Gebäude, Wasserversorgung, Kesselhaus, Kraftanlage und soziale Einrichtungen. Die Fertigungsstellen umfassen die Haupt- und Nebenstellen, in denen die Herstellung, Be- und Verarbeitung der Erzeugnisse erfolgt. Als Fertigungshilfsstellen sind solche Stellen anzusehen, die in einem engen Zusammenhang mit der Fertigung stehen, so daß ihre Leistungen in der Regel nur von den Fertigungsstellen beansprucht werden, z. B. Technische Betriebsleitung, Arbeitsvorbereitung, Lohnbüro, Werkzeugmacherei, Preßluftanlage und Reparaturwerkstätte. Die Materialstellen umfassen alle Hilfskostenstellen, die der Beschaffung, Prüfung, Aufbewahrung und Ausgabe der Stoffe dienen. Zu den Verwaltungsstellen gehören z. B. die Hilfskostenstellen Geschäftsleitung, Buchhaltung, Kalkulation und Statistik. Zu den Vertriebsstellen rechnen z. B. die Hilfskostenstellen Verkauf und Korrespondenz, Vertreterdienst, Werbung, Fertiglager, Expedition und Versand.

b) Kostenschlüsselung und Proportionalität

Bei der Zurechnung der Kostenarten auf die Kostenstellen als Verteilungsbasen läßt sich nur ein Teil der Kosten als Kostenstellen-Einzelkosten direkt zuordnen. Wenn der Rechnungszweck die Ermittlung der vollen Kostenbelastung erfordert, muß der Rest, die Kostenstellen-Gemeinkosten, durch Schlüsselung verteilt werden. Wie der Begriff der Gemeinkosten allgemein auf eine bestimmte Bezugsbasis bezogen ist, so besitzt das Problem der indirekten Zurechnung durch Schlüsselung ebenfalls umfassende Bedeutung und tritt daher z. B. auch in der Kostenträgerrechnung auf. Insoweit wird die Schlüsselung hier beispielhaft behandelt, zumal sie bei der Verteilung der Kostenarten auf die Kostenstellen und bei der Kostenstellenumlage besonders stark in Erscheinung tritt.

Schlüsselung der Kosten bedeutet im praktischen Regelfall eine Kostenmessung mithilfe proportionaler Maßstäbe; von nicht-proportionalen Schlüsseln wird hier abgesehen. Dabei handelt es sich um ein (meist zwangsweises) indirektes Messen (vgl. S. 24 f.), das eine Hilfsgröße nach Art eines Meßgerätes (z. B. des Thermometers) benutzt. Statt der Kosten selbst wird die stellvertretende Ersatzgröße direkt gemessen und zugleich für die Kosten maßstäblich verwendet. Um eine Kostensumme zu verteilen, d. h. die Anteile berechnen zu können, muß man eine solche Maßstabgröße, Kostenschlüssel genannt, ausfindig machen, der die Kosten (Summe und Anteile) proportional sind.

Rechnungstechnisch sind drei Formen proportionaler Kostenschlüssel zu unterscheiden:

(1) Kostenanteil = Schlüsselzahl × Schlüsseleinheitskosten

Hierzu ein einfaches Beispiel: Die Kostensumme 1 800,– DM soll auf drei Stellen im Verhältnis 2 : 3 : 4 umgelegt werden. Die Schlüsselsumme (Summe der Schlüsselzahlen) ist 2 + 3

+ 4 = 9. Die Schlüsseleinheitskosten betragen (1 800 : 9 =) 200,– DM. Die Kostenanteile sind (2 × 200 =) 400,–, 600,– und 800,– DM.

Dieses Verfahren wird namentlich bei mengenmäßigen Schlüsseln angewandt, z. B. kWh Strom, t Dampf, cbm Wasser oder Gas und Maschinenstunden Arbeit.

Bei wertmäßigen Schlüsselgrößen wählt man häufig die Form der Zuschlagsprozentsätze:

$$\text{(2) Kostenanteil} = \frac{\text{Schlüsselzahl} \times \text{Zuschlagsprozentsatz}}{100}$$

Der Unterschied liegt darin, daß man statt der Schlüsseleinheitskosten das Hundertfache als Zuschlagsprozentsatz benutzt. Die Schlüsselzahlen nehmen die Form der Zuschlagsgrundlage an. Als Zuschlagsgrundlagen kommen bei der Kostenstellenumlage Stoffverbrauch, Löhne, Herstellungskosten usw. vor.

Soziale Abgaben werden in der Regel nach dem Anfall der abgabepflichtigen Löhne und Gehälter umgelegt. Dann ergibt sich z. B. als Zuschlagsprozentsatz

$$\frac{\text{Soziale Abgaben}}{\text{Löhne und Gehälter}} \times 100 = \frac{957}{10\,200} \times 100 = 9{,}38\,\%.$$

Weist eine Kostenstelle 340,– DM an Löhnen und Gehältern aus, so beträgt ihr Anteil an den Sozialabgaben 9,38 % von 340 = 31,90 DM.

Eine dritte Schlüsselungsform bedient sich des Anteilsprozentsatzes, indem der prozentuale Anteil der Schlüsselzahlen an der Schlüsselsumme ermittelt wird:

$$\text{(3) Kostenanteil} = \frac{\text{Kostensumme} \times \text{Anteilsprozentsatz}}{100}$$

Dieser Weg wird bevorzugt, wenn die benutzten Größen für einige Zeit festliegen, wie z. B. bei der Umlage nach Raummaßen, installierten kW, Anzahl der Brennstellen usw.

Für die Verteilung der Feuerversicherungsprämie ergibt sich z. B. für die Kostenstelle A als Anteilsprozentsatz

$$\frac{\text{Versicherungswert der Kostenstelle A}}{\text{Gesamtversicherungswert des Betriebes}} \times 100 =$$

$$= \frac{36\,000}{150\,000} \times 100 = 24\,\%.$$

Nachstehend soll eine Aufzählung in der Praxis vorkommender Verteilungsschlüssel gegeben werden. Dabei sind Mengen- und Wertmaßstäbe zu unterscheiden.

a) Zu den mengenmäßigen Maßgrößen (Mengenschlüssel) gehören:

1. Zählgrößen,
   bei denen die Umlage z. B. nach der Anzahl der Konten, der Buchungen, der Rechnungen, der Heizkörperrippen, der hergestellten oder abgesetzten Stücke oder der Verkaufsakte erfolgt;
2. Zeitgrößen,
   insofern die Umlage nach zeitlicher Beanspruchung eine quantitative Verteilung der Arbeitstätigkeit darstellt, z. B. nach Arbeits-, Meister-, Fahrt- oder Maschinenstunden;
3. Raumgrößen,
   z. B. Längenmaße (m, km), Flächenmaße (qm), Körper- oder Volumenmaße (cbm, hl);
4. Gewichtsgrößen,
   z. B. Verbrauchsgewichte, Transportgewichte, Einkaufs- oder Verkaufsmengen (in kg oder t);
5. Technische Maßgrößen,
   z. B. installierte kW, verbrauchte kWh, Heiz-, Wärme- oder Nährwerte (Kalorien).

b) Zu den wertmäßigen Maßgrößen (Wertschlüssel) gehören:

1. Absatzgrößen,
   z. B. Barumsätze, Kreditumsätze, Versandumsätze oder Gebietsumsätze;

2. Einstandsgrößen,
   z. B. Wareneinkauf, Wareneingang oder Lagerzugang;
3. Bestandsgrößen,
   z. B. Warenvorräte, Anlagewerte, Umlaufwerte oder sonstige Vermögensteile;
4. Kostengrößen,
   z. B. Löhne und Gehälter, Stoffkosten, Fertigungskosten oder Herstellkosten;
5. Verrechnungsgrößen,
   z. B. Preise der Erzeugnisse, Verrechnungspreise oder Raumwerte.

Die aufgeführten Maßgrößen sind nur dann brauchbare Kostenschlüssel, wenn sie die einzige oder ausschlaggebende Einflußgröße der Kostenbeanspruchung darstellen. Sind solche einfachen Schlüssel unzureichend, so müssen zusammengesetzte oder kombinierte Kostenschlüssel gebildet werden. Die vorstehenden Größen sind dann als Kostenbeeinflussungsfaktoren miteinander zu vereinigen (im Wege der Addition bei gleichartigen Maßgrößen, z. B. Kostengrößen, oder meist im Wege der Multiplikation).

Läßt sich eine sachlich vertretbare Kostenschlüsselung nicht erreichen, so ist die Notwendigkeit des Verzichts auf eine Verteilung zu prüfen. Dieser Gedanke kommt in der gestuften Einzelkostenrechnung zum Ausdruck, die auf dem Grundsatz der direkten Kostenverteilung beruht (vgl. S. 151 ff.).

c) Betriebsabrechnung und Kostenstellenumlage

Für die Verteilung der Gemeinkosten ist eine bestimmte Reihenfolge der Kostenstellen festzulegen, die den Gang der Kostenstellenumlage bestimmt. Die Kostenstellen sind möglichst so zu ordnen, daß jede Kostenstelle Lieferer der nachfolgenden und Abnehmer der vorhergehenden Stellen ist. Den verrechnungstechnischen Abschluß bilden die Endkostenstellen.

Die Verteilung beginnt mit den Allgemeinen Kostenstellen, deren Kosten grundsätzlich auf alle nachfolgenden Stellen verteilt werden. Die Fertigungshilfsstellen sind besondere Vorkostenstellen für die Fertigungsstellen. Ihre Kosten werden in der Regel im zweiten Schritt verteilt, und zwar normalerweise nur auf die Fertigungsstellen. Die Materialstellen sollten nach Möglichkeit als Endkostenstellen behandelt werden. Die Verwaltungs- und Vertriebsstellen sind regelmäßig Endstellen.

Der eindeutige Verrechnungsgang, der sich ergibt, wenn alle Kostenstellen in einer Richtung nacheinander umgelegt werden, wird bei gegenseitig abrechnenden Kostenstellen gestört. Keine der in Wechselbeziehung stehenden Kostenstellen kann abrechnen, da sie auf die anderen warten muß. Vielfach verzichtet man auf die Abrechnung in einer Richtung, und zwar in der ungewöhnlichen Verrechnungsrichtung, z. B. auf die Umlage der Fertigungshilfsstellen auf die vorgelagerten Allgemeinen Kostenstellen. Dies kann ohne Bedenken geschehen, wenn es sich um relativ unbedeutende Beträge handelt. Andernfalls rechnet man häufig die Leistungen in entgegengesetzter Richtung zu geschätzten, auf die wahrscheinlichen Istkosten hinzielenden Verrechnungspreisen vorweg ab. Dann erst rechnen z. B. die Allgemeinen Kostenstellen vollständig, auch auf die Fertigungshilfsstellen ab.

Eine weitere, und zwar exakte Lösungsmöglichkeit der gegenseitigen Kostenstellenabrechnung gibt das mathematische Verfahren mithilfe linearer Gleichungen. Es vermeidet (mehr oder weniger ungenaue) Verrechnungspreise und beruht auf reiner Istkostenbasis.

Als Beispiel sei der einfachste Fall zweier Hilfskostenstellen (Reparaturwerkstatt und Kraftanlage) gewählt, die in Wechselbeziehung zueinander stehen. Die Werkstatt (Stelle 1) verbraucht Strom, und die Kraftanlage (Stelle 2) läßt Instandsetzungen im Betriebe selbst durchführen. Von der Kostensumme der Werkstatt (ursprüngliche Höhe K_1) sollen bei einer Schlüsselung nach Anteilsprozentsätzen

10 % auf die Kraftanlage, von der Kostensumme der Kraftanlage (ursprüngliche Höhe K_2) 20 % auf die Werkstatt verteilt werden.

Bezeichnet man den absoluten Kostenanteil der Reparaturwerkstatt an der Kraftanlage mit H_1 und den der Kraftanlage an der Reparaturwerkstatt mit H_2, so betragen die neuen (erhöhten) Kostensummen nach Addition dieser Kostenanteile

für die Reparaturwerkstatt $x_1 = K_1 + H_1$
für die Kraftanlage $x_2 = K_2 + H_2$

Man kann nun jeden der absoluten Kostenanteile durch den Verteilungsschlüssel der anderen Kostenstellen ausdrücken, und zwar für die Werkstatt mit 20 % von $(K_2 + H_2)$ und für die Kraftanlage mit 10 % von $(K_1 + H_1)$. Dadurch erhält man zwei lineare Gleichungen mit zwei Unbekannten (H_1 und H_2):

$$H_1 = 0{,}20\ (K_2 + H_2)$$
$$H_2 = 0{,}10\ (K_1 + H_1)$$

Ihre Auflösung ergibt die absoluten Kostenanteile H_1 und H_2 und damit die neuen Kostensummen x_1 und x_2.

Statt der exakten Methode kann auch ein iteratives Näherungsverfahren angewendet werden. Da die gegebenen Kostensummen zu niedrig sind (es fehlen die gegenseitigen Belastungen H_1 und H_2), entspricht dies der Prozentrechnung im Hundert. Die approximative Lösung besteht darin, daß man zunächst auf die ursprünglichen Kostensummen eine gegenseitige Belastung vom Hundert zuschlägt (20 % von K_2 auf K_1 und 10 % von K_1 auf K_2) und die gegenseitigen Belastungen vom Hundert in einer Folge von Stufen fortsetzt, wobei für die Berechnung der Zuschläge (k) jeweils von dem vorhergehenden Zuschlag bei der anderen Kostenstelle auszugehen ist. Bei hinreichender Anzahl von Rechenschritten wird das Ergebnis der exakten Methode erreicht.

Reparaturwerkstatt

Ursprüngliche Kostensumme		K_1
	20 % von K_2	$+ k_{10}$
	20 % von k_{20}	$+ k_{11}$
	20 % von k_{21}	$+ k_{12}$
	.	.
	.	.
	.	.
	Neue Kostensumme	x_1

Kraftanlage

Ursprüngliche Kostensumme		K_2
	10 % von K_1	$+ k_{20}$
	10 % von k_{10}	$+ k_{21}$
	10 % von k_{11}	$+ k_{22}$
	.	.
	.	.
	.	.
	Neue Kostensumme	x_2

Die allgemeine mathematische Lösung des Verteilungsproblems für n Kostenstellen wird auf Seite 133 ff. dargestellt.

d) Ausgestaltung und Technik des Betriebsabrechnungsbogens

Bei der Gegenüberstellung der beiden in der Betriebsbuchhaltung zur Anwendung kommenden Grundformen der Verbuchung, der kontenmäßigen (kontischen) und der tabellarischen (kontenfreien) Verbuchung, ist als Beispiel der tabellarischen Methode u. a. der Kostenstellenbogen genannt worden (vgl. S. 79 f.). Er ist ein verfahrenstech-

Lfd. Nr. (Zeile)	Kostenstellen → Kostenarten ↓		Gesamtbetrag (Zeilensumme)	Hauptkostenstellen (Endkostenstellen)			
				Fertigungsstellen			Insges.
				A	B	C	
1	2	3	4	5	6	7	8
1	40	Einzelkostenstoffe	52 530,–	–	–	–	–
2	41	Gemeinkostenstoffe (und Energie)................	17 790,–	2 270,–	2 080,–	2 160,–	6 510,-
3	420	Einzelkosten der Betriebsarbeit	22 130,–	–	–	–	–
4	425	Gemeinkosten der Betriebsarbeit	26 600,–	820,–	710,–	810,–	2 340,-
5	43	Fremddienste..............	4 860,–	220,–	–	180,–	400,-
6	44	Fremdrechte (inkl. Miete)...	1 480,–	160,–	120,–	140,–	420,-
7	45	Abschreibungen	6 210,–	1 130,–	1 410,–	980,–	3 520,-
8	46	Wagnisse (inkl. Versicherung)......	1 370,–	40,–	50,–	30,–	120,-
9	47	Abgaben (inkl. Sozialabgaben).....	4 920,–	710,–	620,–	660,–	1 990,-
10	48	Zinsen	2 610,–	420,–	530,–	380,–	1 330,-
11	490	Sonstige Gemeinkosten.....	2 130,–	–	–	–	–
12	495	Sondereinzelkosten.........	1 210,–	–	–	–	–
13		Primäre Kostenarten (Summe)	143 840,–	5 770,–	5 520,–	5 340,–	16 630,-
		Stellenumlage:					
14		Allgemeine Kostenstelle ..	–	1 270,–	1 210,–	1 170,–	3 650,-
15		Fertigungshilfsstelle......	–	3 990,–	3 600,–	3 800,–	11 390,-
16		Zwischensumme...........	143 840,–	11 030,–	10 330,–	10 310,–	31 670,-
17		Deckungsausgleich der Vorkostenstellen..	–	- 20,–	- 20,–	- 20,–	- 60,-
18		Gesamtkosten	143 840,–	11 010,–	10 310,–	10 290,–	31 610,-
19		Bezugsbasis		2 100 kg	6 800 Std.	7 510,–	22 130,-
20		Einheits- bzw. Prozentsatz		5,24 je kg	1,52 je Std.	137,0% a/FL	142,8% a/FL

Abb. 16 Betriebsabrechnungsbogen (Kostenstellenbogen)

nisches Hilfsmittel zur Durchführung einer kombinierten Kostenarten-Kostenstellen-Rechnung. Das Beispiel eines solchen Betriebsabrechnungsbogens ist in Abb. 16 dargestellt.

Der Kostenstellenbogen wird nur für die tabellarische Verteilung der Kostenarten auf die Kostenstellen und für die Kostenstellenumlage verwendet. Er stellt gewisser-

Hilfskostenstellen						Aus-gliederungs-stellen
Vorkostenstellen			Endkostenstellen			
Allgem.	Fertigung	Insges.	Material	Verwaltung	Vertrieb	
9	10	11	12	13	14	15
–	–	–	–	–	–	52 530,–
4 680,–	2 670,–	7 350,–	510,–	1 490,–	1 930,–	–
–	–	–	–	–	–	22 130,–
3 210,–	5 740,–	8 950,–	2 380,–	8 720,–	4 210,–	–
620,–	340,–	960,–	80,–	1 280,–	1 740,–	400,–
80,–	90,–	170,–	210,–	340,–	340,–	–
760,–	640,–	1 400,–	430,–	430,–	430,–	–
60,–	620,–	680,–	140,–	40,–	290,–	100,–
210,–	480,–	690,–	190,–	1 580,–	470,–	–
280,–	240,–	520,–	160,–	240,–	360,–	–
160,–	340,–	500,–	70,–	130,–	210,–	1 220,–
–	–	–	–	–	–	1 210,–
10 060,–	11 160,–	21 220,–	4 170,–	14 250,–	9 980,–	77 590,–
-12 360,–	2 460,–	- 9 900,–	920,–	3 130,–	2 200,–	–
1 210,–	- 12 600,–	- 11 390,–	–	–	–	–
- 1 090,–	1 020,–	- 70,–	5 090,–	17 380,–	12 180,–	77 590,–
1 090,–	- 1 020,–	70,–	–	- 10,–	–	–
–	–	–	5 090,–	17 370,–	12 180,–	77 590,–
			52 530,– 9,69% a/FM	111 360,– 15,6% a/HK	111 360,– 10,9% a/HK	

maßen einen kleinen Betriebsabrechnungsbogen dar, der jedoch zu einer geschlossenen Kostenarten-, Kostenstellen-, Kostenträger- und Erfolgsrechnung, eventuell sogar unter gleichzeitiger interner Verrechnung von Einsatzprodukten, ausgebaut werden kann. Dieser große (vollständige) Betriebsabrechnungsbogen umfaßt in tabellarischer Form die gesamte Betriebsbuchhaltung.

Die erste Arbeit bei der Aufstellung des Betriebsabrechnungsbogens ist die Eintragung der primären Kostenarten und ihre Verteilung auf die Kostenstellen. Eine besondere Behandlung erfordern dabei die Einzel-, Gruppen- und Sonderkosten. Man kann grundsätzlich zwei Wege beschreiten. Sofern sich die eigentliche Kostenstellenrechnung lediglich auf die Verteilung der Gemeinkosten erstreckt, werden die Einzel-, Sondereinzel- und Gruppenkosten erst nach erfolgter Kostenumlage im Betriebsabrechnungsbogen angefügt. Dabei schließen sich meist die Fertigungslöhne an die Fertigungsstellen und die Fertigungsmaterialien an die Materialstellen an. Die andere Handhabung geht davon aus, daß der Betriebsabrechnungsbogen von vornherein den Gesamtkosteninhalt ausnahmslos übernehmen soll. In diesem Falle werden neben den sachlich bedingten Kostenstellen besondere rechnungsmäßige Ausgliederungsstellen für Einzel-, Sondereinzel- und Gruppenkosten gebildet. Diese Kosten werden nicht in die Kostenstellenumlage einbezogen, sondern unmittelbar auf Kostenträger oder in anderer Weise verrechnet. Als Grundlage für die Kostenartenverteilung ist eine zweckentsprechende Anlage, Ausgestaltung, Kontierung, Sortierung und Zusammenstellung der Rechnungsbelege notwendig. Größter Wert ist auf die Sortierfähigkeit der Belege nach Kostenarten und Kostenstellen zu legen.

Durch Addition erhält man die Summe der primären Kostenartenanteile für die einzelnen Kostenstellen. Dann schließt sich die Kostenstellenumlage an, bei der man zwei verschiedene technische Handhabungen anwenden kann. Das erste Verfahren der Summenumlage führt nur die Belastungen der Anteile bei den empfangenden Stellen durch (sekundäre Kostenarten). Das zweite Verfahren der Ausgleichsumlage setzt auch die Entlastungsbeträge als negative (rote, kursive) Zahlen bei den liefernden Stellen ein. Bei gegenseitiger Verflechtung aller Kostenstellen verdient das Ausgleichsumlageverfahren unbedingt den Vorzug. Es ist von der Anordnung und Reihenfolge der Vorkostenstellen unabhängig.

Für die Endkostenstellen ergeben sich als Schlußergebnis die primären und sekundären Gesamtkosten. Bei Vorkostenstellen, die zu Istkosten entlastet werden, verbleibt kein Rest. Bei Verteilung zu Sollkosten erhält man als Salden Über- oder Unterdeckungen. Sie können nachträglich ebenfalls auf die Endkostenstellen umgelegt werden (Deckungsumlage).

Die kontenmäßige Verbuchung der Verteilungsergebnisse zwecks Übertragung auf die Kostenträgerkonten erfolgt zugunsten von Verrechnungskonten.

An die Durchführung der Kostenstellenumlage schließt sich im Betriebsabrechnungsbogen die Ermittlung der Zuschlagssätze für Gemein- und Gruppenkosten an. Zu diesem Zwecke sind die Zuschlagsgrundlagen festzulegen (Material, Lohn, erzeugte Mengen, insbesondere nach Stückzahl, Gewicht usw., Fertigungs-, Abteilungs-, Maschinen- oder Arbeiterstunden, Fertigungs- oder Herstellkosten). Mit ihrer Hilfe werden für sämtliche Endkosten- und infrage kommenden Ausgliederungsstellen die Zuschlagssätze errechnet (Stundensätze, Gewichtssätze, Zuschlagsprozentsätze).

e) Kostenverteilung mithilfe der Determinanten- und Matrizenrechnung

An früherer Stelle (S. 127 ff.) wurde die gegenseitige Abrechnung von Kostenstellen im einfachsten Falle für zwei Kostenstellen mithilfe von zwei linearen Gleichungen gezeigt. Bei einer Vielzahl gegenseitig abrechnender Kostenstellen erhöht sich die Zahl der aufzulösenden linearen Gleichungen entsprechend. Allgemein handelt es sich bei n Kostenstellen um ein simultanes System von n inhomogenen linearen Gleichungen mit n Unbekannten, das mithilfe der Determinanten- oder Matrizenrechnung unter bestimmten Voraussetzungen gelöst werden kann.

Für die Praxis ist die Anwendung dieser mathematischen Lösungsverfahren erst mit der Entwicklung automatischer

Rechenanlagen möglich und sinnvoll geworden. Die Determinanten- oder Matrizenrechnung sollte überall dort benutzt werden, wo eine Arbeitserleichterung unter dem Aspekt der Wirtschaftlichkeit erreicht werden kann und die exakten Ergebnisse auch benötigt werden.

Werden n Kostenstellen angenommen, die in gegenseitiger Wechselbeziehung stehen, so sei a_{ij} $(i \neq j)$ der relative Anteil von Leistungen der liefernden Kostenstelle j, der von der empfangenden Kostenstelle i verbraucht wird. Dieser relative Anteil werde nicht prozentual, sondern durch einen Faktor ausgedrückt ($a_{ij} \leqq 1$). Wird nun jedes a_{ij} mit den nach erfolgter Umlage sich ergebenden Gesamtkosten x_j der liefernden Stelle j multipliziert, so erhält man die Kosten $a_{ij}x_j = x_{ij}$, die der Stelle i von der Stelle j durch Umlage zu belasten sind. Die Gesamtkosten x_i jeder einzelnen (als empfangende Kostenstelle betrachteten) Kostenstelle i errechnen sich somit durch Addition der primären, schon vor Umlage aufgelaufenen Kosten b_i und aller sekundären, durch Umlage hinzukommenden Kosten $a_{ij}x_j$, d. h.

$$(37) \quad x_i = b_i + \sum_j a_{ij}\, x_j \quad (i, j = 1, 2, 3 \ldots n;\ j \neq i)$$

Für die einzelnen Kostenstellen i lassen sich dann folgende inhomogene Gleichungen zur Ermittlung ihrer Gesamtkosten x_i aufstellen:

$$(38) \quad \begin{aligned} x_1 &= b_1 + a_{12}\, x_2 + a_{13}\, x_3 + \ldots + a_{1n}\, x_n \\ x_2 &= a_{21}\, x_1 + b_2 + a_{23}\, x_3 + \ldots + a_{2n}\, x_n \\ x_3 &= a_{31}\, x_1 + a_{32}\, x_2 + b_3 + \ldots + a_{3n}\, x_n \\ &\cdot \\ &\cdot \\ &\cdot \\ x_n &= a_{n1}\, x_1 + a_{n2}\, x_2 + a_{n3}\, x_3 + \ldots + b_n \end{aligned}$$

Gegeben sind die Koeffizienten a_{ij} und die absoluten Glieder b_i, gesucht sind die Gesamtkosten x_i der Kostenstellen i. Durch Umformung der Gleichungen (38) erhält man:

$$
(39) \quad
\begin{array}{l}
x_1 - a_{12} x_2 - a_{13} x_3 - \ldots - a_{1n} x_n = b_1 \\
- a_{21} x_1 + x_2 - a_{23} x_3 - \ldots - a_{2n} x_n = b_2 \\
- a_{31} x_1 - a_{32} x_2 + x_3 - \ldots - a_{3n} x_n = b_3 \\
\cdot \\
\cdot \\
\cdot \\
- a_{n1} x_1 - a_{n2} x_2 - a_{n3} x_3 - \ldots + x_n = b_n
\end{array}
$$

Wird als Lösungsweg die Determinantenrechnung (Cramersche Regel) angewendet, so ist das n-reihige quadratische Koeffizientenschema des Gleichungssystems (39) zu bilden, dessen Hauptdiagonalglieder gleich 1 sind ($a_{ij} = 1$ für $j = i$). Die Determinante D ist dann ein nach festen Regeln errechenbarer Wert, der diesem Schema (Matrix) zugeordnet ist:

$$
(40) \quad D = |a_{ij}| = \begin{vmatrix}
+1 & -a_{12} & -a_{13} & \ldots & -a_{1n} \\
-a_{21} & +1 & -a_{23} & \ldots & -a_{2n} \\
-a_{31} & -a_{32} & +1 & \ldots & -a_{3n} \\
\cdot & & & & \cdot \\
\cdot & & & & \cdot \\
\cdot & & & & \cdot \\
-a_{n1} & -a_{n2} & -a_{n3} & \ldots & +1
\end{vmatrix}
$$

$$(i, j = 1, 2, 3, \ldots n; j \neq i)$$

Nach den Regeln der Determinantenrechnung sind zur Lösung des Gleichungssystems neben der Grunddeterminante (D) noch n weitere Determinanten (D_1, D_2, D_3, ... D_n) zu ermitteln. D_1 ergibt sich durch Austausch der ersten Koeffizientenspalte gegen die Spalte der absoluten Glieder b_i. Ein entsprechender Austausch der Spalten 2, 3, ... n gegen b_i ist zur Bildung von D_2, D_3 ... D_n vorzunehmen. Die Gesamtkosten x_i der einzelnen Kostenstellen errechnen sich dann wie folgt:

$$
(41) \quad x_1 = \frac{D_1}{D}\,; x_2 = \frac{D_2}{D}\,; x_3 = \frac{D_3}{D}\,; \ldots x_n = \frac{D_n}{D}
$$

Das Gleichungssystem (39) hat stets eine und nur eine Lösung x_i (i = 1, 2, 3, ... n), wenn D $\neq$ 0 ist. Im Falle D = 0 gibt es entweder unendlich viele Lösungen, oder das Gleichungssystem enthält einen Widerspruch und besitzt keine Lösung.

Das zu lösende System (39) n linearer Gleichungen mit n Unbekannten kann auch in Matrizen- und Vektorenform geschrieben werden:

$$(42)\quad \begin{pmatrix} +1 & -a_{12} & -a_{13} & \dots & -a_{1n} \\ -a_{21} & +1 & -a_{23} & \dots & -a_{2n} \\ -a_{31} & -a_{32} & +1 & \dots & -a_{3n} \\ \cdot & & & & \cdot \\ \cdot & & & & \cdot \\ \cdot & & & & \cdot \\ -a_{n1} & -a_{n2} & -a_{n3} & \dots & +1 \end{pmatrix} \begin{pmatrix} x_1 \\ x_2 \\ x_3 \\ \cdot \\ \cdot \\ \cdot \\ x_n \end{pmatrix} = \begin{pmatrix} b_1 \\ b_2 \\ b_3 \\ \cdot \\ \cdot \\ \cdot \\ b_n \end{pmatrix}$$

Das Produkt aus der quadratischen Koeffizientenmatrix A = (a_{ij}), der sogenannten Verflechtungsmatrix, und dem Spaltenvektor **x** = (x_j) ist gleich dem Spaltenvektor **b** = (b_i). Die Gleichung (42) lautet, in Kurzform ausgedrückt,

$$(43)\qquad \mathbf{Ax} = \mathbf{b} \quad \text{bzw.} \quad (a_{ij})\,(x_j) = (b_i).$$

Die Auflösung dieses Systems (i, j = 1, 2, 3, ... n; j $\neq$ i) nach den unbekannten Gesamtkosten **x** bzw. x_i der einzelnen Kostenstellen i ergibt dann

$$(44)\qquad \mathbf{x} = \mathbf{A}^{-1}\,\mathbf{b} \quad \text{bzw.} \quad (x_i) = (a_{ij})^{-1}\,(b_j).$$

Durch Bildung der inversen oder Kehrmatrix A^{-1} und durch Multiplikation dieser mit dem Spaltenvektor **b** erhält man nach den Regeln der Matrizenmultiplikation die unbekannten Stellenkosten x_i als Elemente des Spaltenvektors **x**. Im Falle D $\neq$ 0 sagt man, die Matrix A habe den Rang n. Dann und nur dann gibt es eine Kehrmatrix A^{-1}.

Als Vorteile der Matrizenrechnung sind die folgenden beiden Tatsachen anzusehen.

Wenn sich lediglich die Werte der absoluten Glieder b_i, d. h. der primären Kosten der einzelnen Kostenstellen, ändern, sind bei der Determinantenrechnung sämtliche Determinanten $D_1, D_2, \ldots D_n$ neu zu berechnen, während die Hauptdeterminante D weiter benutzt werden kann. Bei der Matrizenrechnung verändert sich nur der Vektor der absoluten Glieder b_i, während die Kehrmatrix unverändert bleibt. Eine einmal errechnete Kehrmatrix kann so lange Verwendung finden, bis die Koeffizienten sich ändern, d. h. eine Änderung in der Struktur der Leistungsverflechtung zu anderen Verteilungsschlüsseln führt. Bei konstanten Koeffizienten a_{ij} ist die Matrizenmultiplikation einfacher als die Ermittlung von n Determinanten D_i. Dies gilt vor allem beim Einsatz einer programmgesteuerten Rechenanlage.

Die Gesamtkosten x_i der einzelnen Kostenstellen setzen sich aus den primären Kosten, die sich durch Verteilung der gesamten Betriebskostenarten auf sämtliche Kostenstellen ergeben, und den sekundären Kosten zusammen, die durch gegenseitige Umlastung von Kosten anderer Kostenstellen entstehen. Im Vergleich zur Determinantenrechnung bietet das Matrizenverfahren weiterhin den Vorteil, daß durch die Kehrmatrix der Ursprung der sekundären Kosten einer Kostenstelle aufgezeigt wird; denn, wie aus (44) ersichtlich, werden die Stellenkosten x_i aus Anteilen an den primären Kosten b_j der einzelnen liefernden Kostenstellen berechnet.

Seien d_{ij} die Elemente der Kehrmatrix $A^{-1} = (a_{ij})^{-1} = \mathbf{D} = (D_{ij})$, so enthält (44) die Gleichungen

$$
\begin{array}{l}
x_1 = d_{11}\,b_1 + d_{12}\,b_2 + d_{13}\,b_3 + \ldots + d_{1n}\,b_n \\
x_2 = d_{21}\,b_1 + d_{22}\,b_2 + d_{23}\,b_3 + \ldots + d_{2n}\,b_n \\
x_3 = d_{31}\,b_1 + d_{32}\,b_2 + d_{33}\,b_3 + \ldots + d_{3n}\,b_n \\
\cdot \qquad\qquad\qquad\qquad\qquad\qquad\qquad\quad \cdot \\
\cdot \qquad\qquad\qquad\qquad\qquad\qquad\qquad\quad \cdot \\
\cdot \qquad\qquad\qquad\qquad\qquad\qquad\qquad\quad \cdot \\
x_n = d_{n1}\,b_1 + d_{n2}\,b_2 + d_{n3}\,b_3 + \ldots + d_{nn}\,b_n
\end{array}
\qquad (45)
$$

d. h.

(46) $\mathbf{x} = \mathbf{D}\mathbf{b}$ bzw. $(x_i) = (d_{ij})\,(b_j)$.

Die d_{ij} geben den relativen Anteil an den Kosten an, der von der liefernden Kostenstelle j an die empfangende Kostenstelle i für ihre Leistungen weiterbelastet wird, jedoch – im Gegensatz zu den a_{ij} – bezogen auf die primären Kosten b_j der liefernden Stelle. Mithilfe der Kehrmatrix werden gewissermaßen die Belastungen der einzelnen Kostenstellen, die nach (37) auf die vollen (primären und sekundären) Stellenkosten x_j bezogen sind, nach (45) auf die primären Stellenkosten b_j reduziert. Dabei ist zu beachten, daß die eigenen Anteile d_{ii} $(j = i)$ jeder Kostenstelle nicht nur die primären Kosten b_i, sondern auch die sekundären Kosten enthalten, die durch die ständigen Rückbelastungen der weiterbelasteten Anteile an primären Kosten zurückfließen. Dadurch sind grundsätzlich die Elemente der Hauptdiagonale der Kehrmatrix größer als eins $(d_{ii} \geqq 1)$.

In analoger Anwendung können auch die in einer Stelle anfallenden primären und sekundären Anteile der einzelnen Kostenarten ermittelt werden. Dadurch läßt sich angeben, in welcher Höhe Belastungen dieser Kostenart von den einzelnen Kostenstellen als Endergebnis der Umlage übernommen worden sind.

Die Gesamtkosten x_i der Kostenstellen geben nicht die Beträge an, die an die Kostenträger weiterbelastet werden. Die Kostenträgeranteile c_i ergeben sich vielmehr aus (37) durch

(37a) $$c_i = x_i - \sum_j a_{ji}\, x_i = (1 - \sum_j a_{ji})\, x_i$$

Dabei ist stets

(37b) $$\sum_i c_i = \sum_i x_i,$$

d. h. die Summe der Kostenträgerbelastungen muß gleich der Summe sämtlicher primärer Kosten der Kostenstellen sein.

Die Verhältnisse seien am einfachsten Fall ($n = 2$) durch ein Zahlenbeispiel veranschaulicht. Es seien $b_1 = 9\,000$, $b_2 = 36\,000$, $a_{12} = 0{,}5$ und $a_{21} = 0{,}2$. Dann lauten die Gleichungen (38)

$$\text{(38a)} \qquad \begin{aligned} x_1 &= b_1 + a_{12}\,x_2 = 9\,000 + 0{,}5\,x_2 \\ x_2 &= b_2 + a_{21}\,x_1 = 36\,000 + 0{,}2\,x_1 \end{aligned}$$

Die a_{12} und a_{21} enthalten sämtliche sekundären Kosten der beiden Kostenstellen, Anteile a_{11} und a_{22} gibt es nicht. Die Gleichung (42) lautet

$$\text{(42a)} \qquad \begin{pmatrix} 1 & -0{,}5 \\ -0{,}2 & 1 \end{pmatrix} \begin{pmatrix} x_1 \\ x_2 \end{pmatrix} = \begin{pmatrix} 9\,000 \\ 36\,000 \end{pmatrix}$$

Die zugehörige Lösung ist nach (45) gegeben durch

$$\text{(45a)} \qquad \begin{aligned} x_1 &= \frac{10}{9}\,b_1 + \frac{5}{9}\,b_2 = 10\,000 + 20\,000 = 30\,000 \\ x_2 &= \frac{2}{9}\,b_1 + \frac{10}{9}\,b_2 = 2\,000 + 40\,000 = 42\,000, \end{aligned}$$

dagegen folgt aus (38 a) die Lösung

$$\text{(38b)} \qquad \begin{aligned} x_1 &= 9\,000 + 21\,000 = 30\,000 \\ x_2 &= 36\,000 + 6\,000 = 42\,000. \end{aligned}$$

Die sekundären Kosten sind 21 000 bei der Kostenstelle 1 und 6 000 bei der Kostenstelle 2. Die Reduktion auf ihren primären Ursprung liefert nicht (38 b), sondern (45 a). Der Betrag von 21 000 stammt nur mit 20 000 von b_2, d. h. $\frac{5}{9}$ von 36 000. Der Rest geht auf b_1, d. h. $\frac{1}{9}$ von 9 000 zurück ($\frac{10}{9} - 1 = \frac{1}{9}$).

Man sieht den Zusammenhang vor Augen, wenn man auf die früher (auf S. 128 f.) angeführte Nährungsmethode zurückgreift:

	$b_1 = 9\,000$			$b_2 = 36\,000$
(2)	$0{,}5 \times 1\,800 = 900$		(1)	$0{,}2 \times 9\,000 = 1\,800$
(4)	$0{,}5 \times 180 = 90$		(3)	$0{,}2 \times 900 = 180$
(6)	$0{,}5 \times 18 = 9$		(5)	$0{,}2 \times 90 = 18$
(8)	$0{,}5 \times 2 = 1$		(7)	$0{,}2 \times 9 = 2$
	$0{,}5 \times 2\,000 = 1\,000$			$2\,000$

Genau lautet die Reihe der Rückbelastungen aus $b_1 = 9\,000$, da $0{,}2 \times 0{,}5 = 0{,}1$ ist,

$$9\,000\,(0{,}1 + 0{,}1^2 + 0{,}1^3 + \ldots) = 9\,000\,\frac{0{,}1}{1 - 0{,}1} =$$

$$= 9\,000 \times \frac{1}{9} = 1\,000.$$

Entsprechend ist $36\,000 \times \frac{1}{9} (= \ldots) = 4\,000$ der eigene Anteil der Kostenstelle 2. Es ist nach (45 a)

$$a_{12}\,x_2 = \frac{1}{9}\,b_1 + \frac{5}{9}\,b_2$$

$$0{,}5 \times 42\,000 = 1\,000 + 20\,000 = 21\,000$$

$$a_{21}\,x_1 = \frac{2}{9}\,b_1 + \frac{1}{9}\,b_2$$

$$0{,}2 \times 30\,000 = 2000 + 4000 = 6000$$

Wendet man das Näherungsverfahren auf beide Kostenstellen vollständig an, so ergibt sich

$b_1 = 9\,000$	$b_2 = 36\,000$
$0{,}5 \times 36\,000 = 18\,000$ (a)	$0{,}2 \times 9\,000 = 1\,800$ (b)
$0{,}5 \times 1\,800 = 900$ (c)	$0{,}2 \times 18\,000 = 3\,600$ (d)
$0{,}5 \times 3\,600 = 1\,800$ (a)	$0{,}2 \times 900 = 180$ (b)
$0{,}5 \times 180 = 90$ (c)	$0{,}2 \times 1\,800 = 360$ (d)
$0{,}5 \times 360 = 180$ (a)	$0{,}2 \times 90 = 18$ (b)
$0{,}5 \times 18 = 9$ (c)	$0{,}2 \times 180 = 36$ (d)
$0{,}5 \times 36 = 18$ (a)	$0{,}2 \times 9 = 2$ (b)
$0{,}5 \times 2 = 1$ (c)	$0{,}2 \times 18 = 4$ (d)
$0{,}5 \times 4 = 2$ (a)	
$x_1 = 30\,000$	$x_2 = 42\,000$

$b_1 = 9\,000$	$b_2 = 36\,000$
$\frac{1}{9} b_1 = 1\,000$ (b)	$\frac{1}{9} b_2 = 4\,000$ (d)
$\frac{5}{9} b_2 = 20\,000$ (a)	$\frac{2}{9} b_1 = 2\,000$ (c)
$x_1 = 30\,000$	$x_2 = 42\,000$

Nach (37a) betragen die den Kostenträger belasteten Anteile

$$c_1 = (1 - a_{21})\, x_1 = 0{,}8\, x_1 = 24\,000 \text{ und}$$
$$c_2 = (1 - a_{12})\, x_2 = 0{,}5\, x_2 = 21\,000.$$

Ferner ist nach (37b)

$$x_1 + x_2 = 9\,000 + 36\,000 = 45\,000 \text{ und}$$
$$c_1 + c_2 = 24\,000 + 21\,000 = 45\,000.$$

Auf den Kostenstellen ergibt sich kontenmäßig folgendes Zahlenbild:

Kostenstelle 1

Primäre Kosten	9 000	Belastung auf Kostenstelle 2	6 000
Belastung von Kostenstelle 1	21 000	Belastung der Kostenträger	24 000
	30 000		30 000

Kostenstelle 2

Primäre Kosten	36 000	Belastung auf Kostenstelle 1	21 000
Belastung von Kostenstelle 2	6 000	Belastung der Kostenträger	21 000
	42 000		42 000

Verschwinden in der Matrix A sämtliche Elemente a_{ij} für $i < j$, fällt die Schwierigkeit der gegenseitigen Stellenverrechnung fort, und es ergibt sich die übliche einfache Kostenumlage in einer einzigen Richtung. Die Ausgangsgleichungen (38) nehmen dann die Gestalt

$$\begin{aligned} x_1 &= b_1 \\ x_2 &= a_{21}x_1 + b_2 \\ x_3 &= a_{31}x_1 + a_{32}x_2 + b_3 \\ &\cdot \\ &\cdot \\ &\cdot \\ x_n &= a_{n1}x_1 + a_{n2}x_2 + a_{n3}x_3 + \ldots + b_n \end{aligned}$$

an. Dann lassen sich ohne weiteres sämtliche x_i der Reihe nach berechnen. Eine entsprechende Vereinfachung ergibt sich auch für (45).

Die am Beispiel der Kostenstellen dargestellte gegenseitige Umlage mittels Determinanten- und Matrizenrechnung läßt sich auch auf Kostenträger anwenden (vgl. S. 225 ff.) und gilt daher generell für die interne Verrechnung zwischen Kostenstellen und Kostenträgern (Abrechnungskomplexen) in der periodischen Kostenrechnung überhaupt.

4. Verteilung in der Kostenträgerrechnung

In der Stufenfolge der periodischen Kostenrechnung schließt sich an die Kostenstellenrechnung die periodische Kostenträgerrechnung an, wobei unter Kostenträgern Produkte oder Produktgruppen zu verstehen sind. Dabei geht es um die Ermittlung der Kosten für die auf die Periode entfallenden Produktmengen der einzelnen Produktarten, nicht aber um deren Stückkosten. Die in der Kostenarten- und Kostenstellenrechnung gesammelten und aufbereiteten Periodenkosten werden auf die Produkte verteilt. Damit findet die periodische Kostenermittlung ihren Abschluß.

Bei Vorhandensein mehrerer Betriebe unterscheidet man die Kostenträger in Haupt-, Neben- und Hilfskostenträger. Als Haupt- und Nebenkostenträger sind die Leistungen der Haupt- und Nebenbetriebe anzusehen, die stets auf den Markt gerichtet sind (Absatzprodukte). Sie sind die letzten Kostenträger, auf die schließlich alle Kosten verteilt werden und die mit ihren auf dem Markt erzielten Preisen diese Kosten tragen sollen. Demgegenüber sind die Leistungen der Hilfsbetriebe in der Regel nicht für den Markt, sondern für den internen Bedarf bestimmt. Sie werden daher als Hilfskostenträger bezeichnet (Einsatzprodukte).

Abrechnungstechnisch kann man zwischen Vor- und Endkostenträgern unterscheiden. Auf die Endkostenträger sind letztlich alle Kosten zu verteilen, während Vorkostenträger nur interimistisch auftreten, zum Beispiel auf Ausgliederungsstellen im Betriebsabrechnungsbogen (vgl. S. 132) und auf Kostenträgerkonten für Einsatzprodukte (vgl. S. 151). Grundsätzlich können entsprechend der Weite des Leistungsbegriffes alle quantitativen Transformationsergebnisse von Güterkombinationen im Unternehmungsprozeß als Vorkostenträger aufgefaßt werden. Für die tatsächliche selbständige Abrechnung muß jedoch die Differenzierung von Kostenträgern eng begrenzt bleiben.

Die Kostenträgerrechnung hat sich in Industrieunternehmungen dem Verlauf des Fertigungsprozesses anzupassen. Vollzieht sich die Herstellung in mehreren Stufen, so können neben den Enderzeugnissen auch die Vor- und Zwischenprodukte getrennt abgerechnet werden. Bei einstufiger Erzeugung fällt ein einheitliches Produkt an, auf das sich die Abrechnung erstreckt.

Die Mindestdifferenzierung des Aktiengesetzes von 1965 unterscheidet nur zwischen fertigen und unfertigen Erzeugnissen (vgl. dazu S. 82 ff. und Abb. 12—15). Dabei werden alle Vor- und Zwischenerzeugnisse als Ergebnisse vorgelagerter Fertigungsstufen sowie Erzeugnisse, die mitten in der Fabrikation stecken, als unfertig zusammengefaßt. Dafür wurde früher der Ausdruck Halbfabrikate benutzt. Unter fertigen Erzeugnissen sind nur die marktfähigen Endprodukte zu verstehen.

Auf den Konten für unfertige und fertige Erzeugnisse werden nur die Herstellkosten gesammelt, während die Verwaltungs- und Vertriebskosten erst auf den Verkaufs- oder Erfolgskonten der Kostenträger auftreten. Der Kostenfluß zur Ermittlung der Herstellkosten geht von den Rohstoff-, Kostenarten- und Kostenstellenkonten über die Herstellungskonten der unfertigen Erzeugnisse bis zu den Bestandskonten der fertigen Erzeugnisse.

Für die Aufteilung der Kostenträger und für die Verfahren der Kostenverteilung ist das Erzeugnisprogramm der Unternehmung von grundlegender Bedeutung. Auf diesen Zusammenhang wird besonders eingegangen (vgl. S. 180 ff.).

Besondere Probleme wirft die Kuppelproduktion auf. Für die Haupt-, Neben- und Abfallerzeugnisse, für die die Kosten gemeinschaftlich anfallen, kann eine Trennung dieser Kosten nur mehr oder weniger künstlich durchgeführt werden. Man wendet hier entweder die sogenannte Restwertrechnung (Subtraktionsverfahren) oder eine Art Äquivalenzziffernrechnung (vgl. S. 224 f.), in der Literatur auch Verteilungsverfahren genannt, an. Beim Subtraktionsverfahren werden von den Gesamtkosten einer Rechnungsperiode die Werte der Nebenerzeugnisse und Abfälle zu Verkaufserlösen oder zu Verrechnungspreisen subtrahiert. Der verbleibende Restwert wird durch die produzierte Menge des Haupterzeugnisses dividiert.

5. Verrechnung von Einsatzleistungen

Zu den Einsatzleistungen (Einsatzprodukten), die auch als innerbetriebliche Leistungen bezeichnet werden, gehören im weiteren Sinne alle Erzeugnisse, die nicht für den Absatz bestimmt sind. Im Gegensatz zu den Absatzleistungen (Absatzprodukten) werden sie im Transformationsprozeß der Unternehmung wieder eingesetzt. Zu den Einsatzleistungen im engeren Sinne (innerbetriebliche Hilfsleistungen) gehören alle Leistungen der Allgemeinen Kostenstellen, der Materialstellen, der Fertigungshilfsstellen, der Entwicklungs- und Forschungsstellen, der Verwaltungs- und Vertriebsstellen.

Die Verrechnung von Einsatzleistungen steht insofern außerhalb der Stufenfolge der periodischen Kostenermittlung, als sie sowohl die Kostenarten- als auch die Kostenstellen- und die Kostenträgerrechnung betrifft und sich damit über das gesamte Gebiet der Kostenrechnung erstreckt. Dabei liegt das Schwergewicht jedoch auf der Kostenstellenumlage.

Folgende Verfahren der Kostenverteilung können für die Einsatzleistungen unterschieden werden:

1. Verteilung nur eines Teils der primären Kostenarten (Einzelkosten) auf die empfangenden Kostenstellen (Kostenartenverfahren);
2. Verteilung aller Kosten der innerbetrieblichen Leistungen auf besondere Hilfskostenstellen und Umlage der sich daraus ergebenden sekundären Kostenarten auf die empfangenden Kostenstellen bei zentralisierter Durchführung von Einsatzleistungen (Kostenstellenumlageverfahren);
3. Verteilung durch Ausgleich zwischen liefernden und empfangenden Kostenstellen aufgrund einer genauen

Leistungsabrechnung mithilfe auftragsweiser Einzelkalkulation bei dezentralisierter innerbetrieblicher Leistungsverflechtung (Kostenstellenausgleichsverfahren);

4. Verteilung über innerbetriebliche interimistische Kostenträger (Kostenträgerverfahren).

Die einfachste Handhabung stellt das Kostenartenverfahren (Abb. 17) dar, das auf die Erfassung und Verteilung eines Teils der primären Kostenarten beschränkt bleibt. Lediglich direkt zurechenbare Materialien und Löhne (sogenannte Gemeinkosten-Einzelkosten), d. h. Gemeinkosten-Fertigungsmaterial und Gemeinkosten-Fertigungslöhne werden auf die empfangenden Kostenstellen verteilt, wie zum Beispiel bei Eigenreparaturen. Eine Verrechnung der außerdem auf die Einsatzprodukte entfallenden Gemeinkosten wird beim Kostenartenverfahren nicht vorgenommen, so daß die Kosten für Einsatzprodukte nur unvollständig ermittelt werden. Da die Gemeinkosten der Einsatzprodukte nicht den empfangenden Kostenstellen weiterbelastet werden, tritt eine Verzerrung des Kostenbildes ein. Für Kostenkontrolle und -vergleiche ergeben sich daraus wesentliche Nachteile.

Eine Abrechnung der Einsatzleistungen zu ihren vollen Kosten läßt sich nur mit dem Kostenstellenumlageverfahren (Abb. 18) – und den beiden folgenden Verfahren – erreichen. Ersteres kann angewendet werden, wenn die Herstellung von Einsatzprodukten in bestimmten Werkstätten konzentriert ist, zum Beispiel sämtliche Reparaturen in einer besonderen Reparaturwerkstatt ausgeführt werden. Für die Einsatzleistungen werden dann Hilfskostenstellen gebildet (z. B. Reparaturwerkstatt, Werkzeugmacherei, Dampferzeugung). Sie erscheinen als Vorkostenstellen, die auf die beanspruchenden Kostenstellen umgelegt werden. Dadurch ist es möglich, sämtliche Kostenartenanteile der Einsatzprodukte, nicht nur Materialien und Löhne, sondern auch Strom, Heizung, Abschreibungen usw. stellenmäßig zu sammeln. Die umgelegten Kostenstellenanteile ergeben se-

	Kostenstellen → / Kostenarten ↓	Gesamtbetrag	Vorkostenstelle	Endkostenstellen				
				Fertigungsstellen			Materialstelle	Verwaltungs- und Vertriebsstelle
				A	B	C		
1	Gemeinkostenmaterial	1 500	200	400	200	600	50	50
2	Gemeinkosten-Fertigungsmaterial	500	—	—	350	—	—	150
3	Gemeinkostenlöhne	3 500	100	1 100	800	700	200	600
4	Gemeinkosten-Fertigungslöhne	180	—	—	135	—	—	45
5	Sonstige Gemeinkosten	5 870	500	1 700	1 590	1 020	300	760
6	Summe der Gemeinkosten	11 550	800	3 200	3 075	2 320	550	1 605
7	Umlage Vorkostenstelle		—800	—	500	—	—	300
8	Summe der Gemeinkosten	11 550	—	3 200	3 575	2 320	550	1 905
9	Bezugsbasis			1 500 Fert.-Löhne	4 000 Fert.-Löhne	500 Fert.-Löhne	5 000 Fert.-Material	20 645 Herstellkosten
10	Zuschlagsätze			213,3% a/Fl	89,4% a/Fl	464% a/Fl	11% a/FM	9,2% a/HK

Abb. 17
Kostenartenverfahren bei Einsatzleistungen

	Kostenstellen → / Kostenarten ↓	Gesamtbetrag	Vorkostenstellen		Endkostenstellen				
					Fertigungsstellen			Materialstelle	Verwaltungs- und Vertriebsstelle
			Allgemein	Reparatur-Werkstatt	A	B	C		
1	Gemeinkostenmaterial	1 500	200	—	400	200	600	50	50
2	Gemeinkosten-Fertigungsmaterial ...	500	—	500	—	—	—	—	—
3	Gemeinkostenlöhne...............	3 500	100	—	1 100	800	700	200	600
4	Gemeinkosten-Fertigungslöhne......	180	—	180	—	—	—	—	—
5	Sonstige Gemeinkosten	5 870	500	570	1 500	1 590	700	250	760
6	Summe der Gemeinkosten..........	11 550	800	1 250	3 000	2 590	2 000	500	1 410
7	Umlage der Allg. Vork.-Stellen		−800	—	—	500	—	—	300
8	Umlage der Reparaturwerkstatt			−1 250	—	910	—	—	340
9	Summe der Gemeinkosten..........	11 550	—	—	3 000	4 000	2 000	500	2 050
10	Bezugsbasis				1 500 Fert.-Löhne	4 000 Fert.-Löhne	500 Fert.-Löhne	5 000 Fert.-Material	20 500 Herstellkosten
11	Prozentsatz.........................				200% a/Fl	100% a/Fl	400% a/Fl	10% a/FM	10% a/HK

Abb. 18
Kostenstellenumlageverfahren bei Einsatzleistungen

kundäre Kostenarten, zum Beispiel die Kostenart Reparaturen, die sich selbst wieder aus primären Kostenarten und unter Umständen auch aus Kostenartenanteilen anderer Kostenstellen zusammensetzen.

Die Hilfskostenstellenumlage kann in verschiedener Weise vorgenommen werden. Die einfachste Methode ist die Divisionsrechnung (vgl. S. 199 ff.). Sie ist anwendbar, wenn die Hilfskostenstelle homogene Produkte erbringt, so daß die gesammelten Kosten nach einem Maßstab für die abgenommenen Mengen verteilt werden können (z. B. Strom nach kWh, Dampf nach t oder Reparaturen nach Arbeitsstunden). Eine erhebliche Verfeinerung läßt sich durch Anwendung der Zuschlagsrechnung (vgl. S. 209 ff.) erreichen, bei der die Materialien und Löhne (Gemeinkosten-Einzelkosten) für die abnehmenden Kostenstellen direkt erfaßt und die übrigen Gemeinkosten durch einen oder mehrere Zuschläge verteilt werden.

Sofern verschiedene Kostenstellen, insbesondere auch Fertigungsstellen, an Einsatzprodukten beteiligt sind, bedient man sich des Kostenstellenausgleichsverfahrens (Abb. 19). Es ist dabei notwendig, neben den Kundenaufträgen Innenaufträge zu unterscheiden und sie nach den gleichen Grundsätzen der Kalkulation (z. B. Divisions- oder Zuschlagsrechnung) zu behandeln. Die Innenaufträge sind zu trennen in solche, die zu Aktivierungen führen (z. B. Herstellung eigener Anlagen), und diejenigen, die einem sofortigen Kosteneinsatz unterliegen. Die letzteren werden unmittelbar in die Gemeinkosten einbezogen. Die direkt erfaßten Gemeinkosten-Fertigungsmaterialien und -löhne verlieren bei Anwendung der Zuschlagsrechnung ihren Gemeinkostencharakter und sind als Einzelkosten der ausführenden Kostenstellen anzusehen. Sie werden zusammen mit den Gemeinkostenzuschlägen der leistenden Stellen auf die empfangenden Kostenstellen verrechnet. In Abbildung 19 steht zum Beispiel in der Fertigungsstelle A der Zwischensumme von DM 3 200 eine Zwischenbasis von DM 1 600 (DM 1 500 Fertigungslöhne für Absatzleistungen plus DM 100 Reparaturlöhne) gegenüber, so daß sich ein

	Kostenstellen → / Kostenarten ↓	Gesamtbetrag	Vorkostenstelle	Endkostenstellen: Fertigungsstellen A	Endkostenstellen: Fertigungsstellen B	Endkostenstellen: Fertigungsstellen C	Endkostenstellen: Materialstelle	Endkostenstellen: Verwaltungs- und Vertriebsstelle
1	Gemeinkostenmaterial	1 500	200	400	200	600	50	50
2	Gemeinkosten-Fertigungsmaterial	500	—	300	—	200	—	—
3	Gemeinkostenlöhne	3 500	100	1 100	800	700	200	600
4	Gemeinkosten-Fertigungslöhne	180	—	100	—	80	—	—
5	Sonstige Gemeinkosten	5 870	500	1 700	1 590	1 020	300	760
6	Summe der Gemeinkosten	11 550	800	3 600	2 590	2 600	550	1 410
7	Entlastung Material und Löhne	—680		—400		—280		
8	Zwischensumme			3 200		2 320	550	
9	Zwischenbezugsbasis			(1 600)		(580)	(5 500)	
10	Zwischenprozentsatz			(200%)		(400%)	(10%)	
11	Belastung Reparaturen	1 250			910			340
12	Entlastung Zuschläge	—570		—200		—320	—50	
13	Summe der Gemeinkosten	11 550	800	3 000	3 500	2 000	500	1 750
14	Umlage der Vorkostenstelle		—800	—	500	—	—	300
15	Summe der Gemeinkosten	11 550		3 000	4 000	2 000	500	2 050
16	Bezugsbasis			1 500 Fert.-Löhne	4 000 Fert.-Löhne	500 Fert.-Löhne	5 000 Fert.-Material	20 500 Herstellkosten
17	Prozentsatz			200% a/FL	100% a/FL	400% a/FL	10% a/FM	10% a/HK

Abb. 19
Kostenstellenausgleichsverfahren bei Einsatzleistungen

Zwischenprozentsatz von 200 % ergibt. Die Entlastung für Gemeinkosten beträgt somit (200 % von 100 =) DM 200 (Zeile 12). Eine besondere Komplizierung tritt auf, wenn Einsatzleistungen zwischen gegenseitig abrechnenden Kostenstellen verrechnet werden müssen. Auf die dabei anzuwendenden Verfahren wurde bereits (auf S. 127 ff.) eingegangen.

Das Stellenausgleichsverfahren nähert sich dem Kostenträgerverfahren (Abb. 20), sobald man mit Ausgliederungsstellen arbeitet, da diese als Kostenträger für Einsatzprodukte (interimistische Vorkostenträger) aufgefaßt werden können. Wenn die Einsatzleistungen zeitlich abgegrenzt und mittels kalkulatorischer Anteilsquoten über die Kostenartenklasse weiterverrechnet werden, zu aktivierende Anlagenherstellung oder Großreparaturen vorkommen oder die Herstellung von Werkzeugen und Modellen auf Vorrat erfolgt, ist die Einführung von Ausgliederungsstellen oder Kostenträgerkonten unerläßlich.

6. Direkte Verteilung unter Differenzierung der Bezugsbasen

Bei der Erörterung der Verfahrensgrundlagen der Kostenrechnung wurde (auf S. 74) darauf hingewiesen, daß die Zuordnung von Kosten auf eine Bezugsgröße vom Umfang dieser Bezugsgröße abhängig ist. Die dort eingeführte Unterscheidung von direkter und indirekter Zuordnung (Verteilung) von Kosten und das entsprechende Begriffspaar Einzel- und Gemeinkosten sind immer auf eine bestimmte Verteilungsbasis bezogen.

Ein allgemeiner Grundsatz der Kostenverteilung ist darin zu sehen, möglichst weitgehend eine direkte Verteilung der Kosten vorzunehmen. Die indirekte Zurechnung ist einerseits rechnungstechnisch umständlich und anderseits mit erheblichen Ungenauigkeiten im Hinblick auf die Zuordnungsrelation verbunden, die sich aus dem Verteilungskriterium ergibt. Vor allem aber gilt die stringenteste Kausalbeziehung zwischen Kosten und Leistung nur für die direkte Zuordnung. Die konsequente Anwendung des Grundsatzes direkter Kostenverteilung und der Ausbau

	Kostenstellen → / Kostenarten ↓	Gesamt-betrag	Vor-kosten-stelle	Endkostenstellen: Fertigungsstellen A	Fertigungsstellen B	Fertigungsstellen C	Material-stelle	Ver-waltungs- und Vertriebs-stelle	Aus-gliede-rungs-stelle (Kosten-träger)
1	Gemeinkostenmaterial	1 500	200	400	200	600	50	50	—
2	Gemeinkosten-Fertigungsmaterial	—	—	—	—	—	—	—	—
3	Gemeinkostenlöhne	3 500	100	1 100	800	700	200	600	—
4	Gemeinkosten-Fertigungslöhne	—	—	—	—	—	—	—	—
5	Sonstige Gemeinkosten	5 870	500	1 700	1 590	1 020	300	760	—
6	Zwischensumme	10 870	800	3 200	2 590	2 320	550	1 410	—
7	Zwischenbezugsbasis			(1 600)		(580)	(5 500)		
8	Zwischenprozentsatz			(200%)		(400%)	(10%)		
9	Einzelkosten der Reparaturen	680	—	—	—	—	—	—	680
10	Gemeinkosten der Reparaturen		—	—200	—	—320	—50	—	570
11	Belastung Reparaturen		—		910			340	—1 250
12	Summe der Gemeinkosten	11 550	800	3 000	3 500	2 000	500	1 750	—
13	Umlage Vorkostenstelle		—800	—	500	—	—	300	—
14	Summe der Gemeinkosten	11 550	—	3 000	4 000	2 000	500	2 050	—
15	Bezugsbasis			1 500	4 000	500	5 000	20 500	
16	Prozentsatz			Fert.-Löhne 200% a/FL	Fert.-Löhne 100% a/FL	Fert.-Löhne 400% a/FL	Fert.-Material 10% a/FM	Herstell-kosten 10% a/HK	

Abb. 20
Kostenträgerverfahren bei Einsatzleistungen

dieses Prinzips zu einem nach Bezugsbasen differenzierten und daher gestuften direkten Kostenverteilungsverfahren können naturgemäß nur zu einer Gliederung der Kostenrechnung passen, die von verschiedenen Bezugsbasen ausgeht. Insbesondere sind dabei sowohl Kostenstellen als auch Kostenträger als Zurechnungsobjekte der direkten Kostenverteilung zu berücksichtigen.

Auf den Kostenträger bezogen, ist zunächst eine Unterscheidung zwischen Kostenträger-Einzelkosten und Kostenträger-Gemeinkosten zu machen, je nachdem, ob die Verteilung der Kosten auf einen einzigen oder auf mehrere bzw. alle Kostenträger vorgenommen wird. Im ersteren Falle erfolgt eine direkte Zurechnung auf einen bestimmten Kostenträger, im zweiten Falle ist eine Schlüsselung notwendig, d. h. die Zurechnung erfolgt indirekt.

Neben den allgemein vorkommenden Kostenträger-Einzelkosten (Stoffe und Löhne) sind die Sondereinzelkosten zu nennen. Werden sie bereits in der Kostenartenrechnung als Sondereinzelkosten erfaßt, wie zum Beispiel die Vertriebseinzelkosten, so werden sie als unmittelbare Sondereinzelkosten bezeichnet. Ergeben sich dagegen die Sondereinzelkosten erst durch ein Umlageverfahren in der Kostenstellenrechnung, wie z. B. Werbe- oder Kreditsonderkosten für bestimmte Erzeugnisse, so wird von mittelbaren Sondereinzelkosten gesprochen.

Eine weitere Verfeinerung geht dahin, Gruppenkosten (auch ungenau Gruppengemeinkosten genannt) auszusondern, die einer Gruppe von Kostenträgern direkt zugeordnet werden können. Zu den Gruppenkosten gehören zum Beispiel bestimmte Entwicklungs-, Material-, Fertigungs-, Vertriebs- und Wagniskosten, die sich nicht auf alle Kostenträger insgesamt beziehen. Auch sie können als mittelbare und als unmittelbare Gruppenkosten vorkommen, je nachdem, ob sie über die Kostenstellenrechnung erfaßt werden oder nicht. Gruppenkosten können auf den einzelnen zugehörigen Kostenträger natürlich nur geschlüsselt werden.

Die Kostenstellenrechnung geht in der Anwendung des Grundsatzes der direkten Kostenverteilung einen Schritt weiter. Man hebt aus dem Block der Kostenträger-Gemeinkosten diejenigen heraus, die unmittelbar für eine bestimmte Kostenstelle entstanden sind, und nennt sie Kostenstellen-Einzelkosten (direkte Kosten der Kostenstellen). Ist eine direkte Kostenzurechnung weder auf Kostenträger noch auf Kostenstellen zu erreichen, so spricht man von Kostenstellen-Gemeinkosten. Sie können nur undifferenziert auf die Kostenstellen durch Schlüsselung umgelegt werden und heißen darum auch Schlüsselkosten der Kostenstellen.

Für eine möglichst weitgehende direkte Zurechnung auf Kostenstellen ist die Ausbildung geeigneter Hilfskostenstellen als Bezugsbasis von entscheidender Bedeutung. Sie tragen dazu bei, möglichst viele Gemeinkosten in Stelleneinzelkosten umzuwandeln. Darüber hinaus verhüten sie eine Trübung des Kostenbildes der Haupt- und Nebenkostenstellen, indem sie diese von unmittelbaren schlüsselmäßigen Belastungen mit einzelnen Kostenarten freihalten. Gleichzeitig dienen ihre eigenen Kostenzahlen als wertvolle Unterlagen für die Überwachung der dadurch erfaßten Hilfsleistungen.

Der Grundsatz der direkten Kostenverteilung kann also dadurch verwirklicht werden, daß die Gemeinkosten durch Ausbildung von Bezugsbasen, zum Beispiel von Hilfskostenstellen, in Einzelkosten umgewandelt werden. Dieser Gedanke läßt sich ohne weiteres auf die Umwandlung sämtlicher Gemeinkosten in Einzelkosten bestimmter Bezugsbasen ausdehnen. Damit sind ausnahmslos alle Kostenträger-Gemeinkosten gemeint. Wenn diese Kosten direkt, d. h. ohne Schlüsselung, zugerechnet werden sollen, ist die Differenzierung der Bezugsbasen so weitgehend vorzunehmen, daß damit in einem umfassenden Bezugssystem über die normalerweise in der Kostenrechnung verwendeten Verteilungsgrundlagen hinausgegangen wird. Die Schaffung ausreichender Bezugsbasen kann dazu benutzt werden, auf die indirekte Weiterverrechnung der Einzelkosten und damit insbesondere auf eine totale Überwälzung aller Kosten auf die letzte Bezugsbasis, die Kostenträger, zu verzichten.

Der damit verbundene Verzicht auf Schlüsselung ist allerdings nur dann sinnvoll, wenn die dann ausschließlich direkte Kostenverteilung weitgehend den Anforderungen entspricht, die hinsichtlich der Zwecke und Auswertungsziele an die Kostenermittlung gestellt werden müssen. Die Zweckmäßigkeit neuer Bezugsbasen läßt sich nur final beurteilen.

Der Verzicht auf Weiterverrechnung mittels Schlüsselung läßt sich auch ohne Erweiterung der bisher benutzten Bezugsbasen erreichen. Dies ist zum Beispiel möglich, indem man sich auf die Verteilung der Kostenträger-Einzelkosten und der Kostenstellen-Einzelkosten beschränkt und die heute noch meist übliche Umlage aller übrigen Kosten fallen läßt, so daß diese insgesamt dem Betrieb (Abrechnungsbetrieb als Gliedbetrieb) direkt zugeordnet werden. Bestehen mehrere Betriebe im Rahmen mehrerer Werke, so kann man auch hier auf die Schlüsselung gemeinsamer Kosten verzichten und nur die direkt zurechenbaren Betriebs-Einzelkosten und Werks-Einzelkosten verteilen. Der dann noch verbleibende Rest wird insgesamt der Unternehmung zugeordnet. So gestattet die in der Praxis übliche Kostenrechnung ohne weiteres bereits eine fünfstufige Einzelkostenrechnung mit den bereits (auf S. 118 f.) erwähnten Leistungsbezirken als Bezugsbasen und den zugehörigen Einzelkosten:

1. Kostenträger-Einzelkosten,
2. Kostenstellen-Einzelkosten,
3. Betriebs-Einzelkosten,
4. Werks-Einzelkosten und
5. Unternehmungs-Einzelkosten.

Man braucht nur die fortschreitende Kostenumlage aufzugeben.

Der weitere Ausbau eines differenzierten Systems von Verteilungsgrundlagen durch die Einführung neuer Bezugsbasen ist dann erforderlich, wenn in einer voll entwickelten mehrstufigen Einzelkostenrechnung die direkte Zurechnung auf die möglichst engste Bezugsbasis erfolgen soll. Die

Kosten werden dann jeweils der engsten Bezugsbasis zugerechnet, auf die sie sich noch direkt verteilen lassen. Dieses Verfahren ist zu unterscheiden von einer nur auf Grenzkosten oder proportionalen Kosten beruhenden Kostenverteilung. Die Kostenstellen-Einzelkosten enthalten zum Beispiel auch fixe Kosten und decken sich daher nicht mit proportionalen Stellenkosten.

Erfolgt die direkte Kostenverteilung in Verbindung mit einer detaillierten Stufung der Bezugsbasen, so entsteht ein System über- und untergeordneter, konzentrisch zusammenhängender Bezugsbasen. Kosten, die auf einer Stufe in diesem System als Einzelkosten ausgewiesen sind, stellen Gemeinkosten inbezug auf die untergeordneten Bezugsbasen dar. Auf diese Weise gelangt man über die fünf traditionalen Stufen hinaus zu weiteren Möglichkeiten. Im Bereich der Kostenstellenrechnung lassen sich zum Beispiel aus den Stellengemeinkosten Einzelkosten einer Kostenstellengruppe herausheben, so daß damit eine bisher nicht übliche neue Bezugsbasis, die Stellengruppe, entsteht. So kann das Gehalt eines Meisters, der für eine aus mehreren Kostenstellen bestehende Werkstatt tätig ist, als Einzelkostenart der Kostenstellengruppe zugeordnet werden. Inbezug auf die der Kostenstellengruppe untergeordneten einzelnen Kostenstellen handelt es sich beim Meistergehalt um Stellengemeinkosten, die nun nicht mehr auf die Stellen verteilt oder der nächsthöheren Stufe, zum Beispiel dem Betrieb, zugeordnet werden. In ähnlicher Weise bildet man in manchen Unternehmungen bereits Kostenträgergruppen, denen man die Gruppenkosten als Gruppen-Einzelkosten zuteilt, wie zum Beispiel besondere Verpackungs-, Werbe- und Vertriebskosten für bestimmte Erzeugnisgruppen. Entsprechend kann man Betriebs- und Werksgruppen bilden.

Das System der Bezugsbasen für eine neunstufige Einzelkostenrechnung kann zum Beispiel folgende Einzelkosten umfassen:

1. Kostenträger-Einzelkosten,
2. Kostenträgergruppen-Einzelkosten,

3. Kostenstellen-Einzelkosten,
4. Kostenstellengruppen-Einzelkosten,
5. Betriebs-Einzelkosten,
6. Betriebsgruppen-Einzelkosten,
7. Werks-Einzelkosten,
8. Werksgruppen-Einzelkosten und
9. Unternehmungs-Einzelkosten.

Abbildung 21 gibt ein einfaches Beispiel für eine mehrstufige differenzierte Einzelkostenrechnung. Die vier Stufen bilden die Kostenträger, die Kostenstellen, die Betriebe und die Unternehmung. In den beiden Betrieben A und B werden fünf Produkte a bis e hervorgebracht, und zwar in Betrieb A die Produkte a und b mithilfe der Kostenstellen I bis III und in Betrieb B die Produkte c bis e mithilfe der

	Produkte		Betriebe		Unternehmung
Kostenträger-Einzelkosten	a	10 000			
	b	12 000	A	22 000	
	c	80 000			
	d	78 000			
	e	90 000	B	248 000	270 000
	Kostenstellen				
Kostenstellen-Einzelkosten	I	900			
	II	500			
	III	600	A	2 000	
	IV	14 000			
	V	16 000			
	VI	6 000	B	36 000	38 000
Betriebs-Einzelkosten			A	6 000	
			B	48 000	54 000
Unternehmungs-Einzelkosten					16 000
Gesamtkosten					378 000

Abb. 21
Mehrstufige differenzierte Einzelkostenrechnung

Kostenstellen IV bis VI. Die Kostenträger-Einzelkosten betragen insgesamt DM 270 000. Alle übrigen Kosten in Höhe von DM 108 000 sind Kostenträger-Gemeinkosten. Diese bestehen aus DM 38 000 Kostenstellen-Einzelkosten. Die restlichen Kostenstellen-Gemeinkosten von DM 70 000 werden in Betriebs-Einzelkosten (DM 54 000) und Unternehmungs-Einzelkosten (DM 16 000) aufgeteilt.

Zum Vergleich mit dem traditionalen Umlageverfahren werden in Abbildung 22 sämtliche Kosten für das gleiche Zahlenbeispiel auf die Kostenträger verteilt. Dabei werden die direkten Arbeitsstunden der Produkte zur Vereinfachung einheitlich als Umlageschlüssel benutzt (Abb. 23). Zunächst werden die Unternehmungs-Einzelkosten (Betriebs-Gemeinkosten) auf die Betriebe A und B umgelegt. Die sich dann ergebenden gesamten Betriebskosten (Kostenstellen-Gemeinkosten) in Höhe von DM 70 000 werden

	Umlage	direkt	Umlage	direkt	Umlage	direkt	Ergebnis
Unternehmung	16 000						
Betriebe: A	858	6 000	6 858				
B	15 142	48 000	63 142				
	16 000	54 000	70 000				
Kostenstellen:							
I			3 434	900	4 334		
II			1 401	500	1 901		
III			2 023	600	2 623		
IV			25 246	14 000	39 246		
V			28 796	16 000	44 796		
VI			9 100	6 000	15 100		
			70 000	38 000	108 000		
Kostenträger:							
a					4 177	10 000	14 177
b					4 681	12 000	16 681
c					35 666	80 000	115 666
d					23 882	78 000	101 882
e					39 594	90 000	129 594
					108 000	270 000	378 000

Abb. 22
Umlage mehrstufiger differenzierter Einzelkosten (zu Abb. 21)

Produkte		a	b	c	d	e
Mengen (Stück)		400	300	360	120	240
Arbeitsstunden		800	900	10 800	7 200	12 000
Kostenstellen:						
I	850 Std.	400	450			
II	350 Std.	200	150			
II	500 Std.	200	300			
IV	12 000 Std.			4 320	2 880	4 800
IV	13 680 Std.			5 040	2 880	5 760
VI	4 320 Std.			1 440	1 440	1 440
	31 700 Std.	800	900	10 800	7 200	12 000
Betriebe:						
A (a und b)		1 700				
B (c bis d)					30 000	

Abb. 23
Umlageschlüssel (Arbeitsstunden) zu Abb. 22

auf die Kostenstellen I bis VI verteilt. Abschließend erfolgt dann die Umlage aller Kostenstellenkosten (DM 108 000) auf die Kostenträger. Diese enthalten dann die Vollkosten der Produkte. Dividiert man sie durch die Produktmenge (in Stück), so ergeben sich die Stückkosten der einzelnen Produkte, z. B. für Produkt a (14 177 : 400 =) DM 35,40. Vgl. hierzu Abb. 37.

Die Unterscheidung in Einzel- und Gemeinkosten verliert nicht ihren Sinn, wenn man mit gestuften Einzelkosten rechnet. Angesichts der Relativität dieses vieldeutigen Begriffspaares ist stets das Bezugsobjekt zu beachten. Eine analoge Notwendigkeit liegt übrigens auch bei dem Begriffspaar der fixen und variablen Kosten vor. Hier ist stets anzugeben, zu welcher Vergleichsgröße die Kosten fix oder variabel verlaufen.

Für die Differenzierung der Verteilungsbasen spielt ihre Unterscheidung nach Leistungsart, Leistungsbezirk und Leistungsperiode eine wichtige Rolle. Kostenträger und Kostenträgergruppen bringen die Leistungsarten zum Ausdruck. Darunter fallen nicht nur die Absatzprodukte, sondern auch sämtliche Arten von Einsatzprodukten. Dabei läßt sich jede Art von Leistungsabgrenzung als Bezugsbasis heranziehen, wie z. B. Kundenanfragen, Kundenbesuche, Sortenwechsel, Werbefeldzüge, Messen, Einstellung und Anlernung von Arbeitskräften usw. Die übrigen oben angeführten (sieben) Bezugsbasen stellen Leistungsbezirke dar.

Für produktmengenbezogene Fixkosten hat die Leistungsperiode besondere Bedeutung, da sie funktional als zeitabhängig betrachtet werden können. Für die Periodenzuordnung lassen sich zum Beispiel Perioden-Einzelkosten, kurzfristige und langfristige Periodengruppen-Einzelkosten unterscheiden. Sie sind entweder einer bestimmten Kurzperiode, z. B. einem Monat, direkt zuzuordnen, einer Gruppe mehrerer Kurzperioden (Langperiode), z. B. einem Jahr, oder einer Gruppe mehrerer Langperioden, z. B. einer Reihe von Jahren (Nutzungsdauer einer Anlage), unmittelbar zuzurechnen.

Die gestufte (mehrstufige) Einzelkostenrechnung bietet zunächst den Vorzug, daß sie frei von fragwürdigen schlüsselmäßigen Belastungen ist, die die Genauigkeit und Aussagekraft der Kostengrößen beeinträchtigen. Weiterhin kann sie zu einer spezifischen Kostendeckungserfolgsrechnung (vgl. S. 167) ausgebaut werden. Sie läßt sich auch durch eine Vollkostenträgerrechnung mithilfe zusätzlicher Umlageverfahren ergänzen. Letzteres führt allerdings dazu, daß das alte Verfahren der Gemeinkostenverteilung mit allen Einwendungen dagegen wiederauflebt.

Das Prinzip der direkten Kostenverteilung durch Differenzierung der Bezugsbasen läßt sich insbesondere auch auf den Bereich der Fixkosten anwenden. Einerseits ist eine Schlüsselung gerade der fixen Gemeinkosten nach dem Einwirkungsprinzip nicht möglich. Anderseits ist aber eine globale Zusammenfassung der Fixkosten, wie man sie bei Schmalenbach, Rummel und im System des Variable Costing findet, wenig aussagefähig. Dagegen kann mithilfe einer Differenzierung der Bezugsbasen eine Aufteilung des globalen Fixkostenblocks in einzelne kleinere Fixkostenkomplexe erfolgen. Damit wird erreicht, daß auch die Fixkosten in der periodischen Kostenrechnung bestimmten Periodenleistungen, differenziert nach Leistungsarten und Leistungsbezirken, direkt zugeordnet werden können (vgl. hierzu Abb. 31).

7. Ermittlung des kalkulatorischen Periodenerfolges

Die periodische Kostenermittlung geht in der kalkulatorischen Buchhaltung nahtlos in die Periodenerfolgsrechnung über, die Kosten und Leistungen gegenüberstellt. Die Kurzfristigkeit dieser Rechnung ist deshalb von großer Bedeutung für die Verfolgung der vielfachen Zwecke, weil die Wirtschaftlichkeitskontrolle als Grundlage der Beurteilung und Gestaltung des Leistungsprozesses der Unternehmung nur bei hoher Aktualität der von ihr gelieferten Informationen und in möglichst schneller Bereitstellung sinnvoll ist.

Die Darstellungsweise der kurzfristigen Erfolgsrechnung läßt sich von der Kostenseite her inhaltlich in drei Typen gliedern. Neben die kalkulatorische Erfolgsrechnung auf (1) Vollkostenbasis tritt die (2) Teilkosten-Erfolgsrechnung, bei der den Periodenleistungen (eventuell schrittweise) nur Teile der auf sie bezogenen Kostengüter gegenübergestellt werden. Den dritten Typ bildet die Erfolgsrechnung auf (3) Grenzkostenbasis, die in der neueren Literatur wieder in den Vordergrund rückt. Alle drei Typen werden im folgenden vereinfachend nebeneinandergestellt, obwohl ihre Unterscheidung nicht auf einem einheitlichen Merkmal beruht.

a) Erfolgsermittlung auf Vollkostenbasis

Die Vollkostenrechnung stellt den Periodenerfolg fest, der sich als Differenz zwischen bestimmten Periodenleistungen und den gesamten, durch das Kriterium der Leistungsbezogenheit mit ihnen verbundenen Kosten ergibt.

Im Hinblick auf die Bereiche und Stufen der Leistungserstellung, die der Erfolgsrechnung zugrunde gelegt werden, läßt sich dabei zum Beispiel bei Industrieunternehmungen zwischen der Absatz- und der Herstellungserfolgsrechnung unterscheiden. Bei der kalkulatorischen Absatzerfolgsrech-

Kalkulatorische Ausbringungserfolgsrechnung
(Herstellungserfolgsrechnung)

Kosten der in der Periode hergestellten Sachgüter	In der Periode hergestellte Sachgüter (Herstellungsleistungen)
a) volle Herstellkosten	a) davon abgesetzt
b) volle Herstellkosten	b) davon fertig geworden
c) teilweise (aufgelaufene) Herstellkosten	c) davon halbfertig geblieben

Abb. 24 Kalkulatorische Herstellungserfolgsrechnung

nung wird der Erfolg ermittelt, der aus der vollendeten Leistungserstellung im Markt, der Endstufe der Leistungen, entsteht. Bei der kalkulatorischen Herstellungserfolgsrechnung (Abb. 24) handelt es sich dagegen um den Erfolg der dem Absatz vorgelagerten Leistungsstufe, der dem Wert der hergestellten Sachgüter die zugehörigen Kosten gegenüberstellt. Beide Erfolgsrechnungen unterscheiden sich einmal dadurch, daß die Absatzerfolgsrechnung auch solche abgesetzten Güter enthält, die in einer Vorperiode hergestellt wurden, während die Herstellungserfolgsrechnung auch die nicht abgesetzten Bestände an hergestellten Sachgütern einbezieht. Diese Bestände gliedern sich in fertige und unfertige Erzeugnisse. Ferner ist zu beachten, daß auf der Sollseite die Herstellungserfolgsrechnung sich entsprechend der von ihr erfaßten Leistungsstufe auf die Herstellkosten beschränkt, während die Absatzerfolgsrechnung die vollen Kosten der verkauften Erzeugnisse ansetzt. Auf der Habenseite können in beiden Erfolgsrechnungen erzielte bzw. erzielbare Verkaufspreise, Tagespreise, andere geeignete Verrechnungspreise oder auch Kosten je nach dem Rechnungsziel zur Bewertung benutzt werden.

Die Herstellungserfolgsrechnung ist in besonderem Maße für die interne Wirtschaftlichkeitskontrolle geeignet, da die Herstellungsleistung stärker als die Absatzleistung von kurzfristigen marktbedingten Schwankungen frei ist. Soll auch der externe Einfluß der Marktpreise für die Kontrolle der Betriebsgebarung ausgeschaltet werden, um die Technizität als mengenmäßige Wirtschaftlichkeit zu erfassen, so müssen sowohl auf der Kosten- als auch auf der Leistungsseite Festpreise verwendet werden.

Statt auf den Herstellungsbereich kann sich die kalkulatorische Erfolgsrechnung auch auf andere Leistungsbereiche, zum Beispiel den Beschaffungsbereich oder Vor- und Zwischenstufen der Herstellung beziehen. Die gleichen Stufen- und Bereichsüberlegungen lassen sich auch auf nicht-industrielle Untersuchungen übertragen.

Bei der kalkulatorischen Absatzerfolgsrechnung sind als Hauptformen das kostenträgerorientierte Umsatzkostenverfahren und das kostenartenorientierte Gesamtkostenverfahren zu unterscheiden. Beide Verfahren führen bei gleicher Bewertung, namentlich der abgerechneten Bestände und ihrer Veränderungen, zum gleichen Ergebnis, da sie auf derselben Erfolgskonzeption aufbauen. Die Abweichungen liegen darin, daß die Aufbereitung der Kosten sowie die Gliederung der Erfolgskomponenten verschieden sind. Damit ist auch der Informationswert, der über die Aussage des undifferenzierten kalkulatorischen Gesamterfolges der Periode hinausgeht, unterschiedlich.

Das Umsatzkostenverfahren (Abb. 25) hat seinen Namen deshalb, weil bei der Erfolgsermittlung den bewerteten, in der Periode abgesetzten Sachgütern (Umsatz im Sinne der Absatzleistungen) die gesamten entsprechenden Kosten, d. h. die vollen sogenannten Umsatzkosten (Herstellkosten plus Verwaltungs- und Vertriebskosten) gegenüber-

Kalkulatorische Absatzerfolgsrechnung
(Umsatzkostenverfahren)

Kosten der in der Periode abgesetzten Sachgüter (volle Gesamtkosten einschließlich Absatzkosten = Umsatzkosten)	In der Periode abgesetzte Sachgüter (Absatzleistungen)

Abb. 25 Kalkulatorische Absatzerfolgsrechnung nach dem Umsatzkostenverfahren

gestellt werden. Andere Leistungen bleiben mit den zugehörigen Kosten unberücksichtigt. Die verteilungstechnische Eigenart des Verfahrens besteht darin, daß die Erfolgsermittlung auf der periodischen Kostenträgerrechnung mit der Verteilung der Periodenkosten auf Erzeugnisarten aufbaut und den Erfolg zunächst getrennt nach Kostenträgern bestimmt (Kostenträgererfolgsrechnung). Der kalkulatorische Gesamterfolg der Periode ergibt sich als Summe der Kostenträgererfolge. Daher liegt es nahe, die Aufstellung nach Kostenträgern (Erzeugnissen) und eventuell zusätzlich nach Kostenstellen aufzugliedern. Wie weit diese Differenzierung geht und die Kostenträger zu Gruppen zusammengefaßt werden, hängt von der Breite des Produktprogramms, der rechnungstechnischen Problematik der Kostenverteilung und den Informationszielen ab.

Zum Verständnis von Abb. 25 kann beispielhaft an die Darstellung der angehängten Betriebsbuchhaltung in Abb. 13 und die entsprechende Erläuterung angeknüpft werden. Die Gegenüberstellung der vollen Umsatzkosten und der Absatzleistungen (Erträge) erfolgt hier zunächst auf den nach Kostenträgergruppen gegliederten Verkaufskonten (8). Die Kostenträgergruppenerfolge werden dann auf dem kurzfristigen Erfolgskonto (9) zum Gesamterfolg zusammengefaßt, der durch Berücksichtigung der Soll/Ist-Abweichungen auf dem Abgrenzungskonto (9) vom Soll-Erfolg zum Ist-Erfolg korrigiert wird.

Das Umsatzkostenverfahren bietet einen wichtigen Vorteil für die kurzfristige Erfolgsrechnung. Da keine Bestandsveränderungen zu berücksichtigen sind, kann auf die körperliche Bestandsaufnahme verzichtet werden. Die Inventuren, die in der Regel umständlich sind, Kosten verursachen und einige Zeit in Anspruch nehmen, können in größeren Abständen zur Kontrolle und Abstimmung mit der buchmäßigen Bestandsrechnung erfolgen. Ein weiterer wesentlicher Vorteil liegt darin, daß eine Aufgliederung nach Kostenträgern und Kostenstellen eine differenzierte Aussage über die Entstehung und Zusammensetzung des Erfolges liefert.

Kalkulatorische Absatzerfolgsrechnung
(Gesamtkostenverfahren)

1. In der Periode durch Herstellung und/oder Absatz entstandene Kosten (Gesamtkosten)	3. In der Periode abgesetzte Sachgüter
2. Herstellkosten der Bestandsminderungen (Anfangsbestände) an fertigen und halbfertigen Sachgütern	4. Herstellkosten der Bestandsmehrungen (Endbestände) an fertigen und halbfertigen Sachgütern

Abb. 26 Kalkulatorische Absatzerfolgsrechnung nach dem Gesamtkostenverfahren

In der kalkulatorischen Absatzerfolgsrechnung nach dem Gesamtkostenverfahren (Abb. 26) werden den Absatzleistungen der Periode (Umsatz) zunächst die durch Herstellung und/oder Absatz in der Periode entstandenen Kosten (sogenannte Gesamtkosten) gegenübergestellt. Diese Abrechnung muß dann durch die Bestandsveränderungen (Anfangs- und Endbestände) an fertigen und unfertigen Erzeugnissen ergänzt werden, um die ungleiche sachliche Abgrenzung zwischen den gesamten Absatzleistungen der Periode und den gesamten Herstellkosten der Periode zu beseitigen. Eine Gliederung der Erfolgsrechnung nach Produktarten ist hierbei nicht durchführbar. Die Gesamtkosten werden vielmehr unmittelbar aus der Kostenartenrechnung übernommen, so daß sich eine Aufgliederung nach Kostenarten von selbst anbietet.

Die Schwierigkeiten des Gesamtkostenverfahrens betreffen die Ermittlung der Bestandsveränderungen an fertigen und unfertigen Erzeugnissen. In der Regel werden laufend die Endbestände (und Anfangsbestände) mithilfe von Inventur oder durch Kalkulation ermittelt. Dadurch wird die Verfahrensvereinfachung, die in der Kostenartenübernahme liegt, weitgehend aufgehoben. Das Gesamtkostenverfahren wird daher überwiegend bei langfristiger (jährlicher) kalkulatorischer Erfolgsrechnung angewandt.

Bei gleicher Bewertung deckt sich in Abb. 23 die Summe der Gesamtkosten unter Ziffer 1 und der Herstellkosten der aus der Vorperiode übernommenen Anfangsbestände unter Ziffer 2, vermindert um die Herstellkosten der (nicht abgesetzten) Endbestände unter Ziffer 4, mit den vollen Umsatzkosten der abgesetzten Sachgüter in Abb. 22. Die Differenz der Positionen 4 und 2 bildet die Bestandsveränderung als positiven (Habenseite) oder negativen Saldo (Sollseite).

Mit den gleichen Ausdrücken Umsatzkosten- und Gesamtkostenverfahren wird (ungenau) auch eine analoge Unterscheidung in der (pagatorischen) Jahreserfolgsrechnung bezeichnet, obwohl es sich hier (präzise) um Aufwendungen (Umsatz- und Gesamtaufwand) handelt. Dabei handelt es sich um zwei Formen derselben Erfolgsrechnung, die stets zum gleichen Resultat führen. Das sogenannte Gesamtaufwandverfahren ist nach Aufwandsarten gegliedert und stellt diesen die Ertragsarten gegenüber. Es muß durch Anfangs- und Endbestände (Bestandsveränderungen) ergänzt werden, die auf Inventur beruhen. Diesem Verfahren entspricht die aktienrechtliche Gliederung der Gewinn- und Verlustrechnung (§ 157 AktG). Es setzt nicht das Vorhandensein einer Betriebsbuchhaltung voraus. Demgegenüber enthält das sogenannte Umsatzaufwandverfahren bereits Elemente der kalkulatorischen Rechnung und kann ohne Kostenträgerrechnung nicht durchgeführt werden.

b) Erfolgsermittlung auf Teilkostenbasis

Bei der Erfolgsrechnung auf Teilkostenbasis wird grundsätzlich einer bestimmten Leistung, gütermäßig gesehen, nur ein Teil der ihr nach dem Kosteneinwirkungsprinzip zugehörigen Kosten (vgl. S. 75) gegenübergestellt. Der sich ergebende Erfolg trägt dann Bruttocharakter und dient auch der Deckung der nicht eingerechneten Kosten.

Die bereits (auf S. 74) behandelte Problematik der indirekten Kostenverteilung findet bereits ihren Ausdruck in der von der Differenzierung der Kosten in Kostenträger-Einzelkosten und Kostenträger-Gemeinkosten ausgehenden Teilkosten-Erfolgsrechnung. Die verschiedene Behandlung der Kostenträger-Gemeinkosten hinsichtlich ihrer Verteilung und Deckung führt zu inhaltlich anders fixierten Erfolgsbegriffen. So läßt sich z. B. eine nach Kostenträgern gegliederte Absatzerfolgsrechnung entwickeln, in der nur die den Kostenträgern direkt zurechenbaren Einzelkosten verteilt werden, während die Kostenträger-Gemeinkosten unverteilt bleiben und in einem Gesamtbetrag zusammengefaßt werden. Ihre Deckung (vgl. hierzu S. 75) erfolgt aus dem Überschuß der Absatzleistungen über die ihnen unmittelbar belasteten Einzelkosten. Die Erfolgsrechnung wird damit zu einer Deckungsrechnung.

Diese einfache Deckungserfolgsrechnung kann zu einer differenzierten Deckungsrechnung ausgebaut werden, indem die Kostenträger-Gemeinkosten durch direkte Zurechnung auf stufenweise umfassendere Bezugsbasen in weitere Einzelkosten umgewandelt und entsprechend aufgegliedert werden. Die sich daraus ergebenden neuen Einzelkostenstufen werden im Wege einer retrograden Rechnung aus dem Überschuß der Absatzleistungen über die Kostenträger-Einzelkosten stufenweise gedeckt.

Abbildung 27 gibt eine mehrstufige Deckungserfolgsrechnung mit differenzierten Einzelkosten wieder, die sich an die Zahlen in Abb. 21 anschließt. Die Produkte weisen bis auf Produkt b (mit –DM 600) eine positive Kostenträger-Gemeinkosten-Deckung I auf. Ferner ist für Betrieb A die Betriebs-Gemeinkosten-Deckung III negativ (–DM 5 800). Diese Erfolgsrechnung ist eine gestufte Teilkostenrechnung mit den zugehörigen Deckungen I bis III, die sich bis zur Vollkostenrechnung fortsetzt. Die letzte Stufe ergibt den Erfolg mit DM 50 600. Obwohl insgesamt ein Gewinn ausgewiesen wird, zeigt die Stufenanalyse, daß in Betrieb A die Erlöse weder die Kostenträger-Gemeinkosten des Produktes b noch insgesamt die Betriebs-Gemeinkosten decken.

<table>
<tr><th rowspan="3"></th><th colspan="7">Betrieb A</th><th colspan="4">Betrieb B</th><th rowspan="3">Unter-
nehmung</th></tr>
<tr><th colspan="7">Produkte</th><th colspan="4">Produkte</th></tr>
<tr><th colspan="3">a</th><th colspan="3">b</th><th>insgesamt</th><th>c</th><th>d</th><th>e</th><th>insgesamt</th></tr>
<tr><td>Erlöse
Kostenträger-Einzelkosten</td><td colspan="3">12 800
10 000</td><td colspan="3">11 400
12 000</td><td>24 200
22 000</td><td>120 600
80 000</td><td>124 800
78 000</td><td>159 000
90 000</td><td>404 400
248 000</td><td>428 600
270 000</td></tr>
<tr><td>Deckung I</td><td colspan="3">2 800</td><td colspan="3">–600</td><td>2 200</td><td>40 600</td><td>46 800</td><td>69 000</td><td>156 400</td><td>158 600</td></tr>
<tr><td></td><td colspan="6">Kostenstellen</td><td></td><td colspan="3">Kostenstellen</td><td></td><td></td></tr>
<tr><td></td><td colspan="2">I</td><td colspan="2">II</td><td colspan="2">III</td><td></td><td>IV</td><td>V</td><td>VI</td><td></td><td></td></tr>
<tr><td>Kostenstellen-Einzelkosten</td><td colspan="2">900</td><td colspan="2">500</td><td colspan="2">600</td><td>2 000</td><td>14 000</td><td>16 000</td><td>6 000</td><td>36 000</td><td>38 000</td></tr>
<tr><td>Deckung II
Betriebs-Einzelkosten</td><td colspan="6"></td><td>200
6 000</td><td colspan="3"></td><td>120 400
48 000</td><td>120 600
54 000</td></tr>
<tr><td>Deckung III
Unternehmungs-Einzelkosten</td><td colspan="6"></td><td>–5 800</td><td colspan="3"></td><td>72 400</td><td>66 600
16 000</td></tr>
<tr><td>Erfolg</td><td colspan="6"></td><td></td><td colspan="3"></td><td></td><td>50 600</td></tr>
</table>

Abb. 27
Mehrstufige differenzierte Einzelkosten-Deckungserfolgsrechnung

Allgemein hat die mehrstufige Deckungsrechnung in Staffelform (wie in Abb. 27) folgendes Aussehen:

Absatzleistungen (z. B. zu Verkaufspreisen)
– Kostenträger-Einzelkosten
Deckung I
– Kostenträgergruppen-Einzelkosten
Deckung II
– Kostenstellen-Einzelkosten
Deckung III
– Kostenstellengruppen-Einzelkosten
Deckung IV
– Betriebs-Einzelkosten
Deckung V
– Betriebsgruppen-Einzelkosten
Deckung VI
– Werks-Einzelkosten
Deckung VII
– Werksgruppen-Einzelkosten
Deckung VIII
– Unternehmungs-Einzelkosten
Erfolg

In Kontoform nimmt sie die nachstehende Gestalt an:

Deckungs-Erfolgsrechnung

Kostenträger-Einzelkosten Kostenträgergruppen-Einzelkosten Kostenstellen-Einzelkosten Kostenstellengruppen-Einzelkosten Betriebs-Einzelkosten Betriebsgruppen-Einzelkosten Werks-Einzelkosten Werksgruppen-Einzelkosten Unternehmungs-Einzelkosten	Absatzleistungen (z. B. zu Verkaufs-preisen) (Sämtliche Positionen können weiter nach Produktarten und Leistungsbereichen aufgegliedert werden.)

c) Erfolgsermittlung auf Grenzkostenbasis

Von großer Bedeutung ist die Berücksichtigung des Einflusses, den die Veränderungen des Beschäftigungsgrades oder (allgemeiner) der Produktmenge auf den Periodenerfolg nehmen. Daher ist es zweckmäßig, die Periodenkosten in ihre marginalen (proportionalen) und residualen (fixen) Bestandteile inbezug auf die Mengenvariation der Produkte aufzulösen (vgl. S. 56 ff.). Lediglich die marginalen Einzel- und Gemeinkosten (Grenzkosten) gelangen dann zur Verteilung auf die einzelnen Kostenträger. Dagegen bleiben die residualen Einzel- und Gemeinkosten von einer Verteilung ausgeschlossen.

Diese Konzeption ist bereits von Schmalenbach und Rummel vertreten worden. Nachdem sie in Deutschland in der Zeit der Rüstungs- und Kriegszeit von geringerer Bedeutung war, da sich die Preisstellung nach gesetzlichen Vorschriften auf Vollkostenbasis vollzog, ist sie heute zunächst in den angelsächsischen Ländern und dann auch in Deutschland wieder aktuell geworden. In den USA wurde ursprünglich die unpräzise und mißverständliche Bezeichnung Direct Costing verwendet, dann hat sich der bessere Ausdruck Variable Costing allmählich durchgesetzt, nur sehr selten kommt der Terminus Proportional Costing vor. In England ist die Bezeichnung Marginal Costing üblich.

Wie schon die von Schmalenbach entwickelte Proportionalkostenrechnung (von ihm auch Mengenkostenrechnung genannt) arbeitet das neuere Verfahren mit erheblichen Vereinfachungen, die in der Praxis jedoch als brauchbare Approximation angesehen werden können. Es wird unterstellt, daß die Kosten lediglich aus proportionalen und fixen Kosten bestehen (lineare Kostenkurve). Dies kann so interpretiert werden, daß degressive und progressive Kosten überhaupt nicht vorliegen. Dabei sind die Fälle ohne weiteres einzubeziehen, daß reduzible degressive Kosten in tatsächlich-proportionale und in tatsächlich-fixe Kosten aufgeteilt werden können (vgl. S. 57 f.). Darüber hinaus ist es möglich, irreduzible degressive und progressive Kosten mathematisch aufzulösen, die sich ergebenden Grenzkosten der Produktmenge den proportionalen Kosten zuzurechnen und die (positiven und negativen) Residualkosten den fixen Kosten entweder hinzuzufügen oder von ihnen abzusetzen. Dann bestehen die gesamten Kosten aus Grenzkosten Gx und Residualkosten R (vgl. S. 57). Daher läßt sich entsprechend (28) allgemein die folgende Gleichung für den Periodenerfolg E verwenden:

$$E = (P - G)\,x - R. \qquad (47)$$

P bedeutet darin den Verkaufspreis der abgesetzten Produktmenge x. Unter den vereinfachten Bedingungen können Gx als proportionale Kosten und R als fixe Kosten verstanden werden. Die Deckung P – G wird als contribution margin, marginal balance, profit contribution oder auch variable gross margin bezeichnet. R stellt die fixed charges oder total establishment expenses dar.

Variable Costing zielt hauptsächlich darauf ab, nur die mit der Ausbringung variierenden, als proportional angenommenen Kosten zur Bewertung der fertigen und unfertigen Erzeugnisse heranzuziehen, und zwar sowohl im Hinblick auf die periodische Erfolgsermittlung als auch auf die stückbezogene Preiskalkulation. Der Periodenerfolg auf Proportionalkostenbasis (P – G)x hängt ausschließlich und unmittelbar vom Absatzumfang x ab, solange der Verkaufspreis P und die Proportionalkosten G je Produkteinheit konstant bleiben. Mit diesem Rechnungssystem läßt sich der Einfluß der schwankenden Fertigungsmengen und Bestände auf den Periodenerfolg eliminieren. Man will dadurch eine bessere kostenträgerbezogene Erfolgsanalyse erreichen. Lediglich die durch den Absatz erzielten Deckungsbeiträge der einzelnen Produktarten sind für den Periodenerfolg bestimmend. So weisen die Vertreter des Variable Costing mit Nachdruck auf die Beziehungszusammenhänge zwischen den Kosten, dem Absatzvolumen und dem Periodenerfolg hin und kennzeichnen sie als cost-volume-profit relationships.

Die Ausschaltung des Einflusses der Fertigungsmenge geschieht durch eine konsequente Bewertung aller Erzeugnisse und Bestände zu proportionalen Herstellkosten. Werden dagegen die Kostenträger mit den vollen, d. h. proportionalen und fixen Herstellkosten belastet, so macht sich der Einfluß der Fertigungsmenge geltend. Die Einbeziehung der Fixkosten in die Bewertung der Kostenträger bedeutet nämlich, daß bei Konstanz der Einsatz- und Absatzgüterpreise die Perioden geringeren Absatzes relativ größere Gewinne ergeben können, wenn die Fertigungsmenge groß ist und die Stückkosten der abgesetzten Produkteinheiten daher kleiner werden, d. h. einen geringeren Fixkostenanteil aufweisen. Anderseits können in Perioden mit größerem Absatz relativ geringere Gewinne auftreten, wenn die Fertigungsmenge sinkt und die durchschnittlichen Fixkosten wachsen.

Dieser Sachverhalt soll an einem Zahlenbeispiel erläutert werden (Abb. 28). Dargestellt ist eine Erfolgsrechnung, in der die Kostenträger zunächst mit den proportionalen und fixen Herstellkosten belastet werden. Die Proportionalkosten der Herstellung betragen 1,50 DM je Stück, die Fixkosten der Herstellung belaufen sich auf 70 DM und die des Verwaltungs- und Vertriebsbereichs auf 7 DM je Periode. Die proportionalen Vertriebskosten machen 0,03 DM je Stück aus. Zum besseren Vergleich der Periodenerfolge ist je Quartal eine gleiche Absatzmenge von 100 Stück zum Verkaufspreis von 2,50 DM angenommen. An die Erfolgsrechnung mit Vollkostenbelastung der Kostenträger schließt sich mit den gleichen Zahlengrundlagen die Erfolgsrechnung auf Proportional- bzw. Grenzkostenbasis (Variable Costing) an, um den Unterschied beider Rechnungen deutlich zu machen.

Die Erfolgsrechnung mit Vollkostenbelastung der Kostenträger weist trotz gleicher Absatzmengen stark unterschiedliche Periodenerfolge aus. Der Gewinn im 2. Quartal ist doppelt so groß wie im 1. Quartal. Im 4. Quartal schlägt der Gewinn in einen Verlust um. Diese Erfolgsunterschiede zwischen den einzelnen Perioden sind

	1. Quartal		2. Quartal		3. Quartal		4. Quartal		Jahr
	Menge Stück	Wert DM	Menge Stück	Wert DM	Menge Stück	Wert DM	Menge Stück	Wert DM	Wert DM
Proportionale Herstellkosten	100	150,–	140	210,–	100	150,–	60	90,–	600,–
Fixe Herstellkosten		70,–		70,–		70,–		70,–	280,–
Herstellkosten der hergestellten Menge	100	220,–	140	280,–	100	220,–	60	160,–	880,–
Anfangsbestand	–	–	–	–	40	80,–	40	86,–	–
Endbestand	–	–	40	80,–	40	86,–	–	–	–
Herstellkosten der abgesetzten Menge	100	220,–	100	200,–	100	214,–	100	246,–	880,–
Proportionale Vertriebskosten		3,–		3,–		3,–		3,–	12,–
Fixe Verwaltungs- und Vertriebskosten		7,–		7,–		7,–		7,–	28,–
Gesamtkosten		230,–		210,–		224,–		256,–	920,–
Erlöse der abgesetzten Menge	100	250,–	100	250,–	100	250,–	100	250,–	1 000,–
Periodenerfolg		+20,–		+40,–		+26,–		–6,–	+80,–
Gesamte Proportionalkosten		153,–		153,–		153,–		153,–	612,–
Deckung		97,–		97,–		97,–		97,–	388,–
Gesamte Fixkosten		77,–		77,–		77,–		77,–	308,–
Periodenerfolg		20,–		20,–		20,–		20,–	80,–
Endbestand	–	–	40	60,–	40	60,–	–	–	–

Abb. 28
Erfolgsrechnung auf der Grundlage von Vollkosten und von Proportionalkosten
(Variable Costing)

auf die voneinander abweichenden Fixkostenbelastungen zurückzuführen, die wiederum durch die differierenden Fertigungsmengen je Quartal hervorgerufen werden. Dagegen ergibt sich in der Erfolgsrechnung, die die Kostenträger nur mit proportionalen Herstellkosten belastet, bei gleichen Absatzmengen auch der gleiche Periodenerfolg, da sich die Bestandsveränderungen erfolgsmäßig nicht auswirken. Der Erfolg ist E = 0,97 x — 77. Darin ist P — G = 2,50 — 1,53 = 0,97.

Der besondere Vorzug der Erfolgsrechnung auf Grenzkostenbasis (Variable Costing oder Proportionalkostenrechnung), die quantitativen Beziehungen zwischen Absatzumfang, Kosten und Erfolg sichtbar zu machen, kann anhand einer mathematisch-grafischen Darstellung dieser Zusammenhänge gezeigt werden. Mithilfe von Gewinnschwellen-Diagrammen (Abb. 29) kann man diejenige Absatzmenge bestimmen, für die weder Gewinn noch Ver-

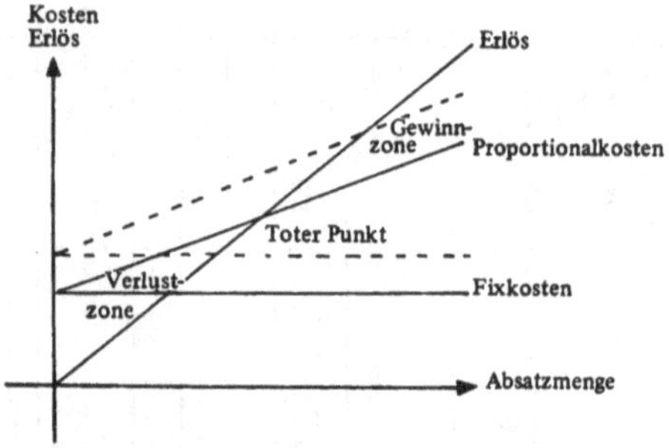

Abb. 29 Bestimmung des toten Punktes (break-even point)

lust erzielt wird. Bereits Schär hat diese kritische Absatzmenge bestimmt und als toten Punkt bezeichnet. In der anglo-amerikanischen Literatur spielt er heute als break-even point eine bedeutende Rolle. Vereinfachend werden in der Regel lineare Kosten- und Erlösfunktionen für den Fall eines einzigen Produktes angenommen.

Setzt man in (47) den Erfolg E = 0, so ergibt für den toten Punkt x die Formel

$$x = \frac{R}{P - G}, \qquad (48)$$

d. h. die residualen (fixen) Kosten R werden durch die Deckung P — G dividiert. Für R = 90 000, G = 10 und P = 30 erhält man z. B. x = 4 500. Im toten Punkt sind die durchschnittlichen Stückkosten gleich dem Verkaufspreis.

Für die Unternehmungsleitung kann es interessant sein, diejenige Absatzmenge zu bestimmen, die einen geplanten (absoluten) Periodenerfolg herbeiführt. Man braucht nur (47) nach x aufzulösen, d. h. die Formel (48) in der Weise zu erweitern, daß im Zähler die geplante Erfolgsgröße E additiv hinzugefügt wird:

$$x = \frac{R + E}{P - G}. \qquad (49)$$

Die Deckung P — G muß also nicht nur die fixen Kosten R ausgleichen, sondern noch weitere Erlösüberschüsse (Überdeckung) liefern, wenn ein positiver Erfolg E > 0 geplant ist. In Abb. 27 gelten die gestrichelten Linien. Bei negativem Erfolg E < 0 liegt eine Unterdeckung der fixen Kosten vor. Für E = 0 geht Formel (49) in (48) über.

Bereits früher (auf S. 77) wurde auf den wichtigen Unterschied von Teilkosten und Grenzkosten hingewiesen. Variable Costing erscheint de facto als Teilkostenrechnung, da die fixen Kosten ausgeklammert und nur die proportionalen Kosten den Produkten zugerechnet werden. Variable cost wird ungenau als Synonym für proportional cost verwendet. Unter den vereinfachenden Voraussetzungen liegt eine linear-degressive Kostenfunktion vor, so daß rechnerisch Grenzkosten und proportionale Kosten übereinstimmen und stets unter den Durchschnittskosten bleiben. Die sogenannten semivariable costs (vgl. S. 49) sind mit den früher (S. 57 f.) unterschiedenen reduziblen degressiven Kosten identisch, die sich aus proportionalen und fixen Bestandteilen additiv und trennbar zusammensetzen. In der Tendenz liegt jedoch eine Grenzkostenrechnung vor, wie auch der Ausdruck Marginal Costing erkennen läßt. Zwanglos läßt sich daher das vereinfachte Modell nach (28) und (47) dahin erweitern, daß sämtliche Kosten buchtechnisch oder mathematisch in Grenzkosten Gx und Residualkosten R aufgelöst werden. Dann wird ersichtlich, daß die tatsächliche Teilkostenrechnung nur eine Approximation an die gedachte Grenzkostenrechnung darstellt.

	Produkte	Betriebe	Unternehmung
Kostenträger-Einzelkosten-Grenzkosten	a 8 400 b 7 600	A 16 000	
	c 64 000 d 72 000 e 80 000	B 216 000	232 000
	Kostenstellen		
Kostenstellen-Einzelkosten-Grenzkosten	I 300 II 100 III 200	A 600	
	IV 5 000 V 6 400 VI 2 200	B 13 600	14 200
Betriebs-Einzelkosten-Grenzkosten		A 400 B 2 800	3 200
Unternehmungs-Einzelkosten-Grenzkosten			800
Gesamt-Grenzkosten			250 200

Abb. 30
Mehrstufige differenzierte Einzelkosten-Grenzkostenrechnung

Die konsequente Weiterentwicklung der mehrstufigen Einzelkostenrechnung führt dazu, sie mit der Grenzkosten- und Residualkostenrechnung (Proportionalkosten- und Fixkostenrechnung) zu kombinieren. Dazu ist es notwendig, sämtliche differenzierten Einzelkosten nach ihrer Abhängigkeit von der Produktmenge aufzulösen. Für eine zahlenmäßige Darstellung ist es zweckmäßig, an Abbildung 21 anzuknüpfen. Die darin aufgeführten Einzelkosten werden in Grenzkosten und Residualkosten zerlegt. Es steht dem Leser frei, sich unter vereinfachten Voraussetzungen oder approximativ proportionale und fixe Kosten vorzustellen. Abbildung 30 zeigt die gestufte Einzelkosten-Grenzkostenrechnung. Abbildung 31 gibt die gestufte Einzelkosten-

	Produkte		Betriebe		Unternehmung
Kostenträger-Einzelkosten-Residualkosten	a	1 600			
	b	4 400	A	6 000	
	c	16 000			
	d	6 000			
	e	10 000	B	32 000	38 000
	Kostenstellen				
Kostenstellen-Einzelkosten-Residualkosten	I	600			
	II	400			
	III	400	A	1 400	
	IV	9 000			
	V	9 600			
	VI	3 800	B	22 400	23 800
Betriebs-Einzelkosten-Residualkosten			A	5 600	
			B	45 200	50 800
Unternehmungs-Einzelkosten-Residualkosten					15 200
Gesamt-Residualkosten					127 800

Abb. 31
Mehrstufige differenzierte Einzelkosten-Residualkostenrechnung

	Betrieb A			
	Produkte			
	a	b		insgesamt
Erlöse	12 800	11 400		24 200
Kostenträger-Grenzkosten	8 400	7 600		16 000
Grenzkosten-Deckung I	4 400	3 800		8 200
	Kostenstellen			
	I	II	III	
Kostenstellen-Grenzkosten	300	100	200	600
Grenzkosten-Deckung II				7 600
Betriebs-Grenzkosten				400
Grenzkosten-Deckung III				7 200
Unternehmungs-Grenzkosten				
Grenzerfolg (Deckung IV)				
Kostenträger-Residualkosten				
Residualkosten-Deckung V				
Kostenstellen-Residualkosten				
Residualkosten-Deckung VI				
Betriebs-Residualkosten				
Residualkosten-Deckung VII				
Unternehmungs-Residualkosten				
Erfolg				

Abb. 32 Mehrstufige differenzierte Einzelkosten

Residualkostenrechnung wieder. Hierbei sind negative Residualkosten unberücksichtigt geblieben, obwohl sie für Kostenprogressionen charakteristisch sind. Abbildung 32 stellt dann das Gegenstück zu Abbildung 27 dar. Sie zeigt eine mehrstufige Grenzkosten- und Residualkosten-Dekkungserfolgsrechnung. Die Deckungen I bis III sind Grenzkosten-Deckungen. Deckung IV bedeutet den sogenannten

Betrieb B				Unternehmung
Produkte				
c	d	e	insgesamt	
121 600	124 800	158 000	404 400	428 600
64 000	72 000	80 000	216 000	232 000
57 600	52 800	78 000	188 400	196 500
Kostenstellen				
IV	V	VI		
5 000	6 400	2 200	13 600	14 200
			174 800	182 400
			2 800	3 200
			172 000	179 200
				800
				178 400
				38 000
				140 400
				23 800
				116 600
				50 800
				65 800
				15 200
				50 600

Grenzkosten- und -Residualkosten-Deckungserfolgsrechnung

Grenzerfolg, der alle Residualkosten decken soll (DM 178 400). Dann folgen die Residualkosten-Deckungen V bis VII. Am Schluß ergibt sich wiederum der Erfolg mit DM 50 600. Dieser nach Leistungsarten (Produkten) und Leistungsbezirken (Stellen und Betrieben) differenzierten Erfolgsrechnung ist ein hoher Informationswert eigen. Sie kann insbesondere für Planungsentscheidungen wichtige Anhaltspunkte liefern.

C. Stückbezogene Kostenrechnung (Kalkulation)

In der Kostenstellen- und Kostenträgerzeitrechnung werden Periodenkosten auf Periodenmengen der Erzeugnisse verteilt. Dagegen findet in der Stückkostenrechnung (Kalkulation oder Kostenträgerstückrechnung) eine Verteilung von Periodenkosten auf Erzeugniseinheiten (Stück) statt. Die Kalkulationsverfahren setzen dementsprechend im Prinzip die Ermittlung bestimmter Periodenkosten für die Kostenträger der Periode voraus und beziehen sich lediglich auf den Übergang zur Stückbetrachtung unter möglichst genauer Wahrung der Kosten-Leistungs-Relation. Die Kostenträgerstückrechnung kann daher nicht aus ihrer Bindung an die Periodenrechnung gelöst werden. Dies wird besonders deutlich, wenn bei Einzelfertigung (sofern keine Wiederholung während der Periode auftritt) nur ein Stück des Produktes hergestellt wird und daher Kostenträgerzeit- und Kostenträgerstückrechnung praktisch zusammenfallen. Da die Kostenträgerzeitrechnung im Rahmen der Betriebsbuchhaltung nur kurz behandelt worden ist, ist das folgende Kapitel durch die Gesamtproblematik der Ermittlung von Kosten für Kostenträger gekennzeichnet.

I. Zusammenhang zwischen Kalkulation, Erzeugnisprogramm und Herstellungsprozeß

Da die Kostenrechnung auf die rechnerische Durchdringung des Prozesses der Leistungserstellung gerichtet ist, muß zwangsläufig ein enger Zusammenhang zwischen der formalen Struktur der Kostenrechnung und der zugrunde liegenden realen Struktur des Produktionsprozesses und seiner Ergebnisse bestehen. Besonders deutlich tritt dieser Zusammenhang bei der Kalkulation hervor.

Die Auswahl des geeigneten Kalkulationsverfahrens muß in erster Linie in Anlehnung an das Erzeugnisprogramm erfolgen. Nach der Differenziertheit (Art und Zusammensetzung) und der Wiederholung (Auflage) der Erzeugnisse lassen sich in Industrieunternehmungen vier Haupttypen von Erzeugnisprogrammen unterscheiden.

Bei undifferenzierten Massenerzeugnissen besteht das Programm lediglich aus einem einzigen Erzeugnis. Der Ausdruck Masse bezieht sich nicht auf die Herstellmenge, sondern lediglich auf die Gleichartigkeit (massenhafte Homogenität) der Erzeugnisse, die auf einer gemeinsamen Rohstoffgrundlage und auf einem einheitlichen Erzeugungsprozeß beruht. Da kein Artwechsel der Erzeugnisse auftritt, wird die Herstellung ständig wiederholt, d. h. die Auflage ist unbegrenzt.

Bei einem Mehrerzeugnisprogramm kann die Differenzierung der Erzeugnisse zunächst so gering sein, daß eine Zuordnung zu den homogenen oder Massenerzeugnissen vertretbar ist. Die Erzeugnisse weisen nur Differenzierungen in der Dimension und Qualität innerhalb einer einheitlichen Erzeugnisgattung auf. Sie werden als differenzierte Massenerzeugnisse oder Sortenerzeugnisse bezeichnet. Die verschiedenen Sorten bei simultaner Fertigungsweise können in ständiger Wiederholung mit unbegrenzter Auflage hergestellt werden. Ist das nicht der Fall, so tritt infolge sukzessiver Fertigungsweise Sortenwechsel auf, und die Auflage ist begrenzt.

Von den homogenen lassen sich heterogene Erzeugnisse unterscheiden. Im ersten Unterfall treten innerhalb der Erzeugnisse homogene Gruppierungen zu Serien auf, die jeweils undifferenzierte oder nach Sorten geringfügig differenzierte Produkte zusammenfassen. Die Gruppierung ist stets auf eine begrenzte Auflage (Losgröße) bezogen, so daß für die Serie neben der Differenziertheit auch die (begrenzte) Wiederholung zum konstitutiven Merkmal wird.

Im zweiten Unterfall eines heterogenen Erzeugnisprogramms treten keine homogenen Gruppierungen auf. Alle Erzeugnisse sind verschiedenartig, und es kann daher von individuellen Erzeugnissen gesprochen werden. Das Merkmal der Wiederholung erscheint hier im Grenzfall in der extremen Ausprägung der Auflagenhöhe 1.

In Abbildung 33 stellen die durchbrochenen Striche die seltener anzutreffenden Kombinationen von Erzeugnisprogramm und Kalkulationsverfahren dar, die durchgezogenen Linien bringen die Normalfälle zum Ausdruck.

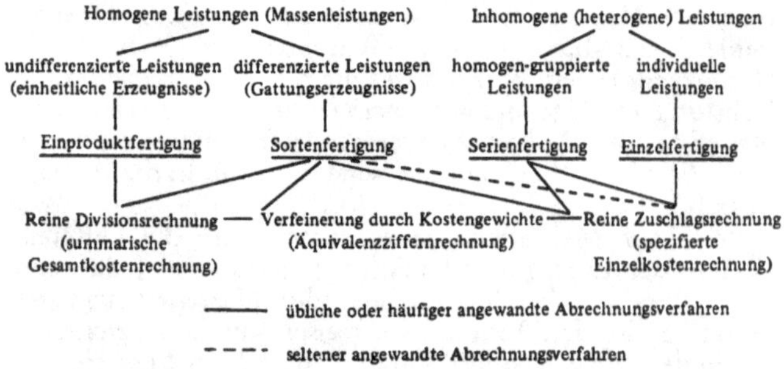

Abb. 33 Leistungsprogramme und Kalkulationsverfahren

Bei Einproduktherstellung wird ausschließlich die reine Divisionsrechnung angewandt. Es handelt sich um den einfachsten Fall, bei dem die Problematik der Gemeinkostenzurechnung und die Anwendung von Äquivalenzziffern entfallen. Für Sortenerzeugnisse kommen im Prinzip alle Kalkulationsverfahren infrage. Die reine Divisionsrechnung dient einer globalen Überschlagsrechnung; sie wird meist durch Äquivalenzziffern verfeinert und häufig durch Zuschlagskalkulation ersetzt. Bei Serienerzeugnissen kommt man in der Regel mit reiner Zuschlagsrechnung aus, muß jedoch auch diese durch Äquivalenzziffern verfeinern, sofern innerhalb der Serien Sorten auftreten. Bei Individualerzeugnissen wird ausschließlich die reine Zuschlagsrechnung verwendet.

Neben dem Zusammenhang zwischen Erzeugnisprogramm und Kalkulationsverfahren ist auch der Einfluß der materialen Ablaufstruktur des Herstellungsprozesses von Bedeutung. Da die Kostenrechnung auf die zahlenmäßige Abbildung der realen Güterbewegungen im Zuge der Leistungserstellung gerichtet ist, wird ihre formale Struktur durch diesen Güterstrom beeinflußt.

Die technologisch-verfahrensmäßige Vergenz der Prozesse gibt Aufschluß darüber, ob mit zunehmender Absatzreife die Zahl der Zwischen- und Endprodukte zunimmt (Divergenz) oder abnimmt (Konvergenz). Bei Konvergenz der Herstellungsprozesse wird die Kostenträgerrechnung hinsichtlich des Umfanges und der Genauigkeit der Kostenzurechnung begünstigt, da bei der Kostenverteilung nur eine relativ geringe Differenzierung der Kosten nach verschiedenen Kostenträgern als Bezugsbasen erforderlich ist. Im Gegensatz dazu wird die Gemeinkostenverteilung durch eine Divergenz der Prozeßstruktur wegen der relativ großen Zahl der Kostenträger erschwert. Um diese Wirkung der technologischen Divergenz kostenrechnerisch abzuschwächen, können für die Kostenverteilung Gruppen von Kostenträgern gebildet werden. Hierher gehört auch die Teilkostenkonzeption, die Mängel der indirekten Kostenverteilung durch Verzicht auf eine kostenträgergerechte Zurechnung aller Kosten vermeiden will (vgl. S. 186 ff.).

Ein weiteres Merkmal des Erzeugungsprozesses, das sich besonders auf die Kostenträgerrechnung auswirkt, stellt die Art des Prozeßablaufes im Hinblick auf dessen Kontinuität und Diskontinuität dar.

Die kontinuierliche Erzeugung ist durch einen zeitlich ununterbrochenen Fluß der Herstellung gekennzeichnet, wie er in reiner Form nur bei einem undifferenzierten Massenprogramm vorkommt. Bei den übrigen Typen von Erzeugnisprogrammen besteht eine mehr oder weniger starke Diskontinuität, die am schwächsten bei Sortenerzeugnissen und am stärksten bei Individualerzeugnissen ausgeprägt ist. Zu einer Diskontinuität führen insbesondere die sogenannte Partiefertigung, die sich auf Abweichungen zwischen in sich geschlossenen Rohstoff- oder Erzeugnismengen einheitlicher Herkunft bezieht, sowie die sogenannte Chargenfertigung, deren Eigenart auf einer rhythmisch-intermittierenden Diskontinuität der Herstellungsvorgänge (Chargenwechsel) beruht.

Auf die Kostenträgerrechnung wirkt sich die Diskontinuität der Herstellung komplizierend aus. Während bei einer kontinuierlichen Herstellung die Zahl der Kostenträger weitgehend von der Zahl der absatzreifen Erzeugnisse bestimmt wird, kann es bei einer diskontinuierlichen Herstellung notwendig werden, für jede Erzeugnisart so viele Kostenträger zu führen, wie einzelne Abschnitte in der Herstellung auftreten.

Bei der Unterscheidung von verbundener und unverbundener Herstellung hebt sich die kostenrechnerische Problematik bei technisch-zwangsläufiger Verbundenheit divergierender Erzeugnisse (Kuppelproduktion) heraus. Streng genommen besteht überhaupt keine Möglichkeit, die für Haupt- und Nebenerzeugnisse sowie Abfall gemeinsam entstehenden Kosten auf diese Produkte nach vertretbaren Maßstäben zu verteilen. Hierbei stellt sich die Frage, inwieweit Neben- oder Abfallerzeugnisse abrechnungstechnisch als selbständige Kostenträger anzusehen sind.

Schließlich ergibt sich im Zusammenhang mit Preisveränderungen der Einsatzgüter ein Einfluß auf die Kostenträgerstückrechnung aus der Durchlaufdauer der Erzeugnisse im Herstellungsprozeß. So werden bei langen Durchlaufzeiten bereits während der Herstellung Nachkalkulationen als Teilabrechnungen durchgeführt, um eine aktuelle Kostenüberwachung zu erreichen. Bei der Angebotskalkulation kann das Risiko von Preisveränderungen (z. B. Materialpreis- und Lohnerhöhungen) während langer Durchlaufzeiten durch Preisgleitklauseln berücksichtigt werden.

II. Sachinhalt und Sachumfang der Kosten in der Kalkulation

Während sich das formale Verfahrensproblem der Kalkulation auf die Zuordnungsrelation Kosten-Erzeugniseinheit bezieht, geben Sachinhalt und Sachumfang der Kosten Aufschluß darüber, welche Kosten in die Kalkulationsverfahren eingehen. Dabei lassen sich die beiden Aspekte Inhalt und Umfang nicht immer streng isolieren; im konkreten Einzelfall der Rechnung sind sie zwangsläufig verbunden. Eine gedankliche Trennung ist aber deshalb sinnvoll, weil keine eindeutige Zuordnung bestimmter Kalkulationsverfahren auf bestimmte, nach Sachinhalt und -umfang definierte Rechnungskonzeptionen möglich ist. So kann zum Beispiel die Divisionsrechnung sowohl auf Vollkostenbasis erfolgen als auch von bestimmten Teilkosten und/oder von Grenzkosten ausgehen.

Der Sachumfang der Kosten bezieht sich auf die Frage, ob alle oder nur ein Teil der mit der Leistung verbundenen Güter- oder Verbrauchsarten in der Rechnung als Kosten erfaßt und/oder verteilt werden. Der Sachinhalt der Kosten bezieht sich auf die in die Rechnung eingehenden Güterverbrauchsmengen und die für die Bewertung herangezogenen Preise.

1. Vollkostenkonzeption

Die Ermittlung der Vollkosten für die Kalkulation setzt die vollständige direkte oder indirekte Verteilung aller Kosten auf die Kostenträger voraus. Diese ausnahmslose Zuordnung der Kosten dient insbesondere bestimmten Rechnungszwecken der kostenorientierten Preisbildung und Preisbeurteilung. Zum Beispiel ist beim Fehlen von Marktpreisen und für die langfristige Betrachtung die Vollkostenrechnung von grundlegender Bedeutung und weitgehend unerläßlich. Auf die volle Kostendeckung kann nur in kurzfristigen Krisensituationen vorübergehend verzichtet werden; langfristig sind für die Existenz der Unternehmung volle Kostendeckung und ein bestimmter positiver Erfolg erforderlich. Für die Kontrolle der vollen Kostendeckung aber ist eine globale Berücksichtigung der nicht auf die Kostenträger verteilten Kosten nur von begrenzter Aussagefähigkeit. Auf eine nach Kostenträgern differenzierte vollständige Kostendeckungskontrolle und die entsprechende Ermittlung der Kostenträgererfolge auf Vollkostenbasis kann oft nicht verzichtet werden.

In diesen Fällen müssen die Nachteile der Verteilung der nicht direkt auf die Kostenträger zurechenbaren Gemeinkosten hingenommen werden. Allerdings sind die Rechnungsergebnisse dementsprechend vorsichtig zu beurteilen. Problematisch ist auch die Verteilung der von den Produktmengen unabhängigen Fixkosten. Ihr Sinn wird weithin überhaupt bestritten. Die gleichen Bedenken gelten ferner für solche Kosten, deren genaue Verteilung zwar möglich wäre, sich aber unter dem Gesichtspunkt der Wirtschaftlichkeit der Kostenrechnung nicht vertreten läßt, so daß die Ergebnisse zumindest ungenau sind. Trotz ihrer Mängel hat jedoch die Vollkostenrechnung für bestimmte Rechnungszwecke auch heute noch ihre Bedeutung.

Zur Ermittlung der Vollkosten für die Kostenträger kann auf die frühere Darstellung der periodischen Kostenrechnung mit dem Fluß der Kosten von der Kostenarten- zur Kostenstellenrechnung verwiesen werden. Dort ist sowohl die vollständige Erfassung der Kosten als auch ihre restlose Verteilung auf die Kostenstellen mit der dazugehörigen indirekten Verteilung durch Schlüsselung dargestellt worden (vgl. S. 111 ff.). Auf Einzelheiten der vollen Kostenzurechnung auf die Kostenträger ohne oder mit Zwischenschaltung einer Kostenstellenrechnung wird bei der Darstellung der einzelnen Kalkulationsverfahren noch eingegangen.

2. Teilkostenkonzeption

Eine echte Teilkostenkalkulation, auch Partialkostenkalkulation genannt, liegt vor, wenn bei der Verteilung der Kosten auf Kostenträger bestimmte Kostenarten oder Zusammenfassungen von Kostenarten (z. B. nach ihrem Verbrauchsverhalten oder nach ihrer Zurechenbarkeit) und damit bestimmte Güterarten trotz ihres Verbrauchs fortgelassen werden. Es handelt sich also nicht darum, von einem Einsatzgut niedrigere als die tatsächlichen Verbrauchsmengen dem Produkt zuzurechnen, sondern zu entscheiden, ob das Gut überhaupt berücksichtigt werden soll. Für die Auswahl der wegzulassenden Kostengüter gibt es verschiedene Gesichtspunkte und Merkmale.

Man kann zum Beispiel an die Güterart selbst anknüpfen und die zugehörige Kostenart ausschalten. Verzichtet man auf die Berücksichtigung der Eigenkapitalnutzung, so fallen die entsprechenden Zinsen als Zusatzkosten fort. Erfolgt auch keine Verteilung der Fremdkapitalzinsen, so entfallen sämtliche Zinskosten in der Kalkulation. Ebenso kann der ausgabenlose, sogenannte kalkulatorische Unternehmerlohn ausgeklammert werden. Dehnt man diese Überlegungen auf sämtliche Zusatzkosten aus, so verteilt man ausschließlich Grundkosten, die auf Ausgaben beruhen. In gleicher Weise kann man auch Wagniskosten, wie z. B. Debitorenausfälle, oder Abgaben aus der Kalkulation ausscheiden und diese auf den beabsichtigten (willentlichen) Güterverbrauch beschränken. In allen diesen Fällen werden bestimmte Kostenarten von der Verteilung auf Produkte ferngehalten.

Ein wichtiges Beispiel für eine Teilkostenkalkulation liegt ferner vor, wenn nur Kostenträger-Einzelkosten den Erzeugnissen direkt zugerechnet werden und auf die Verteilung sämtlicher Kostenträger-Gemeinkosten verzichtet wird. Auch hier werden nur bestimmte Güterarten zugelassen, und zwar solche, deren Verbrauch sich direkt einem Kostenträger zuordnen läßt. Die dabei angesetzten Verbrauchsmengen, ob Istmengen, Standardmengen oder Grenzmengen, sind ein zusätzlicher Gesichtspunkt; unabhängig davon handelt es sich stets um Teilkosten. Auch wenn man in der Periodenrechnung weitere Einzelkosten, zum Beispiel nach Bezugsbasen zunehmenden Leistungsumfanges gestuft, hinzufügt und differenzierte Deckungen hieraus ermittelt, bleibt die stückbezogene Grundrechnung eine Teilkostenkalkulation (vgl. S. 75f.). Ihr maßgebendes Kriterium ist in der Genauigkeit und Zuverlässigkeit der Kostenverteilung zu sehen, die die Mängel jeder Gemeinkostenverschlüsselung vermeidet.

Für die interne und externe preispolitische Auswertung der Kalkulation können die Einzelkosten keine eindeutige

Orientierung bieten, wie es zum Beispiel bei den Grenzkosten mit der Bestimmung der kurzfristigen Preisuntergrenze der Fall ist. Dennoch läßt sich die mehrstufige Einzelkostenrechnung für vielfältige Zwecke einsetzen. Sie liefert u. a. Kennzahlen für die Kostenkontrolle und für Dispositionsziele unternehmerischer Entscheidungen. Schließlich kann sie – wie jede Teilkostenkalkulation – zur Vollkostenträgerrechnung ausgebaut werden. Der Gefahr unzureichender Vollkostendeckung und fehlender Überschüsse in der Preispolitik läßt sich dann durch Vorgabe von Soll-Deckungsbeiträgen für die Kostenträger-Gemeinkosten und von Soll-Gewinnbeiträgen begegnen. Folgt man dabei dem Kosteneinwirkungsprinzip, so kommt man dadurch auf die traditionale Vollkostenkalkulation wieder zurück.

Es wäre möglich, weitere Teilkostenkalkulationen dadurch zu entwickeln, daß man nur proportionale Kosten verteilt und alle degressiven, progressiven und fixen Kosten dabei unberücksichtigt läßt oder daß man alle variablen, d. h. proportionalen, degressiven und progressiven Kosten den Produkten zurechnet und nur die fixen Kosten ausläßt. Beide Wege echter Teilkostenrechnungen sind in dieser Form nicht praktikabel. Stattdessen hat sich die Grenzkostenrechnung herausgebildet, die auf einer mathematischen Auflösung der degressiven und progressiven Kosten beruht und dadurch die vier Kostenkategorien auf zwei Kostenbestandteile, die Marginal- und Residualkosten, reduziert (vgl. S. 57). Die praktische Vereinfachung der Grenzkostenrechnung hat dazu geführt, daß man die degressiven und progressiven Kosten dadurch vernachlässigt, daß man sie den beiden anderen Kostenkategorien irgendwie zuweist. Dann schrumpfen die beiden angeführten Teilkostenkalkulationen auf eine einzige Form, nach der proportionale Kosten verteilt und fixe Kosten ausgeschaltet werden. Die exakte Kalkulation, die Grenzkosten auf Produkte zurechnet und Residualkosten dabei ausklammert, wird dann durch eine erhebliche Vereinfachung angenähert, die die äußere Gestalt einer Teilkostenrechnung annimmt.

Die darauf abzielenden Verfahren werden im nächsten Abschnitt mit behandelt.

3. Grenzkostenkonzeption

Der Grundgedanke der Grenzkostenkonzeption besteht darin, nur die Grenzkosten für die Verteilung auf die Kostenträger heranzuziehen, während auf die Zurechnung der Residualkosten (insbesondere der Fixkosten) verzichtet wird. Grundsätzlich kann dieses Verfahren, wie schon hervorgehoben, nicht als Teilkostenrechnung aufgefaßt werden. Vielmehr ist auch ein Rechnungsmodell, das ausschließlich von tatsächlich fixen und proportionalen Kosten ausgeht und daher approximativ einen linear-degressiven Verlauf der Periodenkosten unterstellt, als Sonderfall der Grenzkostenkonzeption anzusehen.

Die Kalkulation auf Grenzkostenbasis geht vor allem auf Schmalenbach zurück, der den Zusammenhang von Kalkulation und interner sowie externer (marktbezogener) Preispolitik einer eingehenden Analyse unterzogen hat. Dabei ist die Grenzkostenrechnung neben der Grenznutzenrechnung ein Unterfall der von ihm sogenannten Betriebswertrechnung. Zwischen interner und externer Preisstellung auf Grenzkostenbasis besteht dabei ein grundlegender Unterschied.

Intern wird durch eine pretiale Steuerung von Unternehmungsteilen das Stückkostenminimum angestrebt. Zu diesem Zweck werden unmittelbar die Grenzkosten als Preise für die Abrechnung zwischen den Abteilungen verwendet. Der dadurch zu erzielende Steuerungseffekt wird jedoch vor allem durch kapazitive Disharmonie zwischen den Unternehmungsteilen und die damit verbundenen Engpässe beeinträchtigt.

Für die externe Preisstellung bilden in der Konzeption Schmalenbachs die Grenzkosten nur die Grundlage, auf die Bruttogewinnzuschläge verrechnet werden, was in der Literatur vielfach verkannt worden ist. Als Zielvorstellung wird dabei die Gewinnmaximierung verfolgt. Sie muß nicht notwendigerweise als widersprüchlich zu der von Schmalenbach als ökonomische Verhaltensmaxime gleichzeitig postulierten Gemeinwirtschaftlichkeit angesehen werden. Wohl aber kann ein Konflikt zwischen beiden Zielvorstellungen entstehen.

Zur Durchführung der Grenzkostenkalkulation und der Realisierung des Steuerungseffektes ist an die frühere Erörterung der mathematischen Kostenauflösung anzuknüpfen (vgl. S. 57 ff.). Dabei handelt es sich um eine formale Zerlegung, die nicht zur Unterscheidung tatsächlich fixer und proportionaler Kosten, sondern konstanter Residualkosten und proportionaler Grenzkosten der gesamten Produktmenge einer Ausbringungsschicht führt. Für die Kalkulation werden die Grenzkosten G der Schicht auf die gesamte Ausbringungsmenge x der Periode bezogen, so daß die Periodenkosten in die so ermittelten Grenzkosten Gx und die Residualkosten R zerlegt werden.

Schmalenbach geht von einem Verhalten der Periodenkosten in Abhängigkeit von der Ausbringungsmenge aus, bei dem in Annäherung an eine quadratische Parabel (vgl. S. 48) mit wachsender Ausbringung auf eine Zone der Kostendegression über den Grenzfall der Kostenproportionalität eine Zone der Kostenprogression folgt. Hieraus ergeben sich in den einzelnen Zonen unterschiedliche Beziehungen zwischen marginalen Stückkosten (Grenzkosten) und durchschnittlichen Stückkosten (Durchschnittskosten). Im Bereich der Kostendegression liegen die Grenzkosten unter den Durchschnittskosten, und die Residualkosten sind positiv ($D > G$, $R > 0$). Im Grenzfall der Kostenproportionalität ist $D = G$ und $R = 0$. Bei Kostenprogression übersteigen die Grenzkosten die Durchschnittskosten, und die Residualkosten sind negativ ($D < G$, $R < 0$). Da Kostenproportionalität mit $R = 0$ die kostenoptimale Produktmenge kennzeichnet, können die Residualkosten als Maßstab für die unter Kostengesichtspunkten über- oder unterbeschäftigte Kapazität dienen (vgl. S. 62). Positive Residualkosten sind Ausdruck von Unterbeschäftigung, ihre Höhe gibt Aufschluß über den Grad der Abweichung von der kostenorientierten Optimalbeschäftigung. Bei negativen Residualkosten handelt es sich entsprechend um Überbeschäftigung. Diese Zusammenhänge gelten unabhängig davon, ob die Grenz- und Durchschnittskosten je Stück von Vollkosten oder von irgendwie ausgewählten Teilkosten einer Periode ermittelt werden. Sie behalten ihren Sinn auch für einzelne Kostenarten.

Für die interne Steuerung von Unternehmungsteilen in das Stückkostenminimum durch unmittelbare Preisstellung zu Grenzkosten für die Abrechnung zwischen den Abteilungen besteht bei Unterbeschäftigung der Steuerungseffekt darin, daß durch die gegenüber der Durchschnittskostenrechnung niedrigere Preisstellung die Anforderungen der abnehmenden Abteilungen angeregt werden und damit die Auslastung der Kapazität wächst. Der umgekehrte Effekt tritt bei Überbeschäftigung ein. Notwendige (und zugleich problematische) Voraussetzung für die Steuerungswirkung ist, daß die Anforderungen mehr oder weniger preiselastisch sind.

Für den Absatz erhält die Grenzkostenrechnung ihre preisbildende Funktion nur mithilfe der Ergänzung durch Gewinnzuschläge. Die Möglichkeit variabler Gestaltung der Gewinnzuschläge läßt die Kostengrundlage zunächst für die Preisstellung irrelevant erscheinen. Da für Schmalenbach die Grenzkosten kurzfristig die Preisuntergrenze darstellen, gewährt die Grenzkostenkalkulation in der Kostendegression eine größere Anpassungsfähigkeit in der Preisstellung als die Durchschnittskostenkalkulation. Auch in der Kostenprogression bilden die Grenzkosten die Preisuntergrenze, da zum Zwecke der gemeinwirtschaftlichen Steuerung der Produkte in die günstige Verwendung – Schmalenbach verbindet diesen Gesichtspunkt mit dem der Gewinnmaximierung – die Abnehmer ausscheiden sollen, deren Verwendung der Produkte am ungünstigsten ist und die daher den Preis nicht tragen können. Um durch Preisdifferenzierung eine Steuerung der Beschäftigung erreichen zu können, ist auch hier eine preiselastische Nachfrage Voraussetzung.

Eine der Grenzkostenkalkulation Schmalenbachs ähnliche Rechnung beruht auf der prozentualen Ermittlung des Beschäftigungsgrades und kann als Prozentualkalkulation bezeichnet werden. Obwohl statt Grenzkosten sogenannte Prozentualkosten ermittelt werden, wird diese Rechnungskonzeption hier eingeordnet, da sich für die Kosten eine gleichartige Bewegungstendenz und Steuerungswirkung ergibt und sie daher der gleichen Zwecksetzung dienen können.

Zur Bestimmung der Prozentualkosten wird der tatsächliche Beschäftigungsgrad, ausgedrückt in Prozenten der kostenoptimalen Beschäftigung, festgestellt. Dieser Prozentsatz wird auf die Periodenkosten angewandt. Der sich ergebende Betrag wird als gedeckte Kosten (earned burden) bezeichnet, da er durch die Erlöse zumindest gedeckt werden soll. Wie bei der Grenzkostenkalkulation entsteht eine Unter-, Voll- oder Überdeckung der Periodenkosten. Die zu den gedeckten Kosten gehörigen Stückkosten sind die Prozentualkosten B.

Verglichen mit der Kostenauflösung in Grenzkosten der gesamten Produktmenge Gx und in Residualkosten R_g (auf Grenzkostenbasis) kann man hier von einer Zerlegung in Prozentualkosten Bx der gesamten Produktmenge und in Residualkosten auf Prozentualkostenbasis (R_b) sprechen. Die prozentualen Residualkosten, in den USA als unearned burden bezeichnet (da progressive Kosten mit negativen Residualkosten unbeachtet bleiben), stellen die Differenz zwischen den Periodenkosten K und den Prozentualkosten der gesamten Produktmenge dar. Eine positive Differenz (ungedeckte Kosten) erhält man nur bei Kostendegression. Sie verschwindet im Kostenoptimum und schlägt bei Kostenprogression in negative Werte um. Somit ist eine formale Übereinstimmung der Kostenzerlegung auf Prozentualkostenbasis mit der auf Grenzkostenbasis festzustellen:

$$K = Bx + (K - Bx) = Bx + R_b. \tag{50}$$

In der folgenden Darstellung wird das frühere Beispiel (von S. 59 und 61) aufgegriffen, so daß Prozentualkosten und Grenzkosten miteinander verglichen werden können, um den Unterschied deutlich zu machen. Der kostenoptimale Beschäftigungsgrad wird beim Absatz 1 650 mit den Periodenkosten 24 750,– angenommen und gleich 100 % gesetzt.

Produktmenge x	Beschäftigungsgrad (in %)	Periodenkosten K	Prozentualkosten der Produktmenge Bx	Prozentualkosten je Stück B	Residualkosten $R_b = K - Bx$
1 100	66,66	20 600,-	13 731,96	12,48	6 868,04
1 200	72,72	20 600,-	14 980,32	12,48	5 619,68
1 300	78,78	21 300,-	16 780,14	12,91	4 519,86
1 400	84,84	22 100,-	18 749,64	13,39	3 350,36
1 500	90,90	23 000,-	20 907,–	13,94	2 093,–
1 600	96,96	24 000,-	23 270,40	14,54	729,60
1 650	100,00	24 750,-	24 750,–	15,00	0,00
1 700	103,03	25 500,-	26 272,65	15,45	– 772,65
1 800	109,09	28 000,-	30 545,20	16,97	–2 545,20
1 900	115,15	31 000,-	35 696,65	18,79	–4 696,65
2 000	121,21	36 000,-	43 635,60	21,82	–7 635,60

Ebenso wie die Grenzkosten kann man auch die ihnen in der Tendenz verwandten Prozentualkosten als Preisuntergrenze festlegen und mithilfe eines variablen Gewinnzuschlages die Preisstellung elastisch gestalten. Man beachte jedoch die erheblich schwächeren Ausschläge der Prozentualkosten bei Unter- und Überbeschäftigung im Vergleich zu den Grenzkosten.

Eine weitere Variante der Grenzkostenkalkulation stellt die auf Schär zurückgehende Differentialkalkulation dar. Da dieser ausschließlich von proportionalen und fixen Kosten ausgeht und sowohl degressive als auch progressive Kosten als nicht vorhanden ansieht, entsteht das Problem der Kostenauflösung in seiner Rechnung nicht. In anderer Deutung kann man jedoch auch von Grenz- und Residualkosten ausgehen, die sich aufgrund der Kostenauflösung ergeben. Dann unterscheidet sich die Schärsche Konzeption von der Schmalenbachschen nur in ihrer Anwendung.

Die Differentialkalkulation beruht darauf, daß – im Gegensatz zur Grenzkostenkalkulation, bei der die Grenzkosten undifferenziert auf den Gesamtumsatz bezogen werden – der Gesamtumsatz in einen Haupt- und einen Nebenumsatz (Mehrumsatz) aufgespalten wird, wobei der Hauptumsatz mit durchschnittlichen Stückkosten belastet wird, in die neben den proportionalen Kosten des Hauptumsatzes die gesamten fixen Kosten eingehen, während der Nebenumsatz nur mit den zusätzlichen proportionalen Kosten, den sogenannten Differentialkosten, abgerechnet wird.

Die ursprüngliche Konzeption Schärs kann durch ein einfaches Beispiel demonstriert werden:

Produktmenge	Periodenkosten	davon		Stückkosten		
		fix	proportional	insgesamt	fix	proportional
6 000	150 000,–	90 000,–	60 000,–	25,–	15,–	10,–
1 000	10 000,–	–	10 000,–	10,–	–	10,–
7 000	160 000,–	90 000,–	70 000,–	22,86	12,86	10,–

Läßt man die engen Voraussetzungen, die Schär macht, fallen, so ergeben die Grenzkosten des früheren Beispiels (S. 59) die Differentialkosten für die jeweils zusätzliche Schicht, während die residualen Kosten auf die Hauptmenge verrechnet werden, etwa für die Produktmengen 1 500 und 1 900:

Produktmenge	Periodenkosten	Grenzkosten	Kosten der Grenzmenge insgesamt	Kosten der Hauptmenge		Stückkosten insgesamt
				insgesamt	je Stück	
1 400	22 100,–	–	–	22 100,–	15,79	15,79
100	900,–	9,–	900,–	–	–	9,–
1 500	23 000,–	–	–	–	–	15,33
1 800	28 000,–	–	–	28 000,–	15,56	15,56
100	3 000,–	30,–	3 000,–	–	–	30,–
1 900	31 000,–	–	–	–	–	16,32

Bei degressiven Kosten wird die Grenzmenge je Stück niedriger und bei progressiven Kosten höher als die Hauptmenge kalkuliert. Mithilfe der Differentialkalkulation lassen sich Preisdifferenzierungen für bestimmte Produktgruppen, Absatzgebiete, Handelsstufen oder Abnehmerkreise durchführen. Hierher gehören z. B. auch Umsatzvergütungen, die bei Überschreiten eines Mindestquantums (Hauptumsatz) für Mehrabnahmen gewährt werden und oft ansteigend gestaffelt sind.

Die in der Gegenwart in den Vordergrund tretende Rechnungskonzeption auf Grenzkostenbasis ist das Variable Costing (Direct Costing, Proportionalkalkulation). Da sie aber – wie die ursprüngliche Differentialkalkulation – ausschließlich die als proportional angesehenen variablen Kosten den Kostenträgern zurechnet, während die Fixkosten unverteilt bleiben, stellt sie faktisch zugleich eine Teilkostenrechnung (Partialkalkulation) dar. Auch Schmalenbach hat statt der genauen Grenzkostenkalkulation in gleicher Weise als vereinfachte Näherungsrechnung die Kalkulation von (proportionalen) Mengenkosten unter Auslassung von (fixen) Zeitkosten vorgeschlagen.

Von der Zwecksetzung her gesehen, liegt das Schwergewicht des Variable Costing jedoch in der periodischen Rechnung, insbesondere in der kalkulatorischen Erfolgsrechnung (vgl. S. 170ff.). Hinsichtlich der Kostenkontrolle werden die Zuverlässigkeit und Genauigkeit und damit die besondere Aussagefähigkeit der Proportionalkostenverteilung als Vorteil hervorgehoben. Dieser Gesichtspunkt der Zurechnung betrifft zwar explizit die Gemeinkostenverteilung, gilt wegen der de facto weitgehenden Überschneidung der Gemeinkosten mit den Fixkosten aber auch für die Fixkostenverteilung.

Ein spezifischer Rechnungszweck des Variable Costing im Rahmen der Kalkulation liegt in der preispolitischen Kostenauswertung. Mit der Ermittlung der Preisuntergrenze dient es als Partialkalkulation bei Unterbeschäftigung und damit als Ersatz für eine regelrechte Grenzkostenkalkulation. Bei Überbeschäftigung muß diese Methode jedoch versagen, weil dann die Proportionalkosten immer kleiner als die Durchschnittskosten sind und sich somit keine progressiven Kosten als Unterlage für Preiserhöhungen ergeben können.

Bei der Bestimmung der Kosten, die den Erzeugniseinheiten zugerechnet werden sollen, versucht man durch Beobachtung des tatsächlichen Verhaltens der Kostenarten und deren vereinfachende Zuordnung ausschließlich auf die beiden Kategorien proportional und fix die Schwierigkeiten zu beheben, die sich praktisch der genaueren Bestimmung der Grenzkosten bzw. der Zerlegung in Grenz- und Residualkosten entgegenstellen. Es kommt also die buchtechnische Methode der Kostenauflösung zur Anwendung (vgl. S. 62 f.). Durch die ergänzende Anwendung der mathematischen Kostenauflösung läßt sich Übereinstimmung mit dem bei exakter Grenzkostenkalkulation angewandten Verfahren erreichen.

Die Ergänzung des Variable Costing durch differenzierte Fixkostenanteile bewegt sich im Rahmen der Kostenträgerrechnung, soweit es sich um Fixkosten handelt, die direkt auf Erzeugnisse oder Erzeugnisgruppen zugerechnet werden können. Bei dieser Zurechnung liegen fixe Kostenträger-Einzelkosten bzw. fixe Kostenträgergruppen-Einzelkosten vor. Eine derartige Aufspaltung der Fixkosten nach Bezugsbasen bestimmter Leistungsabgrenzung, für die sie entstanden sind, bedeutet eine Ausweitung der Aussagefähigkeit des Variable Costing. Dieser Teil der Rechnungskonzeption bezieht sich jedoch ausschließlich auf die Periodenbetrachtung. Die Zurechnung von Fixkosten auf Erzeugniseinheiten in der Kalkulation ist dem System des Variable Costing wesensfremd. An die Ermittlung der Proportionalkosten kann sich zwar durch stufenweise Fixkostenzuschläge für die Erzeugniseinheiten ein Ausbau zur Vollkostenrechnung anschließen; es treten dann jedoch gleichartige Verteilungsprobleme wie bei der normalen Vollkostenrechnung auf (vgl. hierzu das Zahlenbeispiel auf S. 158).

III. Verfahren der Kalkulation

Bei der Darstellung der Stückkostenermittlung entstehen dadurch Unklarheiten, daß die Bezeichnungen für die Verfahren deren wesentliche Merkmale und Unterschiede nicht klar genug ausdrücken. So werden in der Praxis gewöhnlich Divisions- und Zuschlagskalkulation unterschieden. Der rechnerische Divisionsprozeß, der hier eine Durchschnittsrechnung bedeutet, liegt jedoch auch der Zuschlagsrechnung zugrunde, während umgekehrt die sogenannte Zuschlagsgrundlage, die dem Divisor entspricht, bei der Divisionskalkulation ebenfalls eine entscheidende Rolle spielt. Der Maschinenstundensatz der Zuschlagskalkulation wird durch Division der Kosten durch die Laufstunden ermittelt. Der prozentuale Lohnzuschlag unterscheidet sich nur durch den Faktor 100; im übrigen wird auch hier durch die Lohnsumme dividiert. Die verschiedenen Verfahren der Divisionskalkulation unterscheiden sich gerade durch die Wahl eines geeigneten Divisors, der die Zuschlagsgrundlage darstellt.

Ihrer Natur nach liegt die Unterscheidung beider Kalkulationsverfahren im Verteilungsmodus. Bei der Zuschlagskalkulation werden bestimmte Kosten für die einzelnen Kostenträger spezifisch erfaßt und sind somit stets Einzelkosten inbezug auf einen bestimmten Kostenträger. Sie werden daher diesen direkt zugerechnet, so daß man dieses Verfahren als spezifische Einzelkostenrechnung bezeichnen kann. Der verbleibende Kostenrest (Gemeinkosten) kann nur durch divisive Durchschnittsrechnung den Kostenträgern global zugeschlagen werden. Demgegenüber werden bei der Divisionskalkulation sämtliche Kosten summarisch erfaßt und im Durchschnitt auf die Kostenträger verteilt, so daß man von summarischer Gesamtkostenrechnung sprechen kann. Eine Trennung zwischen Einzel- und Gemeinkosten wird überhaupt nicht vorgenommen. Der Ausdruck Gesamtkosten in diesem Sinne bedeutet, daß die in die Rechnung eingehenden Kosten insgesamt einheitlich behandelt werden und keiner Differenzierung in der Rechnung unterliegen. Die Kosten sind stets auf das zugrundeliegende Erzeugnis direkt zurechenbar. Diese summarische Behandlung kann von Vollkosten oder Teilkosten ausgehen.

Als Unterfall der Divisionsrechnung oder auch als drittes Verfahren wird gewöhnlich die Äquivalenzziffernrechnung genannt. Dabei wird jedoch übersehen, daß diese Verteilungsmethode zur Verfeinerung sowohl der Divisionskalkulation als auch der Zuschlagsrechnung verwandt werden kann. Sie stellt demzufolge kein drittes Verfahren, sondern lediglich ein zusätzlich differenzierendes Verteilungsverfahren dar. Es handelt sich um die Aufschlüsselung einer Kostensumme nach bestimmten Kostengewichten, die man aufgrund des Kosteneinwirkungsprinzips (oder auch des Kostentragfähigkeitsprinzips) gewinnt. In ähnlicher Weise stellt auch die Kostenstellenrechnung eine zusätzliche Kostendifferenzierung für beide Kalkulationsverfahren dar. So ergibt sich folgender Zusammenhang:

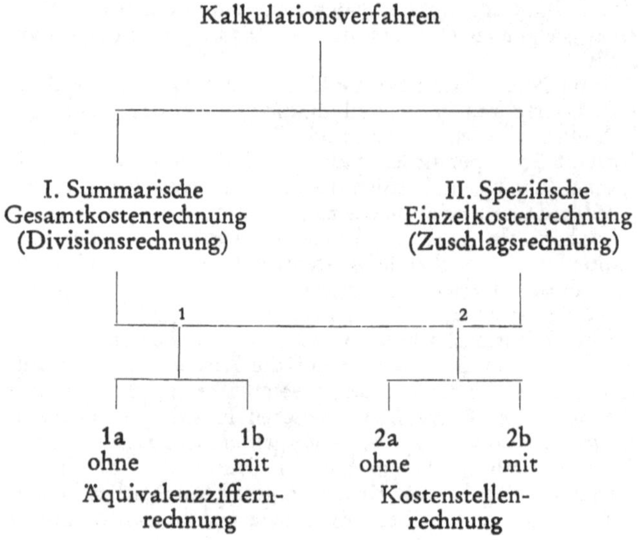

Die Kombination II 1a 2b bedeutet z. B. Zuschlagsrechnung ohne Äquivalenzziffern- und mit Kostenstellenrechnung.

Zur allgemeinen Kennzeichnung der Verfahren ist weiterhin von Bedeutung, daß zwar in der konkreten Anwendung ein charakteristischer Zusammenhang zwischen Sachinhalt und Sachumfang der Kosten und den Kalkulationsverfahren besteht, grundsätzlich jedoch keine eindeutige Zuordnung in dieser Relation gegeben ist. Sowohl auf die Vollkosten- und die Teilkostenkonzeption als auch auf die Durchschnittskosten- und die Grenzkostenkonzeption können die verschiedenen Kalkulationsverfahren angewandt werden.

1. Summarische Gesamtkostenrechnung (Divisionskalkulation)

In der industriellen Kalkulation spielt die Divisionsrechnung eine bedeutende Rolle. Sie zeichnet sich durch Einfachheit und Bequemlichkeit sowie durch Klarheit und Durchsichtigkeit ihrer Zahlengebilde aus. Sofern die Eigenart der erstellten Produkte, die Besonderheiten der Produktionsprozesse oder die Genauigkeit der Kalkulation keine verwickelteren Verfahren erfordern, bedient man sich der Divisionsrechnung.

Grundsätzlich ist die Divisionsrechnung nur dann anwendbar, wenn die Leistung gütermäßig in einer Mengeneinheit zuverlässig gemessen werden kann. Bei Sachgütern handelt es sich z. B. um die Anzahl der hergestellten bzw. verkauften Stücke, um Raum- und Gewichtsmaße oder um technische Einheiten (etwa kWh). Bei Diensten verwendet man häufig die Zeitdauer (Arbeits- und Maschinenstunden) oder kombinierte Maßstäbe (etwa tkm). Die Divisionsrechnung wird daher in der Regel von einem ausgebauten Mengengerüst getragen.

a) Einfache und einstufige Divisionsrechnung

Liegt ein Betrieb mit einheitlicher homogener Massenerzeugung vor, bei der ein einziges Erzeugnis in ununterbrochener Folge und ohne wesentliche Beschäftigungsschwankungen hergestellt wird, so kann die Divisionsrechnung als einfache und einstufige Rechnung auf den Gesamtbetrieb angewandt werden. Die Divisionsrechnung heißt einstufig, weil sie sich auf den gesamten Erzeugungsprozeß in einem Zuge, d. h. ohne die Unterscheidung von Produktions- und Abrechnungsstufen, erstreckt. Einfach wird die Divisionsrechnung deshalb genannt, weil nur ein einziger Erzeugungsprozeß vorliegt.

Allgemein gilt dann die einfache Regel:

$$\frac{\text{Gesamtkosten der Periode}}{\text{hergestellte (abgesetzte) Menge der Periode}}$$

In der Praxis findet man diese Form nicht allzu häufig. Als Beispiele seien genannt: Elektrizitätswerke, Bergwerke, Brauereien, Ziegeleien, Steinbrüche, Zementfabriken, Hochofenwerke, Schwefelsäurefabriken usw. Überall wird vorausgesetzt, daß nur ein einziges Erzeugnis hergestellt wird. Auch das Subtraktionsverfahren bei Kuppelproduktion ist nur ein Sonderfall der einfachen Divisionsrechnung. In der Kostenstellenrechnung liegt Divisionsrechnung vor, wenn man die Kosten je Mengeneinheit der Stellenleistungen ermittelt, z. B. die Kosten je kWh erzeugten Stroms oder die Kosten je Maschinenstunde einer Fertigungsstelle.

Das nachstehende Beispiel gibt die Divisionsrechnung eines Sägewerkes, aufgegliedert nach Kostenarten, wieder:

Die Einsatzmenge beträgt 21 630 fm Rundholz, die Ausbringung 14 000 cbm Schnittholz (= 65 % Ausbeute).

Die Stückkosten des Schnittmaterials betragen 29,68 DM je fm Rundholz oder 45,85 je cbm Schnittholz ab Säge. Aufgrund der Ausbeute erhält man 29,68 : 0,65 = 45,85.

Diese einfache Form der Abrechnung ist nur möglich, wenn sich am Ende der gewählten Abrechnungsperioden wesentliche Bestände weder an unfertigen noch fertigen Erzeugnissen ergeben oder diese Bestände am Anfang und Ende der jeweiligen Periode nur unbedeutend voneinander abweichen.

		insgesamt	je fm Rundholz	je cbm Schnittholz
Rundholz 21 630 fm zu 20,— ab Wald		432 600,—	20,—	30,90
Anfuhr und Klotzplatz		65 140,—	3,01	4,65
		497 740,—	23,01	35,55
Schneidelohn		120 118,—	5,56	8,58
Betriebskosten				
Gehälter	13 570,—			
Soziale Kosten	15 960,—			
Betriebsmaterial	2 490,—			
Strom und Wasser	3 042,—			
Gebäudeunterhaltung	216,—			
Maschinenpflege	8 363,—			
Versicherungen	347,—			
Gleisanschluß	788,—			
Abschreibungen	21 656,—	66 432,—	3,07	4,75
		684 290,—	31,64	48,88
Abzüglich Abfallerlöse		42 390,—	1,96	3,03
		641 900,—	29,68	45,85

Für den Fall von Beständen an unfertigen Erzeugnissen muß vorher eine Abrechnung dieser Bestände einschließlich einer Bewertung der noch im Produktionsprozeß steckenden unfertigen Erzeugnisse zu Herstellkosten erfolgen. Dann gilt die nachstehende Regel:

$$\frac{\text{Gesamtkosten der Periode} + \text{Herstellkosten der aus der vorhergehenden Periode übernommenen unfertigen Erzeugnisse} - \text{Herstellkosten der am Ende der Periode verbleibenden unfertigen Erzeugnisse}}{\text{hergestellte Menge der Periode}}$$

Ergeben sich dagegen Bestände an fertigen Erzeugnissen, d. h. werden nicht alle hergestellten Erzeugnisse in der Periode verkauft, so genügt bei größeren Abweichungen die durchgängige Divisionsrechnung nicht mehr. Es muß je ein Kostenbereich mit eigener Divisionsrechnung für die Herstellung und für den Vertrieb gebildet werden. Es sind zwei getrennte Divisionen durchzuführen:

$$\frac{\text{Herstellkosten der Periode einschließlich anteiliger Verwaltungskosten des Fertigungsbereichs}}{\text{hergestellte Menge der Periode}}$$

$$\frac{\text{Vertriebskosten der Periode einschließlich anteiliger Verwaltungskosten des Vertriebsbereichs}}{\text{abgesetzte Menge der Periode}}$$

Diese Aufteilung der Gesamtkosten macht eine kostenstellenmäßige Gruppierung mindestens nach den genannten zwei Bereichen erforderlich. Mitunter verzichtet man darauf, die Verwaltungskosten auf Herstellung und Vertrieb aufzugliedern, und verrechnet sie in voller Höhe bereits auf die hergestellte oder erst auf die abgesetzte Produktmenge. Trotz der Unterscheidung der beiden Kostenbereiche Herstellung und Vertrieb spricht man auch in diesem Falle noch von einstufiger Divisionsrechnung, d. h. einstufig vom Standpunkt des Fertigungsprozesses aus.

Während sich im einfachsten Extremfall die Divisionsrechnung zur Beantwortung der Frage, was die Erzeugniseinheit kostet, lediglich auf den Gesamtbetrag der Periodenkosten bezieht, bedeutet die zunehmende Aufgliederung der Stückkostenermittlung durch Anwendung der Divisionsrechnung auf einzelne Kostenarten oder Kostenartengruppen eine entsprechende Erweiterung der Kostenvergleichs- und Kontrollmöglichkeiten.

Für den Rechnungszweck der Kostenkontrolle kann die Divisionsrechnung auch als Teilkostenrechnung in der Weise zur Anwendung kommen, daß für einzelne wichtige Kostenarten die Stückkosten ermittelt werden, zum Beispiel Lohnkosten je Erzeugniseinheit oder Abschreibungen je kWh Strom. Kriterium für den Verzicht auf die Kostenverteilung kann die geringe Bedeutung der Kostenart nach ihrer Größenordnung sein.

Im System der Grenzkostenrechnung (Variable Costing) sind die im Beispiel angeführten Kostenarten der Kostenauflösung in marginale und residuale Kosten zu unterwerfen. Wird vereinfachend davon ausgegangen, daß nur tatsächlich-fixe und -proportionale Kosten vorhanden sind, so kann sich folgende Aufteilung ergeben:

Proportionale Kosten:

Rundholz 21 630 fm zu 20,– ab Wald	432 600,–
Anfuhr und Klotzplatz	65 140,–
Schneidelohn	120 118,–
Betriebsmaterial	2 490,–
Strom und Wasser	3 042,–
	623 390,–
Abzüglich Abfallerlöse	42 390,–
	581 000,–

Fixe Kosten:

Gehälter	13 570,–
Soziale Kosten	15 960,–
Gebäudeunterhaltung	216,–
Maschinenpflege	8 363,–
Versicherungen	347,–
Gleisanschluß	788,–
Abschreibungen	21 656,–
	60 900,–

Die proportionalen Kosten je Mengeneinheit (cbm Schnittholz) sind dementsprechend 41,50 (= 581 : 14). Die Anwendung der Divisionsrechnung führt praktisch nur dann zu konstanten Stückkosten, wenn die einbezogenen Kostenarten und auch die Abfallerlöse zur Ausbringungsmenge an Schnittholz genau proportional verlaufen. Bei geringfügigen Proportionalitätsabweichungen wird sich für einen bestimmten Mengenspielraum noch eine praktisch brauchbare Näherungslösung ergeben. Dagegen sind die fixen Kosten je cbm Schnittholz mit 4,35 (= 609 : 14) stets von der Ausbringungsmenge abhängig.

Geht man von einem Absatzpreis von DM 51,50 aus, dann errechnet sich nach (48) der tote Punkt wie folgt:

$$x = \frac{60\,900}{51{,}50 - 41{,}50} = 6\,090$$

Bei einer Deckung von DM 10,– je cbm Schnittholz wird bei einem Absatz von 6 090 cbm die kritische Menge erreicht, bei der sämtliche Kosten gerade voll gedeckt sind. Wird die Gesamterzeugung von 14 000 cbm abgesetzt, ergibt sich ein Gewinn von DM 79 100,– = (10 – 4,35) × 14 000. Setzt man in (49) den Gewinn E = 79 100, so erhält man

$$x = \frac{60\,900 + 79\,100}{51{,}50 - 41{,}50} = 14\,000$$

Das dargestellte Beispiel zeigt, wie das Prinzip der Divisionsrechnung bei unterschiedlichen Rechnungskonzeptionen zur Anwendung kommt.

b) Mehrfache (simultane) Divisionsrechnung

Die Voraussetzung der Einproduktfertigung, die für die Anwendung der einfachen Divisionsrechnung gegeben sein muß, wird in vielen Industriezweigen, namentlich der chemischen Industrie, nicht erfüllt. Werden statt eines einzigen Massenerzeugnisses mehrere Erzeugnisse derart hergestellt, daß die verschiedenen Produktionsprozesse unabhängig voneinander sind und in simultan arbeitenden Teilbetrieben nebeneinander herlaufen, dann läßt sich eine mehrfache Divisionsrechnung anwenden. Die einzelnen Teilbetriebe rechnen hierbei mit einfacher und einstufiger Divisionsrechnung ihre Teilerzeugnisse gesondert ab.

Der Gesamtbetrieb benötigt eine Kostenstellenrechnung, welche die unmittelbaren Kosten der einzelnen Produktionsabteilungen sammelt und die gemeinsamen Kostenarten auf diese aufteilt oder von der Verteilung ausschließt. Durch die ganze Abrechnung hindurch stehen die einzelnen Fabrikate nebeneinander. Auch hier besteht die Möglichkeit von Teilkosten- und Grenzkostenrechnungen.

c) Mehrstufige (sukzessive) Divisionsrechnung

Wird nur ein einziges Erzeugnis hergestellt und durchläuft der Fertigungsprozeß hintereinander mehrere Fabrikationsstufen, so kann es durchaus möglich sein, daß die einstufige Divisionsrechnung auch hier praktisch ausreicht. Bilden sich jedoch zwischen den einzelnen Stufen Zwischenlager an unfertigen Erzeugnissen, weil in den Stufen eine unterschiedliche Ausbringung vorliegt, dann ist eine durchgängige Division nicht mehr möglich. Die Kosten der verschiedenen Fabrikationsstufen beziehen sich dann nicht mehr auf die Menge der fertigen Erzeugnisse, sondern auf die unterschiedlichen Mengen der entsprechenden Zwischenerzeugnisse. Eine einfache Division der Gesamtkosten aller Stufen durch die Menge an Fertigerzeugnissen würde ein vollkommen falsches Bild der Stückkosten ergeben. Diese würden nämlich den ständig veränderlichen Kostenanteil der lagernden Zwischenvorräte mit enthalten, der sich positiv bei Vorratsmehrungen und negativ bei Vorratsminderungen auswirken müßte.

Um diesen Fehler auszuschalten und dennoch das Verfahren der Divisionsrechnung beizubehalten, lassen sich zwei Wege beschreiten. Die erste Lösung besteht darin, daß man die Kosten jeder Fertigungsstufe durch ihre eigene Ausbringungsmenge dividiert und in der nächsten Stufe nur die weiterverarbeiteten Mengen in die Kosten verrechnet. Als zweite Möglichkeit kann man auf jeder Fabrikationsstufe deren eigene Produktmenge in die damit herstellbare Menge an Enderzeugnissen umrechnen und diese als Divisor benutzen. In beiden Fällen sind sukzessiv so viele Divisionen durchzuführen, als Fabrikationsstufen und Zwischenlager rechnerisch unterschieden werden. Man spricht daher von mehrstufiger Divisionsrechnung. In beiden Fällen liegen in jeder Stufe direkt zurechenbare Kosten der Stufenerzeugnisse vor.

Im Schema ist die erste Methode der Stufendivision wie folgt darstellbar:

I.

$$\frac{\text{Herstellkosten der Periode in Fertigungsstufe I}}{\text{hergestellte Menge der Periode in Fertigungsstufe I}} = \text{Stückkosten in Fertigungsstufe I}$$

II.

$$\frac{\text{Herstellkosten der aus Fertigungsstufe I übernommenen Ausbringungsmenge} + \text{Herstellkosten der Periode in Fertigungsstufe II}}{\text{hergestellte Menge der Periode in Fertigungsstufe II}} = \text{Stückkosten bis zur Fertigungsstufe II einschließlich}$$

III.

$$\frac{\text{Herstellkosten der aus Fertigungsstufe II übernommenen Ausbringungsmenge} + \text{Herstellkosten der Periode in Fertigungsstufe III (Endstufe)}}{\text{hergestellte Menge der Periode in Fertigungsstufe III}} = \text{Stückkosten bis zur Fertigungsstufe III (Endstufe) einschließlich (Herstellkosten insgesamt)}$$

IV.

$$\frac{\text{Herstellkosten der aus Fertigungsstufe III (Endstufe) abgesetzten Erzeugnisse} + \text{Vertriebskosten der Periode}}{\text{abgesetzte Menge der Periode}} = \text{Gesamtkosten je Stück}$$

Als Zahlenbeispiel für die Verrechnung der Kosten jeder Fertigungsstufe mit ihrer eigenen Ausbringung sei eine Zementfabrik gewählt. Dabei werden folgende Produktionsvorgänge zugrunde gelegt:

1. 10 800 t Rohmaterial werden gefördert und in die Aufbereitungsanlage eingesetzt;
2. das aufbereitete Rohmaterial wird in 10 000 t Rohmehl verwandelt;
3. 7 500 t Rohmehl werden in die Öfen geleitet und daraus 5 000 t Klinker erbrannt;

4. 5 700 t Klinker, zuzüglich 300 t Gips, werden zu Zement vermahlen;
5. 7 000 t gemahlener Zement werden verpackt und verladen.

Die Fertigungskosten der fünf Herstellungsstufen (Kostenstellen) betragen:

1.	Rohmaterial-Förderkosten	21 600,– DM
2.	Aufbereitungskosten	25 000,– DM
3.	Brennkosten	75 000,– DM
4.	Zementmahlkosten	30 000,– DM
5.	Pack- und Verladekosten	14 000,– DM

Kalkulation:

1. Rohmaterial-Förderung:
   21 600,– Kosten in Stufe 1 : 10 800 t = 2,– je t

2. Aufbereitung:
   25 000,– Kosten in Stufe 2
   \+ 21 600,– Kosten[1] aus Stufe 1
   46 000,– : 10 000 t = 4,66 je t

3. Brennen:
   75 000,– Kosten in Stufe 3
   \+ 34 950,– Kosten[2] aus Stufe 2
   109 950,– : 5 000 t = 22,– je t

4. Mahlen:
   30 000,– Kosten in Stufe 4
   \+ 125 400,– Kosten[3] aus Stufe 3
   155 400,– : 6 000 t[4] = 25,90 je t

5. Verpacken und Verladen:
   14 000,– Kosten in Stufe 5
   \+ 181 300,– Kosten[5] aus Stufe 4
   195 300,– : 7 000 t = 27,90 je t

[1] 10 800 × 2 = 21 600
[2] 7 500 × 4,66 = 34 950
[3] 5 700 × 22 = 125 400
[4] 5 700 + 300 = 6 000
[5] 7 000 × 25,90 = 181 300

Legt man bei dieser Methode Buchbestandspreise zugrunde, so ergibt sich als Nachteil, daß jede Stufe mit ihrer Abrechnung warten muß, bis die vorgelagerte Stufe abgerechnet hat. Dieser Mangel läßt sich durch Anwendung fester Verrechnungspreise beheben.

Zur Darstellung der zweiten Methode der Stufendivision, der Umrechnung auf Endleistungen, wird das gleiche Zahlenbeispiel der Zementfabrikation benutzt, um den Unterschied deutlich zu machen. Die Kalkulation vollzieht sich auf folgendem Wege:

I. Die tatsächlichen Stufeneinsätze und Stufenausbringungen müssen in rechnungsmäßige Größen so umgerechnet werden, daß die Fiktion einer durchgängigen Fertigung ohne Zwischenlagerung entsteht, d. h. die Ausbringung jeder Stufe muß gleich dem Einsatz der nachfolgenden Stufe sein.

Stufe	tatsächlicher Einsatz		tatsächliche Ausbringung		rechnungsmäßiger Einsatz		rechnungsmäßige Ausbringung
1. Förderung			10 800				10 800
2. Aufbereitung	10 800	:	10 000	=	10 800	:	10 000
3. Brennen[6]	7 500	:	5 000	=	10 000	:	6 660
4. Mahlen[7]	5 700 + 300	:	6 000	=	6 660 + 340	:	7 000
5. Verpacken und Verladen	7 000	:	7 000	=	7 000	:	7 000

II. Mithilfe dieser rechnungsmäßigen Stufenausbringungen werden die Ergiebigkeitsfaktoren ermittelt, die angeben, welche Endproduktmengen aus 1 t Stufenausbringung gewonnen werden.

Stufe	rechnungsmäßige Endproduktmenge		rechnungsmäßige Ausbringung		Ergiebigkeitsfaktor
1	7 000	:	10 800	=	0,648
2	7 000	:	10 000	=	0,7
3	7 000	:	6 660	=	1,051
4	7 000	:	7 000	=	1,0
5	7 000	:	7 000	=	1,0

[6] 7 500 : 5 000 = 10 000 : x ; x = 6 660,–
[7] 5 700 : 300 = 6 660 : x ; x = 340,–

III. Die tatsächlichen Stufenausbringungen werden nun durch Multiplikation mit den Ergiebigkeitsfaktoren auf Endprodukteinheiten umgerechnet. Dividiert man dann die einzelnen Stufenkosten durch die in Endprodukteinheiten ausgedrückte Stufenausbringung, so erhält man jeweils die Stufenkosten je t Endprodukt. Die Addition dieser Stufeneinheitskosten ergibt die Herstellkosten je t Endprodukt.

Stufe	tatsächliche Ausbringung		Ergiebigkeitsfaktor		Ausbringung in Endprodukteinheiten	Stufenkosten	Stufenkosten je t Endprodukt
1	10 800	×	0,648	=	7 000	21 600	3,086
2	10 000	×	0,7	=	7 000	25 000	3,571
3	5 000	×	1,051	=	5 255	75 000	14,272
4	6 000	×	1,0	=	6 000	30 000	5,000
5	7 000	×	1,0	=	7 000	14 000	2,000
	Herstellkosten je t Endprodukt						27,929

Auf die Trennung der Stufenkosten in marginale (proportionale) und residuale (fixe) Kostenanteile wird hier verzichtet. Sie entspricht dem vorher (S. 200) behandelten Beispiel eines Sägewerks.

2. Spezifische Einzelkostenrechnung (Zuschlagskalkulation)

Die relativ leicht durchführbare Divisionsrechnung ist bei einem differenzierten Erzeugnisprogramm, das mit begrenzter Auflage und wechselnder Fertigung verbunden ist, nicht anwendbar. Für heterogene Serien- und Einzelerzeugnisse wird die Verteilung der Kosten auf die verschiedenen Kostenträger nach dem Kriterium der Leistungsbezogenheit zum speziellen Rechnungsproblem. Das Streben nach Belastung der Kostenträger mit den ihnen jeweils zugehörigen Kosten führt zunächst zur Heraushebung zurechenbarer Einzelkosten (Kostenträger-Einzelkosten), die sich auf die Kostenträger ohne weiteres direkt verteilen lassen. Hierzu gehören zum Beispiel Fertigungsmaterialien, Fertigungslöhne, gewisse Hilfsstoffe, Zubehörteile, bestimmte Werkzeuge, Provisionen, Ausgangsfrachten usw. Diesen Kostenträger-Einzelkosten stehen Kostenträger-Gemeinkosten gegenüber, die für mehrere unterschiedliche Erzeugnisse oder alle Erzeugnisse gemeinsam anfallen und deren direkte Verteilung auf die Erzeugnisse daher nicht möglich ist oder zu umständlich wäre.

Die weiteren Ausführungen gehen zunächst von der Vollkostenkonzeption aus, da die hierfür entwickelten Formen der Verfahrenstechnik grundsätzlich auch für die Teilkosten- und die Grenzkostenkonzeption gelten. Die Besonderheiten dieser Konzeption werden anschließend erörtert.

Bei der Zuschlagskalkulation werden als spezifische Grundlage des Kostenaufbaus die Kostenträger-Einzelkosten direkt den Kostenträgern als sogenannte Stammkosten zugerechnet. Die Kostenträger-Gemeinkosten werden dann auf die Kostenträger mithilfe geeigneter mengen- oder wertmäßiger Basisgrößen, die Divisoren darstellen, indirekt als sogenannte Zuschlagskosten verteilt. Das Problem der Zuschlagsrechnung besteht somit darin, geeignete Zuschlagsgrundlagen als Verteilungsschlüssel zu finden, die den Gemeinkosten möglichst proportional sind.

Die Zuschlagsrechnung wird entweder für jedes Einzelerzeugnis gesondert durchgeführt (z. B. bei Spezialmaschinen, Großanlagen, Schiffs- und Brückenbau), oder man faßt gleichartige oder verwandte Erzeugnisse zu Serien oder Sortengruppen zusammen (z. B. in der Textil-, Maschinen- und Kleineisenindustrie). Ist die Serienzahl einer Erzeugnisgruppe Bezugsgrundlage für die Zuschlagsrechnung, so erhält man die Kosten der Produkteinheit erst mittels nachträglich vorgenommener Division durch die zugehörige Menge.

Die sogenannte Veredelungsrechnung ist eine Abart der Zuschlagsrechnung. Es werden lediglich die verarbeiteten Materialien (Werkstoffe, meist ohne Hilfsstoffe, stets ohne Betriebsstoffe) als Einzelkosten erfaßt und den Kostenträgern direkt belastet. Es handelt sich immer um einen vorherrschenden Grundstoff, der fortschreitend bearbeitet, umgeformt oder veredelt wird, zum Beispiel in Lohnverzinkereien, Druckpapierfabriken und Holzverarbeitungswerken. Alle übrigen Kosten, auch die Löhne, werden als Veredelungskosten den Materialkosten zugeschlagen.

Nach dem Genauigkeitsgrad der Gemeinkostenverteilung kann man folgende Typen von Verteilungsverfahren unterscheiden:

1. Verrechnung von Gesamtzuschlägen (ohne Kostenstellenrechnung)
   a) kumulative und
   b) elektive Gesamtzuschläge,
2. Verrechnung von Stellenzuschlägen (mit Kostenstellenrechnung)
   a) kumulative und
   b) elektive Stellenzuschläge.

Bei der Verrechnung von Gesamtzuschlägen stehen die Gemeinkosten den Einzelkosten ohne weitere Aufgliederung gegenüber. Wird mit nur einer Zuschlagsbasis (Divisor) gerechnet (Typ 1 a), bilden die Gemeinkosten einen geschlossenen Block. Die Zuschlagskalkulation besteht hier aus der Ermittlung der spezifischen Einzelkosten (Fertigungsmaterial, Fertigungslohn, Sondereinzelkosten) und eines einzigen Zuschlags für die Verrechnung der Gemeinkosten. Zuschlagsgrundlage können das Fertigungsmaterial, der Fertigungslohn, die Summe von Material und Lohn oder die Summe sämtlicher Einzelkosten sein. Im Schema ergeben sich demnach vier typische Fälle (Abb. 34).

Als Zahlenbeispiel erhält man:

	Werte	Mengen
Fertigungsmaterial	10 000,– DM	100 kg
Fertigungslohn	8 000,– DM	400 Stunden
Sondereinzelkosten	2 000,– DM	
Gemeinkosten	24 000,– DM	
	44 000,– DM	

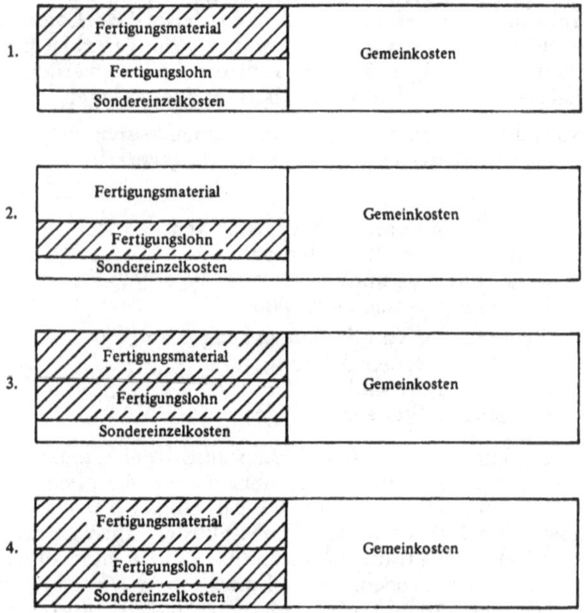

Abb. 34 Typen der Gemeinkosten-Verteilung

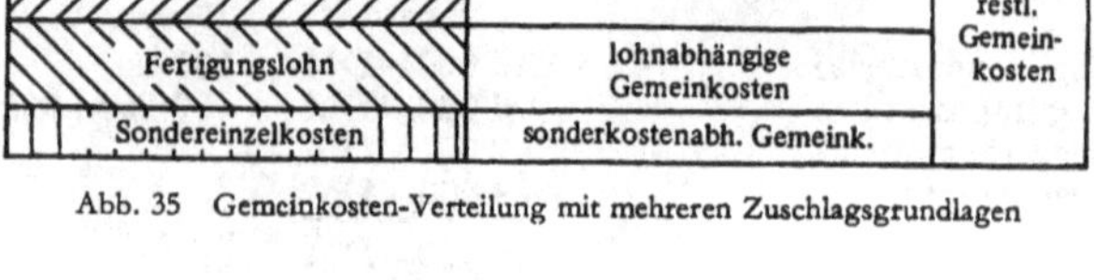

Abb. 35 Gemeinkosten-Verteilung mit mehreren Zuschlagsgrundlagen

a) Wertzuschläge

1. Materialzuschlag $\frac{24\,000}{10\,000} \times 100 = 240\,\%$

2. Lohnzuschlag $\frac{24\,000}{8\,000} \times 100 = 300\,\%$

3. Material- und Lohnzuschlag $\frac{24\,000}{18\,000} \times 100 = 133^1/_3\,\%$

4. Einzelkostenzuschlag $\frac{24\,000}{20\,000} \times 100 = 120\,\%$

b) Mengenzuschläge

1. Materialzuschlag $\frac{24\,000}{100}$ = 240,– DM je kg Material

2. Lohnzuschlag (Stundensatz) $\frac{24\,000}{400}$ = 60,– DM je Std. Lohn

Da die Gemeinkosten in den seltensten Fällen auf eine einzige derartige Einflußgröße zurückzuführen sind, ist die Verwendung nur einer Basisgröße meist zu ungenau. Eine Verfeinerung der Rechnung läßt sich dadurch erreichen, daß man mehrere Zuschlagsgrundlagen heranzieht und die Gemeinkosten nach ihrer Abhängigkeit von diesen aufgliedert. Die Gemeinkosten werden bei diesem Verfahren zwar nicht mehr als geschlossener Block verrechnet, bleiben aber trotzdem nach Kostenstellen zunächst undifferenziert (Typ 1 b). Schematisch ergibt sich eine vierfache Aufteilung der Gemeinkosten (Abb. 35).

Unter Verwendung des obigen Zahlenbeispiels erhält man:

a) Wertzuschläge

1. materialabhängige $\frac{12\,000}{10\,000} \times 100 = 120\,\%$

2. lohnabhängige $\frac{8\,000}{8\,000} \times 100 = 100\,\%$

3. sonderkostenabhängige $\frac{1\,000}{2\,000} \times 100 = 50\,\%$

4. restliche Gemeinkosten[1] $\frac{3\,000}{18\,000} \times 100 = 16^2/_3\,\%$

b) Mengenzuschläge

1. materialabhängige $\frac{12\,000}{100} = 120,-$ DM je kg

2. lohnabhängige $\frac{8\,000}{400} = 20,-$ DM je Std.

Als weiteres Beispiel sei ein Betrieb angeführt, der als Basisgröße nebeneinander die Fertigungslöhne, das Fertigungsgewicht und die Stückzahl der Erzeugnisse verwendet:

Lohnabhängige Gemeinkosten	4 500,– DM	
Fertigungslöhne	3 000,– DM	
Zuschlagssatz		150 %
Gewichtsabhängige Gemeinkosten	4 000,– DM	
Fertigungsgewicht	16 000 kg	
Zuschlagssatz		0,25 je kg
Stückabhängige Gemeinkosten	2 000,– DM	
Stückzahl	10 000	
Zuschlagssatz		0,20 je Stück

Ein Erzeugnis, das 3 kg wiegt und 0,60 DM Fertigungslohn erfordert, hat danach folgende Fertigungskosten:

Fertigungslohn		0,60 DM
Gemeinkosten		
a) 150 % auf 0,60 DM	= 0,90 DM	
b) 0,25 DM/kg auf 3 kg	= 0,75 DM	
c) DM/Stück	= 0,20 DM	1,85 DM
		2,45 DM

Betriebe mit wechselnden Kostenträgern, die große Unterschiede in Materialverbrauch und Arbeitstätigkeit aufweisen und insbesondere die einzelnen Abteilungen und

[1] Z.B. auf Material und Lohn (18 000,-) bezogen.

Werkstätten in verschiedenem Umfange beanspruchen, kommen selbst mit den verfeinerten Verfahren der Gesamtzuschläge nicht aus. Eine vermehrte Herstellung zum Beispiel von Erzeugnissen, die viel Maschinenarbeit auf sich vereinigen und auf kostenintensiven Anlagen hergestellt werden, würde zu einem Ansteigen der globalen Gesamtzuschläge führen und auch solche Erzeugnisse belasten, die die erhöhten Kosten nicht hervorrufen. Dies zwingt zur Verwendung differenzierter Stellenzuschläge. Der Betrieb wird abrechnungstechnisch so weit unterteilt, daß sich Kostenstellen ergeben, für die man getrennt möglichst kostenproportionale Zuschlagsgrundlagen ermitteln kann. Das Grundschema der Zuschlagskalkulation arbeitet dabei in der Regel mit vier Kostenbereichen: Materialbereich, Fertigungsbereich, Verwaltungs- und Vertriebsbereich. Der

<table>
<tr><td>Fertigungsmaterial</td><td rowspan="2">Materialkosten</td><td rowspan="7">Herstellkosten</td><td rowspan="9">Gesamtkosten</td></tr>
<tr><td>Materialgemeinkosten</td></tr>
<tr><td>Fertigungslohn</td><td rowspan="5">Fertigungskosten</td></tr>
<tr><td>Fertigungsgemeinkosten Werkstatt A
(bezogen auf Fertigungslohn Werkstatt A)</td></tr>
<tr><td>Fertigungsgemeinkosten Werkstatt B
(bezogen auf Fertigungsstunden Werkstatt B)</td></tr>
<tr><td>Fertigungsgemeinkosten Werkstatt C
(bezogen auf Erzeugnisgewicht Werkstatt C)</td></tr>
<tr><td>Sondereinzelkosten der Fertigung</td></tr>
<tr><td colspan="3">Verwaltungsgemeinkosten
(bezogen auf Herstellkosten)</td></tr>
<tr><td colspan="3">Vertriebsgemeinkosten
(bezogen auf Herstellkosten)</td></tr>
</table>

Abb. 36 Schema der Zuschlagskalkulation

Fertigungsbereich wird in den meisten Fällen tiefer gegliedert, entweder in die einzelnen Werkstätten, unter Umständen noch getrennt nach Hand- und Maschinenarbeit, oder in die verschiedenen Fertigungs- und Montagestraßen. Nach erfolgter Kostenstellenumlage wird der Gemeinkostenanteil jeder Endkostenstelle zur Zuschlagsbasis dieser Stelle in Beziehung gesetzt (Divisions- oder Durchschnittsrechnung). Die Zuschlagskalkulation hat das im Schema (Abb. 36) wiedergegebene Aussehen (Typ 2 a).

Im Zahlenbeispiel ergibt sich:

Gemeinkosten	Zuschlagsgrundlage	Zuschlagssatz
a) Materialgemeinkosten		
30 000,– DM	Fertigungsmaterial 200 000,– DM	wertmäßig 15 %
	Materialgewicht 60 000 kg	mengenmäßig 0,50 DM je kg
b) Fertigungsgemeinkosten		
Werkstatt A 480 000,– DM	Fertigungslohn 400 000,– DM	wertmäßig 120 %
Werkstatt B 1 600 000,– DM	Fertigungsstunden 200 000 Std.	mengenmäßig 8,– DM je Std.
Werkstatt C 360 000,– DM	Erzeugnisgewicht 180 000 kg	mengenmäßig 2,– DM je kg
c) Verwaltungsgemeinkosten 600 000,– DM	Herstellkosten 4 000 000,– DM	wertmäßig 15 %
d) Vertriebsgemeinkosten 400 000,– DM	Herstellkosten 4 000 000,– DM	wertmäßig 10 %

Für ein einzelnes Erzeugnis erhält man z. B. folgende Kalkulation:

Fertigungsmaterial		400,– DM
Fertigungslohn (davon in Werkstatt A 800,–)		2 000,– DM
Sondereinzelkosten		100,– DM
	Einzelkosten	2 500,– DM
Materialgemeinkosten 15 % von 400,–		60,– DM
Fertigungsgemeinkosten		
Werkstatt A 120 % von 800,–		960,– DM
Werkstatt B 160 Stunden je 8,–		1 280,– DM
Werkstatt C 1 600 kg je 2,–		3 200,– DM
	Herstellkosten	8 000,– DM
Verwaltungsgemeinkosten 15 % von 8 000,–		1 200,– DM
Vertriebsgemeinkosten 10 % von 8 000,–		800,– DM
	Gesamtkosten	10 000,– DM

Die Zuschlagskalkulation mit mehreren Zuschlagssätzen je Kostenstelle (Typ 2 b) wird dann angewandt, wenn trotz weitgehender Aufgliederung nach Kostenstellen keine Zuschlagsgrundlage zu finden ist, der alle wesentlichen Kostenarten einer Kostenstelle weitgehend proportional sind. Es handelt sich um eine Kombination des Typs 2 a mit dem Typ 1 b. In einigen oder allen Kostenstellen werden dann mehrere Basisgrößen für eine proportionale Verrechnung der Gemeinkosten benutzt. Zur Ermittlung der Zuschlagssätze ist dann nicht nur eine Aufgliederung der Gemeinkosten nach Kostenstellen, sondern außerdem innerhalb der Stellen noch nach Zuschlagsgrundlagen erforderlich.

Gliedert man die Kostenstellen nach verschiedenen Arbeitsplätzen (z. B. in Industrieunternehmungen meist nach Maschinen), so ermittelt man für diese getrennte Stundensätze (Hand- oder Maschinenstundensätze).

Der Einfluß von Veränderungen der Beschäftigungsintensität auf den Verlauf der Kosten, insbesondere den der Stellenkosten bzw. Kostenarten der einzelnen Kostenstellen, führt zu einer weiteren Verteilungsproblematik. Die Gemeinkosten können sich gegenüber derartigen Einflüssen fix oder variabel verhalten, wobei noch zwischen

Produkte	a	b	c	d	e	insgesamt
Periodenmenge (Stück)	400	300	360	120	240	1 420
Arbeitsstunden je Stück	2	3	30	60	50	
Einzelkosten der Periodenmenge:						
Kostenträger	10 000	12 000	80 000	78 000	90 000	270 000
Kostenstelle I	424	476				900
Kostenstelle II	286	214				500
Kostenstelle III	240	360				600
Kostenstelle IV			5 040	3 360	5 600	14 000
Kostenstelle V			5 895	3 368	6 737	16 000
Kostenstelle VI			2 000	2 000	2 000	6 000
Zwischensumme 1	10 950	13 050	92 935	86 728	104 337	308 000
Einzelkosten Betrieb A	2 823	3 177				6 000
Einzelkosten Betrieb B			17 280	11 520	19 200	48 000
Zwischensumme 2	13 773	16 227	110 215	98 248	123 537	362 000
Unternehmungs-Einzelkosten	404	454	5 451	3 634	6 057	16 000
Gesamtkosten der Periodenmenge	14 177	16 681	115 666	101 882	129 594	378 000
Kosten je Stück:						
Kostenträger-Einzelkosten	25,–	40,–	222,20	650,–	375,–	190,10
Zwischensumme 1	27,40	43,50	258,20	722,70	434,70	216,90
Zwischensumme 2	34,40	54,10	306,20	818,70	514,70	254,90
Gesamtkosten	35,40	55,60	321,30	849,–	540,–	266,20
Verkaufspreise	32,–	38,–	335,–	1 040,–	662,50	301,80
Gesamtkostendeckung je Stück	–3,40	–17,60	13,70	191,–	122,50	35,60

Abb. 37
Mehrstufige differenzierte Einzelkosten-Stückrechnung

degressivem, proportionalem und progressivem Verlauf zu unterscheiden ist. Lediglich bei den proportionalen Gemeinkosten bleiben die Stellenzuschläge für alle Beschäftigungsgrade konstant, während sie sich bei degressiven und progressiven Gemeinkosten mit der Intensität ändern. Um aber nicht bei jedem Beschäftigungsgrad einen anderen Stellenzuschlag ermitteln zu müssen, sucht man eine praktisch genügend genaue Verteilung approximativ dadurch zu erreichen, daß man Beschäftigungsschichten bildet, innerhalb derer eine rechnerisch-quotierende Proportionalisierung der Gemeinkosten vorgenommen und mit gleichen (kumulativen oder elektiven) Stellenzuschlägen gerechnet werden kann. Eine sorgfältige Kostenanalyse ist dazu erforderlich.

Auch die früher dargestellte, voll ausgebaute mehrstufige periodische Einzelkostenrechnung läßt sich für eine vielfältige Stückrechnung verwenden. Für das Abb. 21 zugrunde liegende Zahlenbeispiel wird in Abb. 37 eine Umlage der differenzierten Einzelkosten auf die Produkte schrittweise vorgenommen und deren Stückkosten in vier Stufen ermittelt. Im Vergleich zu Abb. 22 ist die Umlagetechnik abgewandelt; sie liefert jedoch die gleichen Verteilungsergebnisse. Während insgesamt alle Stufenkosten durch die Preise im Durchschnitt (letzte Spalte) voll gedeckt sind, ist zum Beispiel die Gesamtkostendeckung für die Produkte a und b negativ. Für Produkt b sind nicht einmal die Kostenträger-Einzelkosten gedeckt (vgl. auch Deckung I in Abb. 27).

Abb. 38 zeigt im Anschluß an Abb. 30 die zugehörige mehrstufige Grenz-Einzelkostenrechnung. Für sämtliche Produkte sind die Gesamt-Grenz-Einzelkosten gedeckt (vgl. Abb. 32). Die verschiedenen Grenzkostendeckungen sind von hoher Aussagekraft für Entscheidungen über die Produkte.

Abb. 39 gibt im Anschluß an Abb. 31 die entsprechende mehrstufige Residualkostenrechnung wieder. Sie läßt erkennen, wie weit die Gesamt-Grenzkostendeckungen bei den einzelnen Produkten ausreichen, um die Residualkosten

Produkte	a	b	c	d	e	insgesamt
Periodenmenge (Stück)	400	300	360	120	240	
Arbeitsstunden je Stück	2	3	30	60	50	
Grenzkosten der Periodenmenge:						
Kostenträger	8 400	7 600	64 000	72 000	80 000	232 000
Kostenstelle I	141	159				300
Kostenstelle II	57	43				100
Kostenstelle III	80	120				200
Kostenstelle IV			1 800	1 200	2 000	5 000
Kostenstelle V			2 358	1 347	2 695	6 400
Kostenstelle VI			733	734	733	2 200
Zwischensumme 1	8 678	7 922	68 891	75 281	85 428	246 200
Grenzkosten Betrieb A	188	212				400
Grenzkosten Betrieb B			1 008	672	1 120	2 800
Zwischensumme 2	8 866	8 134	69 899	75 953	86 548	249 400
Unternehmungs-Grenzkosten	20	23	272	182	303	800
Gesamt-Grenzkosten der Periodenmenge	8 886	8 157	70 171	76 135	86 851	250 200
Grenzkosten je Stück:						
Kostenträger-Einzelkosten	21,–	25,30	177,80	600,–	333,30	
Zwischensumme 1	21,70	26,40	191,40	627,30	355,90	
Zwischensumme 2	22,10	27,10	194,20	632,90	360,60	
Gesamt-Grenzkosten je Stück	22,20	27,20	194,90	634,40	361,90	
Verkaufspreise	32,–	38,–	335,–	1 040,–	662,50	
Gesamt-Grenzkosten-Deckung	9,80	11,20	140,10	405,60	300,60	

Abb. 38
Mehrstufige differenzierte Einzelkosten-Grenzkosten-Stückrechnung

Produkte	a	b	c	d	e	insgesamt
Periodenmenge (Stück)	400	300	360	120	240	
Arbeitsstunden je Stück	2	3	30	60	50	
Residualkosten der Periodenmenge:						
Kostenträger	1 600	4 400	16 000	6 000	10 000	38 000
Kostenstelle I	282	318				600
Kostenstelle II	229	171				400
Kostenstelle III	160	240				400
Kostenstelle IV			3 240	2 160	3 600	9 000
Kostenstelle V			3 537	2 021	4 042	9 600
Kostenstelle VI			1 267	1 266	1 267	3 800
Zwischensumme 1	2 271	5 129	24 044	11 447	18 909	61 800
Residualkosten Betrieb A	2 635	2 965				5 600
Residualkosten Betrieb B			16 272	10 848	18 080	45 200
Zwischensumme 2	4 906	8 094	40 316	22 295	36 989	112 600
Unternehmungs-Residualkosten	384	432	5 178	3 452	5 754	15 200
Gesamt-Residualkosten der Periodenmenge	5 290	8 526	45 494	25 747	42 743	127 800
Residualkosten je Stück:						
Kostenträger-Einzelkosten	4,–	14,70	44,40	50,–	41,70	
Zwischensumme 1	5,70	17,10	66,80	95,40	78,80	
Zwischensumme 2	12,30	27,–	112,–	185,80	154,10	
Gesamt-Residualkosten je Stück	13,20	28,40	126,40	214,60	178,10	

Abb. 39
Mehrstufige differenzierte Einzelkosten-Residualkosten-Stückrechnung

auf den verschiedenen Kostenstufen auszugleichen (vgl. auch hier Abb. 32). Für Produkt a sind z. B. die residualen Kostenträger- und Kostenstellenkosten gedeckt. Für Produkt b bleiben sämtliche Residualkosten ungedeckt. Dagegen tragen die Produkte c bis e in unterschiedlicher Höhe zur Deckung aller residualen Kostenstufen bei.

Abschließend soll eine Zuschlagskalkulation dargestellt werden, die in Grenzkosten und Residualkosten aufgegliedert ist. Dabei wird angenommen, wie dies in der Regel der Fall ist, daß die Kostenträger-Einzelkosten zur Produktmenge proportional verlaufen, so daß sich die Kostenzerlegung nur auf die Kostenträger-Gemeinkosten erstreckt. Das Zahlenbeispiel auf S. 216 f. wird den folgenden Ausführungen zugrunde gelegt.

		Zuschlagsbasis	Zuschlagssatz
a) Materialgemeinkosten		Fertigungsmaterial	3 %
Grenzkosten	6 000,–	200 000,–	
Residualkosten	24 000,–		12 %
	30 000,–		15 %
b) Fertigungsgemeinkosten			
Werkstatt A		Fertigungslohn	
Grenzkosten	120 000,–	400 000,–	30 %
Residualkosten	360 000,–		90 %
	480 000,–		120 %
Werkstatt B		Fertigungsstunden	
Grenzkosten	600 000,–	200 000 Std.	3,– je Std.
Residualkosten	1 000 000,–		5,– je Std.
	1 600 000,–		8,– je Std.
Werkstatt C		Erzeugungsgewicht	
Grenzkosten	80 000,–	180 000 kg	0,44 je kg
Residualkosten	280 000,–		1,56 je kg
	360 000,–		2,— je kg
c) Verwaltungsgemeinkosten		Herstellkosten	
Grenzkosten	60 000,–	2 000 000,–	3 % } 30 %
Residualkosten	540 000,–	2 000 000,–	27 % }
	600 000,–	4 000 000,–	15 %

		Zuschlagsbasis	Zuschlagssatz
d) Vertriebsgemeinkosten		Herstellkosten	
Grenzkosten	280 000,–	2 000 000,–	14 % } 20 %
Residualkosten	120 000,–	2 000 000,–	6 % }
	400 000,–	4 000 000,–	10 %

Für ein einzelnes Erzeugnis erhält man z. B. folgende Kalkulation:

Fertigungsmaterial		400,– DM
Fertigungslohn (davon in Werkstatt A 800,–)		2 000,– DM
Sondereinzelkosten		100,– DM
	(proportionale) Einzelkosten	2 500,– DM

Weitere Grenzkosten:

Materialgemeinkosten	3 % von 400,–	12,– DM
Fertigungsgemeinkosten		
Werkstatt A	30 % von 800,–	240,– DM
Werkstatt B	160 Std. je 3,–	480,– DM
Werkstatt C	1 600 kg je 0,44	704,– DM
	marginale Herstellkosten	3 936,– DM
Verwaltungsgemeinkosten	3 % von 3 936,–	118,– DM
Vertriebsgemeinkosten	14 % von 3936,–	551,– DM
	Gesamt-Grenzkosten	4 605,– DM

Residualkosten:

Materialgemeinkosten	12 % von 400,–	48,– DM
Fertigungsgemeinkosten		
Werkstatt A	90 % von 800,–	720,– DM
Werkstatt B	160 Std. je 5,–	800,– DM
Werkstatt C	1 600 kg je 1,56	2 496,– DM
	residuale Herstellkosten	4 064,– DM
Verwaltungsgemeinkosten	27 % von 4064,–	1 097,– DM
Vertriebsgemeinkosten	6 % von 4064,–	244,– DM
	Gesamt-Residualkosten	5 405,– DM
Gesamtkosten		10 010,– DM

Die geringe Abweichung der Gesamtkosten gegenüber S. 217 beruht auf Unterschieden in der Herstellkostenbasis für die Verwaltungs- und Vertriebsgemeinkosten.

3. Verfeinerung durch Kostengewichte (Äquivalenzziffernrechnung)

Die Äquivalenzziffernrechnung gestattet die Anwendung der Divisionsrechnung auch bei nicht einheitlicher Fertigung, sofern die verschiedenen Erzeugnisarten einen hohen Grad innerer Verwandtschaft in ihrer Kostengestaltung aufweisen. Diese Voraussetzungen sind erfüllt, wenn die gleichen oder ähnlichen Rohstoffe demselben oder einem ähnlichen Erzeugungsprozeß unterworfen werden und nur eine beschränkte Zahl von Sorten entsteht. Fehlt jedoch die gleiche Rohstoffgrundlage bzw. weichen die Fertigungsvorgänge voneinander erheblich ab, so müssen die Stoffkosten bzw. die Fertigungskosten als Sorteneinzelkosten erfaßt werden, indem man zur Zuschlagsrechnung übergeht. Die restlichen Kosten (Sortengemeinkosten) können dann durch Äquivalenzziffern auf die Leistungseinheit verrechnet werden.

Äquivalenzziffern sind Verhältniszahlen der Kostenbelastung (Kostengewichte) für die gleiche Ausbringungsmenge verwandter Sorten oder Erzeugnisse. Die in der Regel aus der Erfahrung gewonnenen Äquivalenzziffern müssen noch mit den jeweiligen Ausbringungsmengen multipliziert werden. Erst dann erhält man die Schlüsselzahlen, nach denen die Gesamtkosten auf die Sorten umgelegt werden können.

Das Anwendungsgebiet der Äquivalenzziffernrechnung liegt in den Industriezweigen mit beschränkter Sortenfertigung, zum Beispiel auch in Bergwerken, Brauereien, Ziegeleien mit verschiedenen Produkten, ferner in Blechwalzwerken, Spinnereien, Webereien und vielen Unternehmungen der eisenschaffenden Industrie. Trotz mangelnder kausaler Begründung nach dem Einwirkungsprinzip wird die Äquivalenzziffernrechnung auch bei Kuppelproduktion angewandt(vgl. S. 184). Insbesondere ist eine

Kostenumlage nach dem Erlös unbrauchbar, da sie von der Kostentragfähigkeit ausgeht.

Als Zahlenbeispiel für die Anwendung der Äquivalenzziffernrechnung sei ein Blechwalzwerk gewählt. Die monatlichen gesamten Herstellkosten bzw. nur die Sortengemeinkosten mögen 153 000,– DM betragen. Sie sollen auf vier Blechsorten verschiedener Stärke umgelegt werden.

Blechstärke	Erzeugung	Äquivalenzziffer	Schlüsselzahl	Gesamtkosten	Kosten je t
2 mm	200 t	0,8	160	26 182,–	130,91
1,5 mm	150 t	0,9	135	22 091,–	147,27
1 mm	250 t	1,0	250	40 909,–	163,64
0,5 mm	300 t	1,3	390	63 818,–	212,73
	900 t		935	153 000,–	170,– im Durchschnitt

Man ermittelt die Gesamtkosten der einzelnen Sorten, indem man zunächst die Herstellkosten durch die Summe der Schlüsselzahlen dividiert (153 000 : 935 = 163,64). Dann ist zum Beispiel 163,64 × 160 = 26 182 usw. Die Stückkosten der einzelnen Sorten erhält man durch Division durch die Erzeugnismenge, z. B. 26 182 : 200 = 130,91 usw. Stattdessen kann man, wenn man die Gesamtkosten der einzelnen Sorten nicht benötigt, auch die zuerst ermittelten Stückkosten von DM 163,64, die der Richtsorte (Äquivalenzziffer = 1) entsprechen, mit der jeweiligen Äquivalenzziffer multiplizieren, z. B. 163,64 × 0,8 = 130,91 usw. Man beachte den Unterschied zwischen den differenzierten Stückkosten und den globalen Durchschnittskosten, die man durch reine Divisionsrechnung erhält (153 000 : 900 = 170).

4. Stückkostenermittlung mithilfe der Matrizen- und Vektorenrechnung

Für die Verteilung der Kosten der Endstellen auf die einzelnen Kostenträger ist ebenfalls der Vektoren- und Matrizenkalkül anwendbar (vgl. S. 133 ff.). Bei technisch verwobenen Fertigungsabläufen, insbesondere bei rückgekoppelten Prozessen, kann der Kostenanteil der Einsatzgüter an den Ausbringungsgütern oft nur durch eine Vielzahl umständlicher Einzelrechnungen ermittelt werden. In derartigen Fällen kann durch die Anwendung der Matrizenrechnung eine verkürzte Lösung und genaue Kostenverteilung erreicht werden. Auch hier besteht der Vorteil, daß bei konstanter Produktstruktur das gleiche Matrizensystem für die variierende Einsatzmenge und die variierenden Preise der Einsatzgüter Verwendung findet.

Die allgemeinen Überlegungen werden auf folgendes Zahlenbeispiel angewandt:

Eine Unternehmung stellt drei Produkte in drei Betrieben her. Das Produkt 1 wird in allen drei Betrieben gewonnen; das in Betrieb 2 erzeugte Produkt 2 wird nur zu einem Teil abgesetzt, zum anderen Teil in den Betrieben 1 und 3 eingesetzt; das Produkt 3 wird nur in den Betrieben 1 und 3 produziert.

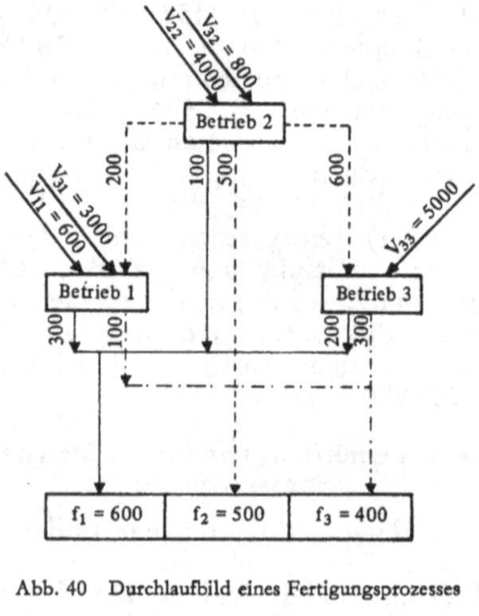

Abb. 40 Durchlaufbild eines Fertigungsprozesses

Von den Verbrauchsgütern (Produktoren) werden zur Vereinfachung nur drei besonders wichtige herausgegriffen. Das erste Gut wird nur im Betrieb 1, das zweite nur im Betrieb 2 eingesetzt. Das dritte Gut verbrauchen alle drei Betriebe.

Zur besseren Übersicht seien die Fertigungsabläufe in einem Durchlaufbild dargestellt (Abb. 40). Außerdem ist es zur Vorbereitung der Matrizenrechnung zweckmäßig, alle Mengen und Preise in einer Übersichtstabelle zusammenzustellen (Abb. 41). Die Verbrauchsmengen an Einsatzprodukten sind darin mit negativen Vorzeichen versehen. Aus der Tabelle lassen sich unmittelbar die erforderlichen Matrizen und Vektoren für die Mengen und Preise ableiten.

	Betrieb 1 t	Betrieb 2 t	Betrieb 3 t	Summe t	Preise DM/t
Erzeugnisse					
f_1	300	100	200	600	40
f_2	−200	1 300	−600	500	25
f_3	100	—	300	400	60
Summe	200	1 400	−100	1 500	
Einsatzgüter					
v_1	600	—	—	600	10
v_2	—	4 000	—	4 000	5
v_3	3 000	8 000	5 000	16 000	2
Summe	3 600	12 000	5 000	20 600	

Abb. 41
Übersichtstabelle für einen Fertigungsprozeß

Allgemein wird nun angenommen, daß l Produkte

$i = 1, 2, \ldots l$ (im Beispiel $l = 3$) aus m Produktoren
$j = 1, 2, \ldots m$ (im Beispiel $m = 3$) in n Betrieben
$k = 1, 2, \ldots n$ (im Beispiel $n = 3$)

hergestellt werden. Für die Rechnung wird die sehr vereinfachende Voraussetzung gemacht, daß gleiche Produkte in verschiedenen Betrieben zu gleichen Kosten erzeugt und zu diesen Kosten gegebenenfalls wieder eingesetzt werden. Dann lassen sich folgende Matrizen und Vektoren bilden:

1. Die Produktmatrix lautet

$$\mathbf{F} = (f_{ik}) = \begin{pmatrix} f_{11} & f_{12} \dots & f_{1n} \\ f_{21} & f_{22} \dots & f_{2n} \\ \cdot & \cdot & \cdot \\ \cdot & \cdot & \cdot \\ \cdot & \cdot & \cdot \\ f_{l1} & f_{l2} \dots & f_{ln} \end{pmatrix}$$

f_{ik} stellt die Produktmenge dar, die vom Produkt i im Betrieb k hergestellt wird. Im Beispiel ist

$$\mathbf{F} = \begin{pmatrix} 300 & 100 & 200 \\ -200 & 1\,300 & -600 \\ 100 & 0 & 300 \end{pmatrix}$$

2. Der der Produktmatrix entsprechende Produktvektor (Spaltenvektor) lautet

$$\mathbf{f} = (f_i) = \begin{pmatrix} f_1 \\ f_2 \\ \cdot \\ \cdot \\ \cdot \\ f_l \end{pmatrix}, \text{ wobei } f_i = \sum_k f_{ik}$$

f_i ist die hergestellte Gesamtmenge des Produktes i. Im Beispiel ist

$$\mathbf{f} = \begin{pmatrix} 600 \\ 500 \\ 400 \end{pmatrix}$$

Darin ist zum Beispiel

$$\begin{aligned} f_2 &= f_{21} + f_{22} + f_{23} \\ &= -200 + 1\,300 - 600 = 500. \end{aligned}$$

3. Die Verbrauchsmatrix (Produktormatrix) lautet

$$\mathbf{V} = (v_{jk}) = \begin{pmatrix} v_{11} & v_{12} & \dots & v_{1n} \\ v_{21} & v_{22} & \dots & v_{2n} \\ \cdot & \cdot & & \cdot \\ \cdot & \cdot & & \cdot \\ v_{m1} & v_{m2} & \dots & v_{mn} \end{pmatrix}$$

v_{jk} stellt die Menge dar, die vom Einsatzgut (Produktor) j im Betrieb k verbraucht wird. Im Beispiel ist

$$\mathbf{V} = \begin{pmatrix} 600 & 0 & 0 \\ 0 & 4\,000 & 0 \\ 3\,000 & 8\,000 & 5\,000 \end{pmatrix}$$

4. Der der Verbrauchsmatrix entsprechende Verbrauchs- oder Produktorvektor (Spaltenvektor) lautet

$$\mathbf{v} = (v_j) = \begin{pmatrix} v_1 \\ v_2 \\ \cdot \\ \cdot \\ \cdot \\ v_m \end{pmatrix}, \text{ wobei } v_j = \sum_k v_{jk}$$

v_j ist die verbrauchte Gesamtmenge des Einsatzgutes (Produktors) j. Im Beispiel ist

$$\mathbf{v} = \begin{pmatrix} 600 \\ 4\,000 \\ 16\,000 \end{pmatrix}$$

Darin ist zum Beispiel

$$\begin{aligned} v_3 &= v_{31} + v_{32} + v_{33} \\ &= 3\,000 + 8\,000 + 5\,000 = 16\,000. \end{aligned}$$

5. Der Preisvektor der m Einsatzgüter (Zeilenvektor) lautet

$$\mathbf{p}' = (p_j)' = (p_1, p_2, \dots p_m)$$

Im Beispiel ist

$$\mathbf{p}' = (10, 5, 2)$$

6. Der Kostenvektor der n Betriebe (Zeilenvektor) lautet

$$\mathbf{g}' = (g_k)' = (g_1, g_2, \dots g_n)$$

Unter den gemachten Annahmen ergibt sich für $\mathbf{g}'$ die Gleichung

$$\text{(51)} \qquad \mathbf{g}' = \mathbf{p}'\mathbf{V} \quad \text{bzw.} \quad (g_k)' = (p_j)'\,(v_{jk})$$

In Elementen ausgeschrieben lautet (51)

$$(g_1, g_2, \dots g_n) = (p_1, p_2, \dots p_m) \begin{pmatrix} v_{11} & v_{12} & \dots & v_{1n} \\ v_{21} & v_{22} & \dots & v_{2n} \\ \cdot & \cdot & & \cdot \\ \cdot & \cdot & & \cdot \\ \cdot & \cdot & & \cdot \\ v_{m1} & v_{m2} & \dots & v_{mn} \end{pmatrix}$$

Im Beispiel ist

$$(10, 5, 2) \begin{pmatrix} 600 & 0 & 0 \\ 0 & 4\,000 & 0 \\ 3\,000 & 8\,000 & 5\,000 \end{pmatrix} = (12000, 36000, 10000)$$

7. Der Skalar g der Gesamtkosten der Unternehmung ist gegeben durch das skalare Produkt

$$\text{(52)} \qquad g = \mathbf{p}'\mathbf{v} = (p_j)'\,(v_j)$$

$$= \sum_j p_j v_j = p_1 v_1 + p_2 v_2 + \dots + p_m v_m$$

$$= \sum_k g_k = g_1 + g_2 + \dots + g_n$$

Im Beispiel ist

$$g = (10, 5, 2) \begin{pmatrix} 600 \\ 4\,000 \\ 16\,000 \end{pmatrix} = 6\,000 + 20\,000 + 32\,000$$

$$= 12\,000 + 36\,000 + 10\,000 = 58\,000$$

8. Der gesuchte Vektor s' der Stückkosten der Produkte i (Zeilenvektor) sei

$$s' = (s_i)' = (s_1, s_2, \dots s_l)$$

Für ihn ergibt sich die Gleichung

(53) $$\mathbf{g}' = \mathbf{s}'\,\mathbf{F} \quad \text{bzw.} \quad (g_k)' = (s_i)'\,(f_{ik})$$

oder in Elementen ausgeschrieben:

$$(g_1, g_2, \dots g_n) = (s_1, s_2, \dots s_l) \begin{pmatrix} f_{11} & f_{12} \dots & f_{1n} \\ f_{21} & f_{22} \dots & f_{2n} \\ \cdot & \cdot & \cdot \\ \cdot & \cdot & \cdot \\ \cdot & \cdot & \cdot \\ f_{l1} & f_{l2} \dots & f_{ln} \end{pmatrix}$$

Aus (51) und (53) ergibt sich

(54) $$\mathbf{p}'\,\mathbf{V} = \mathbf{s}'\,\mathbf{F} = \mathbf{g}'$$

Ist $l = n$, d. h. die Zahl der Produkte gleich der der Betriebe, so besitzt die (nicht-singuläre) quadratische Matrix eine inverse Matrix (Kehrmatrix) F^{-1}. Dann folgt aus (54)

(55) $$\mathbf{p}'\,\mathbf{V}\,\mathbf{F}^{-1} = \mathbf{s}'$$

d. h. das lineare Gleichungssystem (53) liefert $l = n$ Lösungen für die Stückkosten (s_i). Es lautet im Beispiel

$$\begin{aligned} f_{11}\,s_1 + f_{21}\,s_2 + f_{31}\,s_3 &= g_1 \\ f_{12}\,s_1 + f_{22}\,s_2 + f_{32}\,s_3 &= g_2 \\ f_{13}\,s_1 + f_{23}\,s_2 + f_{33}\,s_3 &= g_3 \end{aligned}$$

bzw. in Zahlen

$$\begin{aligned} 300\,s_1 - 200\,s_2 + 100\,s_3 &= 12\,000 \\ 100\,s_1 + 1\,300\,s_2 &= 36\,000 \\ 200\,s_1 - 600\,s_2 + 300\,s_3 &= 10\,000 \end{aligned}$$

Aus (55) ergibt sich im Beispiel

$$\mathbf{s}' = (10, 5, 2)\begin{pmatrix} 600 & 0 & 0 \\ 0 & 4\,000 & 0 \\ 3\,000 & 8\,000 & 5\,000 \end{pmatrix}\begin{pmatrix} \frac{39}{9\,100} & -\frac{3}{9\,100} & -\frac{32}{9\,100} \\ 0 & \frac{7}{9\,100} & \frac{14}{9\,100} \\ -\frac{13}{9\,100} & \frac{1}{9\,100} & \frac{41}{9\,100} \end{pmatrix}$$

Darin bedeutet die zweite Matrix die Kehrmatrix F^{-1}.

Die Lösungen sind

$$s_1 = 37{,}14;\; s_2 = 24{,}83;\; s_3 = 58{,}24$$

Unter der bisherigen Voraussetzung $l = n$, die nur für seltenere Grenzfälle gilt, besitzt allgemein das Gleichungssystem (53) dann, und nur dann, eindeutige Lösungen, wenn der Rang r, d. h. der höchste Grad der nicht verschwindenden Unterdeterminanten der Koeffizientenmatrix F gleich l ist. Ist dagegen $r < l$, dann sind $(l-r)$ Gleichungen überflüssig und $(l-r)$ Lösungen können beliebig gewählt werden, so daß sich nur **r** eindeutige Lösungen ergeben. Im Falle $l \neq n$ liegt eine nicht-quadratische rechteckige Produktmatrix vor. Dann entscheidet neben der Matrix F die um den Spaltenvektor (g_k) der absoluten Glieder erweiterte Matrix

$$\mathbf{F}^* = \begin{pmatrix} f_{11} & f_{12} \ldots f_{1n} & g_1 \\ f_{21} & f_{22} \ldots f_{2n} & g_2 \\ \cdot & \cdot \quad\quad \cdot & \cdot \\ \cdot & \cdot \quad\quad \cdot & \cdot \\ \cdot & \cdot \quad\quad \cdot & \cdot \\ f_{l1} & f_{l2} \ldots f_{ln} & g_n \end{pmatrix}$$

Es gibt dann, und nur dann, Lösungen des Gleichungssystems (53), wenn beide Matrizen **F** und **F*** den gleichen Rang besitzen. Im übrigen gelten dieselben Zusammenhänge wie für $l = n$. Ist $l > n$, d. h. die Zahl der Produkte größer als die der Betriebe, so liegt Mehrproduktfertigung vor. Es gilt in diesem Falle stets $r < n$, so daß sich kein eindeutiges Lösungssystem ergibt.

9. Der Erlösvektor der Produkte (Zeilenvektor) lautet

$$\mathbf{e}' = (e_i)' = (e_1, e_2, \dots e_l)$$

Im Beispiel ist

$$\mathbf{e}' = (40, 25, 60)$$

10. Der Gewinnvektor der Betriebe (Zeilenvektor) folgt aus

$$(56) \quad \mathbf{w}' = (\mathbf{e}' - \mathbf{s}')\,\mathbf{F} = \mathbf{d}'\,\mathbf{F} \quad \text{bzw.} \quad (w_k)' = (d_i)'\,(f_{ik})$$

oder in Elementen dargestellt

$$(w_1, w_2, \dots w_n) = (d_1, d_2, \dots d_l) \begin{pmatrix} f_{11} & f_{12} \dots & f_{1n} \\ f_{21} & f_{22} \dots & f_{2n} \\ \cdot & \cdot & \cdot \\ \cdot & \cdot & \cdot \\ \cdot & \cdot & \cdot \\ f_{l1} & f_{l2} \dots & f_{ln} \end{pmatrix}$$

Der Zeilenvektor $\mathbf{d}'$ gibt die Stückgewinne $(e_i)' - (s_i)'$ der Produkte wieder. Im Beispiel ist

$$\mathbf{d}' = (2{,}86;\ 0{,}17;\ 1{,}76)$$

und

$$(w_1, w_2, w_3) = (2{,}86;\ 0{,}17;\ 1{,}76) \begin{pmatrix} 300 & 100 & 200 \\ -200 & 1\,300 & -600 \\ 100 & 0 & 300 \end{pmatrix}$$

$$= (1\,000,\ 5\,000,\ 1\,000)$$

11. Der skalare Gesamtgewinn ist

$$(57) \quad w = \mathbf{e}'\,\mathbf{f} - \mathbf{p}'\,\mathbf{v} = (e_i)'\,(f_i) - (p_j)'\,(v_j) = \sum_k w_k$$

$$= \mathbf{d}'\,\mathbf{f} = (d_i)'\,(f_i)$$

Im Beispiel ist

$$
\begin{aligned}
w &= e_1 f_1 + e_2 f_2 + e_3 f_3 - p_1 v_1 - p_2 v_2 - p_3 v_3 \\
&= 24000 + 12500 + 24000 - 6000 - 20000 - 32000 \\
&= 60\,500 - 58\,000 \\
&= \quad 1\,000 + \quad 500 + \quad 1\,000 = 2\,500
\end{aligned}
$$

D. Systematik der Kostenrechnung

Die Darstellung der Kostenrechnung konnte sich im gesteckten Rahmen eines Göschenbandes nur auf die wichtigsten und grundlegenden Bereiche der ermittelnden Kostenrechnung erstrecken: die kalkulatorische Periodenrechnung (Betriebsbuchhaltung) und die kalkulatorische Stückrechnung (Kalkulation). Auch in dieser Begrenzung war es nicht möglich, die vielfältigen Rechnungsformen erschöpfend zu behandeln. Das Schwergewicht mußte auf die fundamentalen Konzeptionen und Verfahren gelegt werden.

Um den verwickelten Gesamtzusammenhang im System der Kostenrechnung deutlich aufzuzeigen, sollen abschließend die Merkmale der betrachteten rechnerischen Tatbestände zu einem einheitlichen Überblick verbunden werden. Das so gewonnene Merkmalsystem der Kostenrechnung (Abb. 42) kann dazu dienen, jede konkrete Rechnung einzuordnen und damit eindeutig zu kennzeichnen. Dabei zeigt sich die Mannigfaltigkeit der Gesichtspunkte, die zu berücksichtigen sind, um zu einer aussagekräftigen Beschreibung des Rechnungsproblems zu gelangen.

Als Hauptmerkmale, die zum Teil noch untergliedert werden müssen, kommen der Wiederholungscharakter, der Zeitpunkt, das Ziel und der Gegenstand der Kostenrechnung infrage. In der Realität treten diese Gesichtspunkte nicht isoliert auf, sondern stets miteinander kombiniert, so daß die praktischen Einzelrechnungen, Rechnungsbereiche

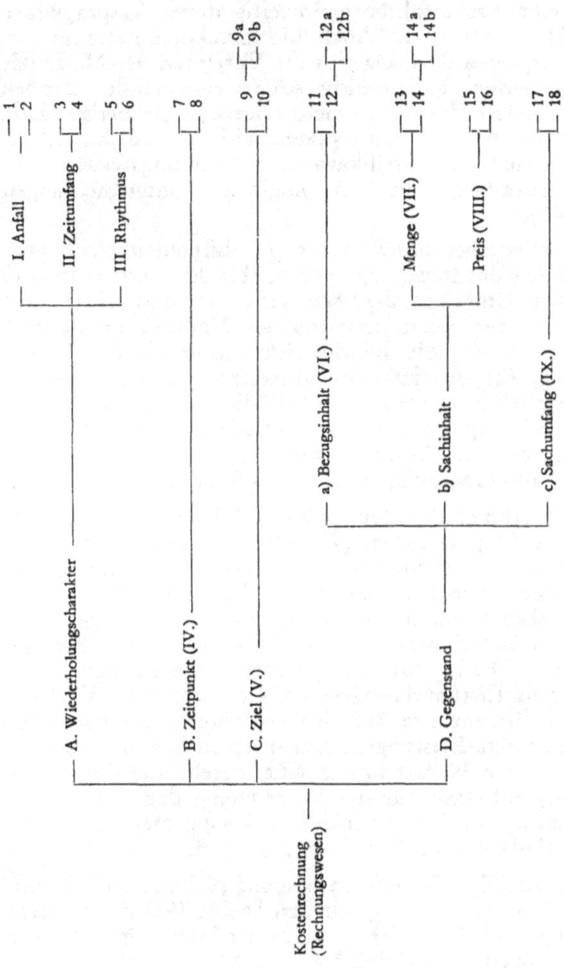

Abb. 42
Merkmalsystem der Kostenrechnung

und Rechnungsverfahren gleichzeitig durch Ausprägungen aller Merkmale (d. h. durch Merkmalkombinationen) zu charakterisieren sind. Da sich die Varianten der Merkmale in den meisten Fällen nicht scharf voneinander trennen lassen, sondern durch eine mehr oder weniger stetige Skala abgestufter Ausprägungen gekennzeichnet sind, handelt es sich nicht um ein klassifikatorisches Ordnungssystem, sondern durchweg um typologische Unterscheidungen (Abb. 43).

Der Wiederholungscharakter (A) differenziert sich nach (I) der Art des Rechnungsanfalls, (II) der Begrenzung des zeitlichen Umfangs der Wiederholung und (III) dem Rhythmus der Rechnungsvorgänge. Dadurch erhält man sechs Typen: (1) die ständig sich wiederholende Kostenrechnung, (2) die fallweise auftretende Kostenrechnung, (3) die zeitlich begrenzte und (4) die zeitlich unbegrenzte Kostenrechnung sowie (5) die periodisch (regelmäßig) ablaufende und (6) die aperiodisch (unregelmäßig) vorkommende Kostenrechnung. Vgl. hierzu S. 68 f.

Das Merkmal des Zeitpunktes (B bzw. IV) führt zur Unterscheidung zwischen (7) kalkulatorischer Nach- oder Vergangenheitsrechnung und (8) Vor- oder Zukunftsrechnung, wobei der Rechnungszeitpunkt in Relation zu der Zeit gesehen wird, in der die durch die Rechnung abzubildenden Güterbewegungen und Produktionsprozesse sich vollziehen. Die Nachrechnung erstreckt sich auf den bereits realisierten leistungsbezogenen Güterverbrauch, die Vorrechnung bezieht sich auf den geplanten Güterverbrauch für zukünftige Leistungen. Dabei ist zu beachten, daß in der Regel die Nachrechnung eine wesentliche Grundlage und Vergleichsbasis für die Vorrechnung darstellt. Besonders deutlich wird dies bei der Beziehung zwischen Nach- und Vorkalkulation. Vgl. hierzu S. 69 ff.

Nach dem Ziel der Kostenrechnung (C bzw. V) hebt sich (9) die Kostenermittlung mit den Stufen (9a) der Kostenerfassung und (9b) der Kostenverteilung von (10) der Kostenauswertung ab. Vgl. hierzu S. 12 ff.

- I. Anfall
  - 1. Ständig sich wiederholende Kostenrechnung
  - 2. Fallweise auftretende Kostenrechnung
- II. Zeitumfang
  - 3. Zeitlich begrenzte Kostenrechnung
  - 4. Zeitlich unbegrenzte Kostenrechnung
- III. Rhythmus
  - 5. Periodisch ablaufende Kostenrechnung
  - 6. Aperiodisch vorkommende Kostenrechnung
- IV. Zeitpunkt
  - 7. Nach- oder Vergangenheitsrechnung
  - 8. Vor- oder Zukunftsrechnung
- V. Ziel
  - 9. Kostenermittlung
    - 9a. Kostenerfassung
    - 9b. Kostenverteilung
  - 10. Kostenauswertung
- VI. Bezugsinhalt
  - 11. Perioden- oder Gesamtkostenrechnung
  - 12. Stückkostenrechnung
    - 12a. Durchschnittskostenrechnung
    - 12b. Grenzkostenrechnung
- VII. Gütermenge
  - 13. Istkostenrechnung
  - 14. Sollkostenrechnung
    - 14a. Plankostenrechnung
    - 14b. Rechnungstechnische Sollkostenrechnung
- VIII. Güterpreis
  - 15. Kostenrechnung mit pagatorischer Bewertung
  - 16. Kostenrechnung mit nicht-pagatorischer Bewertung
- IX. Sachumfang
  - 17. Vollkostenrechnung
  - 18. Teilkostenrechnung

Abb. 43
Typen der Kostenrechnung nach Merkmalen

Der Gegenstand der Kostenrechnung (D) ist ein komplexer Tatbestand, der nach Untermerkmalen weiter aufgeteilt werden muß.

Unter dem Bezugsinhalt (VI) wird der Leistungsumfang bzw. die Produktbasis verstanden, auf die sich der Zahlenausdruck inhaltlich bezieht. Dabei ergeben sich die beiden Grundtypen (11) der Periodenkostenrechnung, die sich auf die Produkte einer Abrechnungsperiode insgesamt erstreckt, und (12) der Stückkostenrechnung, die die Kosten einer Produktmengeneinheit (als Stück bezeichnet) betrachtet. Vgl. hierzu S. 9 ff. Die Stückkostenrechnung kommt in zwei wichtigen Untertypen vor: (12a) der Durchschnittskostenrechnung und (12b) der Grenzkostenrechnung. Beide Verfahren werden an vielen Stellen dieser Schrift behandelt und gegenübergestellt. Vgl. insbesondere S. 39 f., 41, 43, 170 ff. und 189 ff.

Das Merkmal des Sachinhalts der Kostenrechnung bezieht sich auf die beiden Komponenten der Kosten: (VII) die als Verbrauch angesetzte Gütermenge und (VIII) den zur Bewertung der Verbrauchsmenge gewählten Preis (als Geldbetrag je Mengeneinheit definiert). Bezüglich der Produktormenge sind (13) die Istkostenrechnung und (14) die Sollkostenrechnung zu unterscheiden. Bei der Sollkostenrechnung hebt sich die wichtige (14a) Plankostenrechnung von der (14b) rechnungstechnischen Sollkostenrechnung ab. Hinsichtlich der Produktorpreise ergibt sich die bedeutsame Differenzierung zwischen (15) pagatorischer und (16) nichtpagatorischer Bewertung der Produktormengen mit den vielfältigen Klassen beider Preisgruppen. Das Problem des Sachinhalts der Kosten verläuft durch die gesamte Darstellung. Es beginnt bereits bei der Kostenerfassung und setzt sich über die Kostenverteilung in der Periodenrechnung bis zur Stückrechnung fort. Die Grundlage bilden die Merkmale des Kostenbegriffes (S. 21 ff.) und die Abhängigkeitsbeziehungen der Produktormengen (S. 36 ff.).

Zwischen den Merkmalen Sachinhalt und Rechnungszeitpunkt besteht ein enger Zusammenhang. Die Istrechnung ist notwendigerweise eine Nachrechnung, während die Vorrechnung zugleich eine Sollrechnung darstellt.

Das dritte Merkmal des Sachumfangs (IX) ist auf den Kreis der Produktoren (Einsatzgüter) gerichtet, die in der zugrundegelegten Verbrauchsmenge gütermäßig berücksichtigt werden. Diese Überlegung ist der Frage des Sachinhalts vorgeordnet. Erst wenn die Güter- und Verbrauchsarten den Sachumfang festlegen, können die betrachteten Gütermengen und die für diese gewählten Güterpreise fixiert werden. Auf diese Weise unterscheidet man die Teilkostenrechnung von der Vollkostenrechnung. Vgl. hierzu namentlich S. 76 f., 161 ff., 166, 185 f. und 186 ff.

Die entwickelte Merkmalsystematik liefert zugleich die wichtigsten Haupttypen spezieller Kostenbegriffe: Periodenkosten (U), Stückkosten (E) mit den beiden wichtigsten Fällen der Durchschnittskosten (D) und Grenzkosten (G), Istkosten (I), Sollkosten (S) mit dem bedeutsamen Unterfall der Plankosten (P), Vollkosten (V) und Teilkosten (T). Zu diesen mengenmäßigen Kostenunterschieden (Produktormengen) tritt die Bewertung durch Produktorpreise erst zusätzlich hinzu.

Die gesamten Alternativen der Mengenfixierung lassen sich, wie schon (auf S. 76) hervorgehoben, beliebig miteinander kombinieren. Man erhält z. B. für Periodenkosten vier Möglichkeiten:

UIV Perioden-Ist-Vollkosten
UIT Perioden-Ist-Teilkosten
USV Perioden-Soll-Vollkosten
UST Perioden-Soll-Teilkosten

Für die Stückkosten ergeben sich acht Kombinationen:

DIV Durchschnitts-Ist-Vollkosten
DIT Durchschnitts-Ist-Teilkosten

DSV	Durchschnitts-Soll-Vollkosten
DST	Durchschnitts-Soll-Teilkosten
GIV	Grenz-Ist-Vollkosten
GIT	Grenz-Ist-Teilkosten
GSV	Grenz-Soll-Vollkosten
GST	Grenz-Soll-Teilkosten

Man beachte, daß stets drei Merkmale genannt werden müssen, wenn man eine präzise Beschreibung der Kostengröße geben will. Im Fall der Plankosten ist überall S = P zu setzen. Ist ein Merkmal bereits vorausgesetzt, kann man sich mit den beiden anderen Merkmalen begnügen. Handelt es sich z. B. stets um Vollkosten (oder stets um Teilkosten), so reichen sechs Unterscheidungen aus:

UI	Perioden-Istkosten
US	Perioden-Sollkosten
DI	Durchschnitts-Istkosten
DS	Durchschnitts-Sollkosten
GI	Grenz-Istkosten
GS	Grenz-Sollkosten

Steht sogar allgemein fest, daß Ist- oder Sollkosten und Voll- oder Teilkosten vorliegen, dann läßt sich die Sprache auf ein einziges Merkmal vereinfachen:

U	Periodenkosten
D	Durchschnittskosten
G	Grenzkosten

Eine weitere Präzisierung kann dadurch erfolgen, daß man z. B. genau angibt, wie die Sollkosten rechnerisch gewonnen werden oder welcher Verwendung sie dienen sollen.

Unbedingt erforderlich ist die Angabe der Produktorpreise. Benutzt man z. B. Istkosten (genauer: Istmengen), so kommen die verschiedensten Preise dafür infrage, ohne daß die Eigenschaft als Istkosten dadurch verlorengeht. Um einige Beispiele zu nennen:

Istkosten zu einzelnen Einkaufspreisen Istkosten zu durchschnittlichen Einkaufspreisen Istkosten zum frühesten Einkaufspreis Istkosten zum letzten Einkaufspreis Istkosten zum niedrigsten Einkaufspreis Istkosten zum höchsten Einkaufspreis	stets tatsächliche Einkaufspreise
Istkosten zum Tagespreis am Verbrauchstage Istkosten zum Tagespreis am Tage der Fertigstellung Istkosten zum Tagespreis am Verkaufstage Istkosten zum Tagespreis am Tage des Zahlungseinganges	stets Tagesbeschaffungspreise

Wie die Abb. 42 und 43 zeigen, lassen sich neun Merkmale (I bis IX) und 21 Typen (1–8, 9a, 9b, 10, 11, 12a, 12b, 13, 14a, 14b, 15–18) der Kostenrechnung unterscheiden. Diese Systematik ist hier auf die Kostenrechnung bezogen. Es ist jedoch ohne weiteres möglich, sie auf das Rechnungswesen ganz allgemein auszudehnen. Sie gehört dann in die generelle Theorie des Rechnungswesens.

Das Streben nach direkter Kostenzurechnung auf bestimmte Bezugsbasen hat zur mehrstufigen differenzierten Einzelkostenrechnung geführt. Diese wird mit der Kostenauflösung in proportionale und fixe Bestandteile kombiniert. Auf diese Weise erhält man folgende Rechnungsmöglichkeiten:

(1) Die in einbetriebigen Unternehmungen schon immer übliche Aufteilung in Kostenträger-Einzelkosten, Kostenträgergruppen-Einzelkosten und Kostenstellen-Einzelkosten wird in tiefergegliederten Unternehmungen für ge-

eignete Leistungsbereiche in Richtung steigenden Umfangs (Betriebe, Werke) bis zur Unternehmung als Ganzes progressiv fortgesetzt. So ergibt sich eine mehrstufige Kostenrechnung, die mit differenzierten Einzelkosten verschiedener Bezugsbasen arbeitet (Abb. 21).

(2) Von den Verkaufspreisen (Erlösen) her läßt sich darauf eine retrograde Deckungserfolgsrechnung aufbauen, die ebenfalls nach Einzelkosten und entsprechenden Dekkungsstufen differenziert ist (Abb. 27).

(3) Beide Rechnungen lassen sich als Vollkostenrechnung und für jede Art von Teilkostenrechnung durchführen. Dabei ist zu beachten, daß es sich bei der hier gemeinten Teilkostenrechnung nicht um die Grenzkostenrechnung oder eine ihrer vereinfachten Spielarten (Proportionalkostenrechnung, Variable bzw. Direct Costing) handelt.

(4) Sämtliche Formen der mehrstufigen differenzierten Einzelkostenrechnung gehen zunächst davon aus, daß auf eine Umlage der verschiedenen Einzelkosten-Stufen auf andere Stufen völlig verzichtet wird. Sie lassen sich aber auch teilweise oder vollständig durch eine schrittweise Einzelkostenumlage bis letztlich auf die Kostenträger (Produkte) ergänzen (Abb. 22).

(5) Eine aussagekräftige Weiterentwicklung der mehrstufigen differenzierten Einzelkostenrechnung (ohne und mit ergänzender Kostenumlage) beruht darin, daß man die Periodenkosten nach ihrer Produktmengenabhängigkeit in Grenzkosten und Residualkosten aufteilt. Dann ergeben sich nebeneinander zwei additiv verbundene progressive Rechnungen: die mehrstufige differenzierte Einzelkosten-Grenzkostenrechnung (Abb. 30) und die mehrstufige differenzierte Einzelkosten-Residualkostenrechnung (Abb. 31). Dazu gehören auch die unter (3) erwähnten Spielarten.

(6) Analog zu (2) läßt sich daraus eine retrograde Dekkungserfolgsrechnung ableiten, die nacheinander marginale und residuale Deckungsstufen ausweist (Abb. 32).

(7) Aufgrund der Periodenkostenrechnung erhält man zunächst in Verbindung mit (1) bzw. (4) eine mehrstufige

differenzierte Einzelkosten-Stückrechnung ohne oder mit Kostenumlage (Abb. 37).

(8) Auch die Stückkostenrechnung kann entsprechend (5) additiv in eine Grenzkosten- und eine Residualkosten-Stückrechnung aufgeteilt werden (Abb. 38 und 39).

(9) Sämtliche angeführten Perioden- und Stückkostenrechnungen lassen sich auf alle Verfahren der Divisions- und der Zuschlagsrechnung mit oder ohne Äquivalenzziffern anwenden.

Die hier systematisch umschriebenen Kostenrechnungsformen umfassen alle bisher entwickelten Möglichkeiten. Die im konkreten Einzelfall bzw. für den institutionalen Aufbau eines Grundrechnungssystems zu treffende Auswahl hängt ab von dem Einzelzweck bzw. den allgemeinen Zwecken, die man zugrunde legt. Die Rechnungszwecke selbst werden weitgehend durch die Entscheidungsziele der Unternehmungen bestimmt.

Literatur

Da die Literatur über Kostenrechnung nahezu unübersehbar ist, beschränkt sich das Verzeichnis auf Bücher. Die wichtigste Zeitschriftenliteratur kann der Interessent in diesen Werken finden.

Aikele, Erwin: Betriebsabrechnung mit IBM-Lochkarten, dargestellt an einem geschlossenen Geschäftsgang. 4. Aufl., Darmstadt 1957.

Allgemeine Regeln zur industriellen Kostenrechnung. Hrsg. von der Reichsgruppe Industrie, bearbeitet von Adolf Müller, Stuttgart 1942.

Angermann, Adolf: Gleichgewichtskalkulation. Untersuchungen zur Maximalgewinnrechnung des Betriebes. Meisenheim am Glan 1952.

Beisel, Karl: Neuzeitliches industrielles Rechnungswesen. 4. Aufl., Stuttgart 1952.

Berg, Karl: Betriebsbuchführung. 4. Aufl. Bonn 1950.

Beste, Theodor: Die kurzfristige Erfolgsrechnung. 2. Aufl., Köln und Opladen 1962.

Bierman, Harold Jr.: Topics in Cost Accounting and Decisions. New York 1963.

Boehm, Hans-Hermann: Deckungsbeitragsrechnung und Optimierung. 3. Aufl., München 1967.

Börner, D.: Direct Costing als System der Kostenrechnung. Diss. München 1961.

Bossard, Ernst: Betriebsabrechnung und Kalkulation in Industrie-, Warenhandels- und Dienstleistungsbetrieben. Zürich 1961.

Bossard, Ernst, und Emil Gsell: Kostenrechnung und Preiskalkulation. 2. Aufl., Zürich 1948.

Bosshardt, Erik: Leistungsmäßige Kostenrechnung. Zürich 1948.

Buchführung und Kostenrechnung. Hrsg. und bearb. von Johannes Fischer, Otto Hess, Georg Seebauer. Leipzig 1939.

Bussmann, Karl Ferdinand: Industrielles Rechnungswesen. Stuttgart 1963.

Das neuzeitliche Rechnungswesen. Hrsg. von Julius Greifzu. 11. Aufl., Hamburg 1965.

Dean, Joel: Managerial Economics. 13. pr. Englewood Cliffs, N. J., 1964.

Dearden, John: Cost and Budget Analysis. Englewood Cliffs, N. J., 1962.

Der praktische Fall. Das gesamte Rechnungswesen in Aufgaben und Lösungen. Hrsg. von Julius Greifzu. 5. Aufl., Hamburg 1964.

Dickey, Robert I., Ed.: Accountants' Cost Handbook. 2. ed., New York 1964.

Direct Costing. Das Rechnen mit Grenzkosten. Übers. des Forschungsberichtes Nr. 23 d. N.A.C.A. (National Ass. of Cost Accountants). Berlin 1960.

Dorn, Gerhard: Die Entwicklung der industriellen Kostenrechnung in Deutschland. Berlin 1961.

Ehrt, Robert: Die Zurechenbarkeit von Kosten auf Leistungen auf der Grundlage kausaler und finaler Beziehungen. Stuttgart, Berlin, Köln, Mainz 1967.

Everling, Wolfgang: Kurzfristige Erfolgsrechnung. Stuttgart 1965.

Grochla, Erwin: Die Kalkulation von öffentlichen Aufträgen. Eine Anleitung nach den Bestimmungen der VPöA und LSP. Berlin 1954.

Henrici, Stanley B.: Standard Costs for Manufacturing. 3. ed., New York 1960.

Henzel, Friedrich: Die Kostenrechnung. 4. Aufl., Essen 1964.

Henzel, Friedrich: Kosten und Leistung. 4. Aufl., Essen 1967.
Horngren, Charles T.: Cost Accounting. A Managerial Emphasis. 5. pr. Englewood Cliffs, N. J., 1964.
Käfer, Karl: Das industrielle Rechnungswesen in Beispielen, Aufgaben und Lösungen. 4. Aufl., Zürich 1947.
Käfer, Karl: Fabrikbuchhaltung und Kalkulation. Aufgabensammlung. 2. Aufl., Zürich 1946.
Kalveram, Wilhelm: Industrielles Rechnungswesen. Bd. 2: Betriebsabrechnung. Bd. 3: Kostenrechnung. Wiesbaden 1961.
Kilger, Wolfgang: Kurzfristige Erfolgsrechnung. Wiesbaden 1962.
Kloidt, Heinrich: Kalkulationslehre. Eine Einführung in das Kalkulationswesen in Handel und Industrie. Wiesbaden 1963.
Koch, Helmut: Grundprobleme der Kostenrechnung. Köln und Opladen 1966.
Kosiol, Erich: Kalkulation und Kostengestaltung im Warenhandel. 2 Bände. Stuttgart 1932.
Kosiol, Erich: Divisionsrechnung in der industriellen Kalkulation und Betriebsabrechnung. Frankfurt a. M. 1949.
Kosiol, Erich: Kalkulatorische Buchhaltung (Betriebsbuchhaltung). 5. Aufl., Wiesbaden 1953.
Kosiol, Erich: Warenkalkulation in Handel und Industrie. 2. Aufl., Stuttgart 1953.
Kosiol, Erich: Anlagenrechnung. Theorie und Praxis der Abschreibungen. 2. Aufl., Wiesbaden 1955.
Kosiol, Erich: Verrechnung innerbetrieblicher Leistungen. 2. Aufl., Wiesbaden 1959.
Kosiol, Erich: Kostenrechnung. Wiesbaden 1964.
Kosiol, Erich: Kontenrahmen und Kontenpläne der Unternehmungen. Essen 1962.
Kostenrechnung in der Chemischen Industrie. Hrsg. vom Betriebswirtschaftlichen Ausschuß des Verbandes der Chemischen Industrie e. V., Wiesbaden 1962.
Lawrence, F. C., and E. N. Humphreys: Marginal Costing. London 1960.
Lehmann, Bruno: Buchhaltung und Kostenrechnung. Hamburg 1948.
Lehmann, Max Rudolf: Industriekalkulation. 5. Aufl., Essen 1964.
Leidscham, O. H.: Unternehmen und Kostenrechnung. Neuzeitliche Kalkulationsformen als Instrument der Unternehmensführung. Neuwied und Berlin 1967.
Ludwig, Wilhelm: Elemente der Kostenmathematik. Weißenburg 1955.
Matz, Adolf, Othel J. Curry and George W. Frank: Cost Accounting. 4. ed., Cincinnati, Ohio, 1967.
Meffert, Heribert: Betriebswirtschaftliche Kosteninformation. Ein Beitrag zur Theorie der Kostenrechnung. Wiesbaden 1968.
Mellerowicz, Konrad: Kosten und Kostenrechnung. Bd. 2.1 u. 2.2: Verfahren. 4. Aufl., Berlin 1966 u. 1968.
Mellerowicz, Konrad: Neuzeitliche Kalkulationsverfahren. Freiburg 1966.
Müller, Adolf: Grundzüge der industriellen Kosten- und Leistungserfolgsrechnung. Köln und Opladen 1955.
Munzel, Gerhard: Die fixen Kosten in der Kostenträgerrechnung. Wiesbaden 1966.
N. A. C. A. Research Report No. 23: Direct Costing. New York 1953.
N. A. A. Research Report No. 37: Current Application of Direct Costing. New York 1961.
Norden, Helmut, und Friedrich Wille: Der Betriebsabrechnungsbogen. 10. Aufl., Stuttgart 1965.
Nowak, Paul: Kostenrechnungssysteme in der Industrie. 2. Aufl., Köln 1961.

Rummel, Kurt: Einheitliche Kostenrechnung auf der Grundlage einer vorausgesetzten Proportionalität der Kosten zu betrieblichen Größen. 3. Aufl., Düsseldorf 1967.
Schmalenbach, Eugen: Selbstkostenrechnung und Preispolitik. 6. erw. Aufl., Leipzig 1934.
Schmalenbach, Eugen: Kostenrechnung und Preispolitik. Bearb. von Richard Bauer. 8. Aufl., Köln und Opladen 1963.
Schmid, Ernst: Kostengestaltung und Kostenrechnung in der Industrie. St. Gallen 1947.
Schmidt, Fritz: Kalkulation und Preispolitik. Berlin, Wien 1942.
Schneider, Erich: Industrielles Rechnungswesen. 4. Aufl., Tübingen 1963.
Schnettler, Albert: Das Rechnungswesen industrieller Betriebe. 4. Aufl., Wolfenbüttel 1949.
Schönfeld, Hanns-Martin: Kostenrechnung. 3. Aufl., Stuttgart 1966.
Seischab, Hans: Kalkulation und Preispolitik. Leipzig 1944.
Shillinglaw, Gordon: Cost Accounting. Analysis and Control. 2. ed., Homewood, Ill., 1967.
Swoboda, Peter: Kostenrechnung und Preispolitik. 3. Aufl., Wien 1966.
Weber, Karl: The Evolution of Direct Costing. Urbana, Ill., 1966.
Weigmann, Walter: Moderne Fabrikbuchhaltung mit besonderer Berücksichtigung der kalkulatorischen (Betriebs-) Buchhaltung und des Aktienrechts. 3. Aufl., Leipzig 1940.
Weigmann, Walter: Selbstkostenrechnung, Preisbildung und Preisprüfung in der Industrie. 2. Aufl., Leipzig 1941.
Wille, Friedrich: Fortschrittliche Kosten- und Erfolgsrechnung. Stuttgart 1962.

Namen- und Sachregister

FSC
www.fsc.org
MIX
Papier | Fördert gute Waldnutzung
FSC® C083411

Kolibri 360 GmbH
Ferdinand-Jühlke-Straße 7
99095 Erfurt, Deutschland
produktsicherheit@kolibri360.de